Elektromagnetische Umweltverträglichkeit

Freie Energie
und die Wechselwirkung der Neutrinos

von

Professor Dr.-Ing. Konstantin Meyl

Teil 2: Umdruck zum energietechnischen Seminar

INDEL GmbH, Verlagsabteilung

Villingen-Schwenningen 1998,
4. Auflage 2003

ISBN 3-98O2 542-9-1

Elektromagnetische Umweltverträglichkeit

Teil 2: Umdruck zum energietechnischen Seminar

von Professor Dr.-Ing. Konstantin Meyl

4. Auflage (2003), mit 111 Tafeln und 232 Seiten

Die Deutsche Bibliothek - CIP-Einheitsaufnahme

Meyl, Konstantin:
Elektromagnetische Umweltverträglichkeit, Teil 2,
Freie Energie und die Wechselwirkung der Neutrinos.
- von Konstantin Meyl.-
Villingen-Schwenningen : INDEL GmbH, Verl.-Abt.
4. Aufl. - 2003

ISBN 3-9802542-9-1
ISBN 978-3-98025429-8

Postanschrift und Bestelladresse:
INDEL GmbH, Prof. Dr. K. Meyl, Erikaweg 32, D-78048 VS-Villingen
Tel: +49 (0) 7721-51811 ; Fax: +49 (0) 7721-51870
Web: www.k-meyl.de ; E-Mail: Info@k-meyl.de

Printed in Germany

Vorwort zum Seminar

Der Sinn und Zweck eines Seminars besteht darin, den Stoff einer Vorlesung zu vertiefen, zu üben und, soweit möglich, praktisch anzuwenden. Die Kenntnis des Vorlesungsinhalts ist daher eine Voraussetzung für die Teilnahme.
Für den Leser dieses Buches ist das gleichbedeutend mit der Empfehlung, den ersten Teil, den Umdruck zur Vorlesung, zuvor gelesen zu haben<i>. Hier werden die Fragen zur „Elektromagnetischen Umweltverträglichkeit" gestellt und für deren Beantwortung die erforderlichen Grundlagen gelegt. Es werden auch praktische Konsequenzen auf die unterschiedlichsten Bereiche der Wissenschaft angedeutet.
Die Vertiefung soll zweckmäßigerweise in seminaristischer Form erfolgen, gegliedert in den vorliegenden Teil 2 zum energietechnischen Seminar und einen Teil 3 zum informationstechnischen Seminar. Teil 2 handelt dementsprechend vom energietechnischen Aspekt elektrischer oder magnetischer Longitudinalwellen, während der Teil 3 dem informationstechnischen Aspekt gewidmet ist<ii>. Da es sich um ein durchgehendes Manuskript handelt, das lediglich aus Gründen der Zweckmäßigkeit in drei Teilen erscheint, werden die Kapitel fortlaufend numeriert. Verweise auf Kapitel 1 bis 9 beziehen sich daher automatisch auf Teil 1. Die Nummern der Tafeln sind in der Regel identisch mit denen der Kapitel, in denen sie besprochen werden.

Das Seminar soll über das reine Lesen, Konsumieren oder Zuhören weiterführen und zum Mitmachen anregen. Alle Beteiligten dürfen und sollen Anregungen geben und Fragen stellen, auch wenn diese wenig orthodox klingen sollten. Es gehört zur wissenschaftlichen Arbeitsweise dazu, daß um Antworten gerungen und, falls erforderlich, sogar gestritten wird. Um dieses Ziel zu erreichen, darf es keinerlei Zwang oder Zensur geben, weder für den Diskussionsleiter noch für die Teilnehmer des Seminars.

Das Seminar wird seit dem Sommersemester `97 durchgeführt. Die von Studenten verfaßten Seminararbeiten behandeln das Lehrbuchwissen des jeweiligen Themas. Im Anschluß an den Vortrag werden die Antworten diskutiert und mit denen der Objektivitätstheorie<i> und anderer Erklärungsmodelle verglichen. Diese Vorgehensweise spiegelt sich in diesem Seminarumdruck an einigen Stellen wider, wenn beispielsweise ein Kapitel mit einer „Diskussion" abschließt.

Die erste Auflage dieses 2. Teils ist noch unvollständig gewesen und anläßlich eines Kongresses in der Schweiz anstelle eines Vortragsmanuskripts am 17.10.1998 an die Teilnehmer ausgegeben worden. Gefolgt von der zweiten Auflage (Januar 1999) sollten die Anregungen der Seminarteilnehmer und der Leser Berücksichtigung finden. Auf vielfachen Wunsch wurde die 3. Auflage noch um zwei weitere Kapitel ergänzt. Hier werden eigene im Labor durchgeführte Experimente besprochen und die Frage gestellt, aus welcher Ecke des Kosmos die freie Energie uns erreicht.
Dies wird nicht die letzte Auflage sein, und so muß sich der Leser damit trösten, daß ein lebendiges Seminar sich ständig verändert und weiterentwickelt. Das soll auch so sein!

Villingen-Schwenningen im November 1999

<i>: K. Meyl: Elektromagnetische Umweltverträglichkeit, Teil 1, Vorlesungsumdruck, INDEL Verlagsabt. Villingen-Schwenningen 1996, 3. Aufl. 1998, ISBN 3-9802 542-8-3

<ii>: K. Meyl: Elektromagnetische Umweltverträglichkeit, Teil 3, Umdruck zum informationstechnischen Seminar, INDEL Verlagsabteilung 2002, ISBN 3-9802 542-7-5

Inhaltsverzeichnis

10. Schwingende Wechselwirkung

Eine Theorie ist kein Selbstzweck, mag sie auch noch so überzeugend klingen. Sie muß sich an ihrer Anwendbarkeit messen lassen. Als Einstieg in die praktischen Konsequenzen, die sich aus dem theoretischen Teil ergeben[i], wird die Frage nach der Gültigkeit der Keplerschen Gesetze aufgeworfen.

10.1 Keplers Gesetze

Der "Fahrstrahl", eine von der Sonne zu einem Planeten gezogene Linie, überstreicht in gleichen Zeiten gleiche Flächen. So jedenfalls hat es uns Johannes Kepler gelehrt (Tafel 10.1). Das Gleichgewicht der Kräfte, der Gravitation auf der einen und der Fliehkraft auf der anderen Seite hat zur Folge, daß die *innersten Planeten unseres Sonnensystems sehr viel schneller die Sonne umlaufen als die äußeren Planeten* (Merkur in 88 Tagen, die Erde in 365 Tagen, Jupiter in 4333 Tagen und Pluto in 90465 Tagen!).
Bei den inneren Planeten sowie den großen Planeten Jupiter und Saturn finden sich die Keplerschen Gesetze noch bestätigt. Das soll aber bei den äußersten Planeten des Sonnensystems nicht mehr zutreffen. Jenseits des Saturn sollen angeblich veränderte Maßstäbe herrschen, gestützt auf Beobachtungen der Voyager-Sonden[ii].

Richten wir unseren Blick auf eine fremde Galaxie, dann dreht diese um ihr Zentrum herum und behält dabei die Form weitgehend bei. Trotz Eigendrehung ändert eine elliptische, eine Balken- oder auch eine Spiralgalaxie ihre charakteristische Form fast nicht. *Hieraus folgt, daß die inneren Sterne einer Galaxie wesentlich langsamer unterwegs sind als die äußeren!* Das genaue Gegenteil haben wir aber erwartet.
Nach der Keplerschen Gesetzmäßigkeit müßten die äußersten Sterne extrem langsam umlaufen, um nicht als Folge der Zentrifugalkraft in den Weltraum hinausgeschleudert zu werden. Dann aber würde eine Galaxie ihre Struktur nicht beibehalten. Die Spiralform, wie sie bereits von Hubble beobachtet und klassifiziert worden ist (Tafel 10.2), wäre als Momentaufnahme lediglich eine zufällige Ausnahme, aber keinesfalls die Regel.
Wir müssen zur Kenntnis nehmen, daß der Aufbau und besonders der Zusammenhalt einer Galaxie mit Keplers Gesetzen nicht erklärt werden kann[iii].

<i>: Konstantin Meyl: Elektromagnetische Umweltverträglichkeit, Teil 1: Ursachen, Phänomene und naturwissenschaftliche Konsequenzen. INDEL-Verlag, Villingen-Schwenningen 1996, 2. Aufl. 1997, ISBN 3-9802542-8-3

<ii>: Kendrick Frazier: Das Sonnensystem, Time-Life Bücher, Amsterdam (1991)

<iii>: Die Grundgesetze der Welt geraten ins Wanken: „Was ist mit den Galaxien los? Sie drehen sich in ihren Randbereichen viel schneller, als es die Gesetze der Physik erlauben. Oder stimmt etwas nicht mit diesen ehrwürdigen Gesetzen? Die Astronomen und Physiker stehen vor dem Dilemma, zwischen den beiden Alternativen entscheiden zu müssen: Täuschen uns die Beobachtungen eine andere Welt vor oder rechnen wir seit Jahrhunderten falsch?", Bild der Wissenschaft Nr. 2, 1989

1. Keplersches Gesetz:
Die Planeten bewegen sich auf Ellipsen, in deren einem Brennpunkt die Sonne steht.

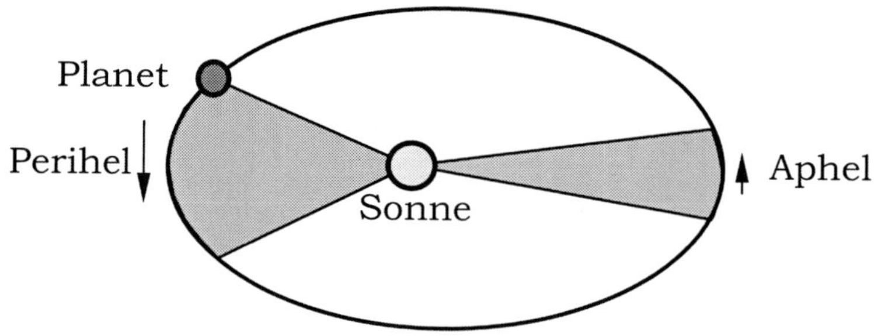

Tafel 10.1: 2. Keplersches Gesetz (zur Drehimpulserhaltung):
Von der Sonne zum Planeten gezogener Leitstrahl überstreicht in gleichen Zeiten gleiche Flächen.

3. Keplersches Gesetz:
Die Quadrate der Umlaufzeiten zweier Planeten verhalten sich wie die 3. Potenzen der mittleren Entfernung von der Sonne:

$$\frac{t_1^2}{t_2^2} = \frac{r_1^3}{r_2^3} \tag{10.1}$$

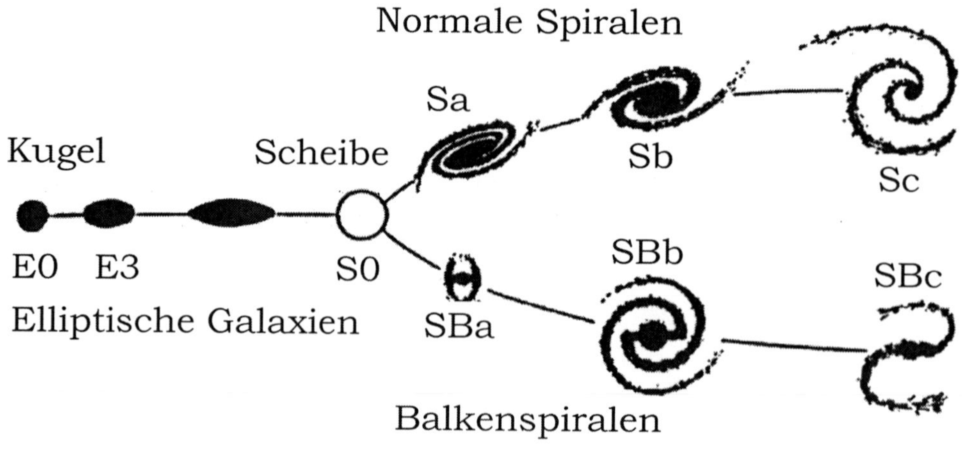

Tafel 10.2 Die Klassifizierung der Galaxien nach Hubble[i]

<i>: nach H. J. Lugt: Wirbelströme in Natur und Technik, Seite 412

10.2 Unbekannte Wechselwirkung

Welche Wechselwirkung hält demnach eine Galaxie zusammen? Wir glauben heute, vier verschiedene Arten zu kennen.

I. Die Gravitation<i>: Da aber das Kepler-Gesetz in diesem Fall nicht mehr gilt, scheidet die Gravitation von vornherein aus. Offensichtlich ist sie bei den Entfernungen in einer Galaxie kaum noch wirksam.

II. Die elektromagnetische Wechselwirkung: Sie ist für den Aufbau der Atome zuständig. Von außen betrachtet, tragen Atome keine Ladung, d.h. die Ladungsverhältnisse sind ausgeglichen. Eine Bindung unserer Sonne an das Zentrum der Milchstraße durch eine elektromagnetische Wechselwirkung scheidet also ebenfalls aus.

III. Die starke Wechselwirkung: Da beim Proton eine andere Ladungsverteilung gemessen wird, als ein einfach positiv geladenes Teilchen nach der gängigen Theorie haben sollte, wurde als Kernkraft die starke Wechselwirkung eingeführt, um den starken Fehler, den gravierenden Unterschied zwischen Messung und Rechnung erklären zu wollen. Der gute Rat lautet daher: statt wahllos Postulate in die Welt zu setzen, sollte zuerst einmal der Fehler in der gängigen Theorie gesucht werden<ii>!

IV. Die schwache Wechselwirkung: Sie ist ganz offensichtlich am Teilchenzerfall beteiligt<ii>. Beide, die schwache und die starke Wechselwirkung haben nur eine extrem kurze Reichweite. Mit dieser Eigenschaft werden sie folglich keine Galaxie zusammenhalten können.

Fazit: *In einer Galaxie wirkt eine noch unbekannte Wechselwirkung, und die Wissenschaft ist aufgefordert, sie zu suchen.*

Beide Wechselwirkungen mit unendlicher Reichweite, die elektromagnetische und die Gravitation treten als Folge von Gleichfeldern auf, setzen also eine konstante Ladung oder eine konstante Masse voraus. Bei genauerer Betrachtung kann es sich dabei aber lediglich um Sonderfälle handeln.
Gravitationswellen, die unsere Erde erreichen und die in sehr aufwendigen Experimenten nachgewiesen werden<iii>, zeigen bereits, daß die Existenz von Wechselfeldern nicht auszuschließen ist und schwingende Wechselwirkungen durchaus denkbar sind! Die physikalische Forschung ist derzeit wohl auf dem richtigen Weg. Eine brauchbare Erklärung hingegen hat sie noch nicht parat. Wir stellen uns der Herausforderung!

<i>: Herleitung des 3. Keplerschen Gesetzes auf Tafel 11.10

<ii>: Konstantin Meyl: Potentialwirbel, Band 2
INDEL-Verlag, Villingen-Schwenningen 1992, ISBN 3-9802542-2-4

<iii>: Gero v. Randow: Wenn kosmische Katastrophen Raum und Zeit verbiegen, zum Thema Gravitationswellen-Detektor, VDI Nachrichten Nr.9, 1.3.91, S.32

Analogie:

bei Gleichstrom

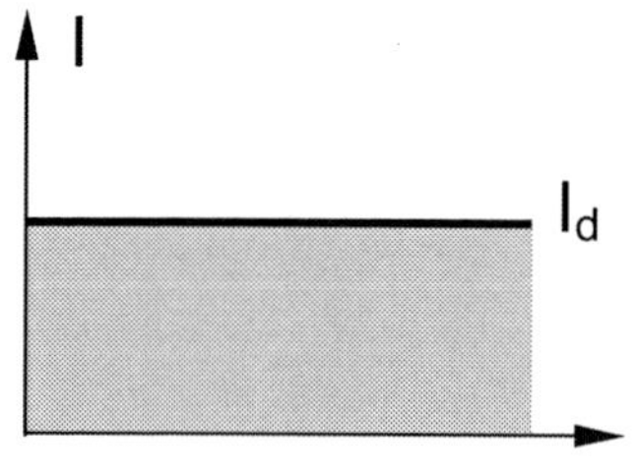

bei Wechselstrom

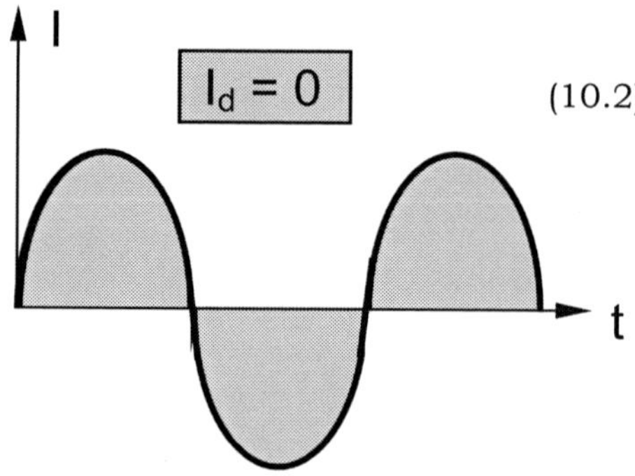

(10.2)

Messung:

Mittelwert
(Drehspulinstrument)

Effektivwert
(Dreheiseninstrument)

Tafel 10.3: Gleichstrom und Wechselstrom

konstante Ladung: **elektromagnetische Wechselwirkung**	schwingende Ladung: **resonante Wechselwirkung**
konstante Masse: **Gravitation**	schwingende Masse: **Levitation**

Tafel 10.4, a: Die vier fundamentalen Wechselwirkungen

10.3 Harmonie der Wechselstromer

Wir können uns die heutige Situation durch folgendes Bild verdeutlichen: Sie beauftragen einen „Gleichstromer“, in der Steckdose unseres Stromnetzes die Spannung zu messen. Der „eingefleischte Gleichstromer“, der noch nie etwas von Wechselstrom gehört hat, meldet: *„Da ist keine Spannung meßbar“*. Wenn er auf Grund Ihrer zweifelnden Miene noch genauer hinschaut, dann wird er feststellen: *„Der Zeiger meines Drehspulinstruments zappelt seltsamerweise um den Nullpunkt herum, aber der Ausschlag ist derart gering, daß man getrost hinlangen kann“*. (Tafel 10.3)
Die moderne Wissenschaft pflegt zu sagen, *ohne gültige Theorie und ohne technische Messbarkeit kann gar nicht sein, was nicht sein darf.* Wenn Sie nach dem Experiment tot umfallen, dann hatten Sie wahrscheinlich ein schwaches Herz oder sonstige Gebrechen. In solchen Fällen ist in der Regel das Opfer selber Schuld und keinesfalls die theoretische Physik!

Im Falle unseres Stromnetzes ist die Antwort bekannt: Der ***Mittelwert*** der Netz-Wechselspannung *ist annähernd Null.* Der Zeiger eines Drehspulinstruments kann auf Grund seiner Trägheit den schnellen Wechseln nicht mehr folgen und zappelt nur noch auf der Stelle. Der ***Effektivwert*** hingegen beträgt um die 230 Volt. Um den zu messen, benötigen Sie allerdings ein anderes Gerät, beispielsweise ein Dreheiseninstrument. So gesehen, beschreibt Gleichstrom den Sonderfall von Wechselstrom mit der Frequenz Null.

Die Eigenschaften von Wechselstrom lassen wir uns am besten von einem extraterrestrischen Beobachter schildern. Er wird uns sagen: Von der Ferne aus scheint zumindest nachts auf der Erde eine große Harmonie zu herrschen. Alle Lichter in den Straßen und Städten blinken völlig synchron. Alle Generatoren sind untereinander und mit allen Verbrauchern in Resonanz. Es gibt zwei große Rassen: Die 50-Hertzler und dann die 60-Hertzler, die auftauchen, wenn sich die Erde weiter dreht und die 50-Hertzler dabei sind, ihre Blinklampen wieder auszuschalten.

Der zu einer Nutzung von Wechselfeldern erforderliche Synchronismus ist uns derart selbstverständlich, daß sich kaum jemand noch klar macht, daß ein mit nur einem Hertz Unterschied zur Netzfrequenz betriebener Verbraucher nicht mehr mit Strom versorgt werden kann. Neben der Übereinstimmung in der Frequenz kommt es sogar auf die richtige Phasenlage an. Der Phasenwinkel soll zwischen 0 und ±90° betragen. Dies entspricht einem Leistungsfaktor cos φ zwischen 1 und 0.
Die Kabelverbindungen dienen sowohl dem Stromtransport, als auch der Synchronisation aller an dem Verbundnetz angeschlossenen Generatoren und Verbraucher. Die Frequenz wird derart konstant gehalten, daß sich einfache Uhren, Schaltwerke und sogar alte Plattenspieler mit der Netzfrequenz synchron betreiben lassen.
Überwacht wird der Synchronismus der einspeisenden Kraftwerke von einer eigenen Station, die den Zeittakt vorgibt. Auf Grund der Trägheit unserer Augen sind wir zwar nicht mehr in der Lage, das Blinken der Lampen zu sehen, mit hochauflösenden Kameras läßt es sich aber nachweisen und filmen. Auch wenn wir die Harmonie der Wechselstromer nicht wahrnehmen können, so ist sie dennoch existent.

Die Wirkung offener Feldlinien<i> ⇒ **Ladung**

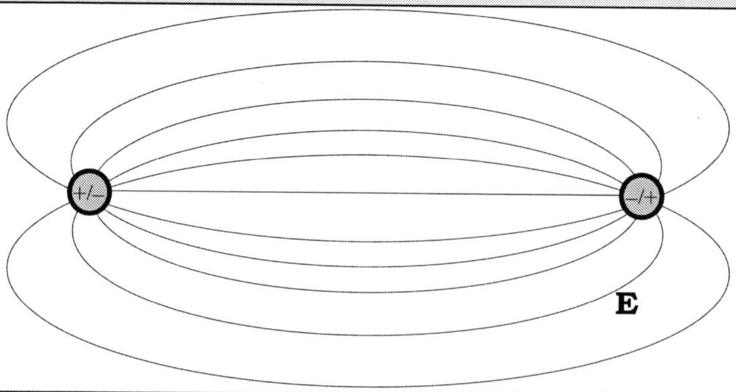

<u>konstante</u> Ladung:	<u>schwingende</u> Ladung:
elektromagnetische Wechselwirkung	**resonante Wechselwirkung**

Die Wirkung geschlossener Feldlinien<i> ⇒ **Masse**

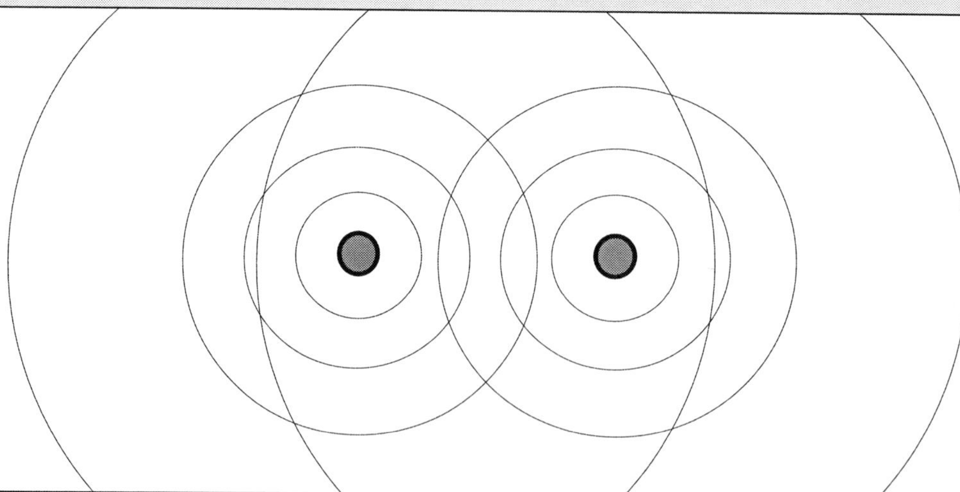

<u>konstante</u> Masse:	<u>schwingende</u> Masse:
Gravitation	**Levitation**

Tafel 10.4, b: Erklärung der fundamentalen Wechselwirkungen

<i>: Konstantin Meyl: Potentialwirbel, Band 2, INDEL-Verlag (1992), siehe auch im Teil 1, Kapitel 6.8 und 6.9

10.4 Vier fundamentale Wechselwirkungen

Diese Überlegungen legen nahe, daß auch Gravitation und elektromagnetische Wechselwirkung lediglich den Sonderfall schwingender Wechselwirkungen mit der Frequenz Null beschreiben. Um Verwechslungen zu vermeiden, müssen wir uns neue Namen einfallen lassen.
Die *elektromagnetische Wechselwirkung* läßt sich an Hand ***offener Feldlinien*** verdeutlichen, die an einem geladenen Körper beginnen und bei einem anderen Körper ungleicher Ladung wieder enden. Im Physikunterricht ist es üblich, mit Eisenspänen die Feldlinien eines Magneten sichtbar zu machen. Zwischen den ungleichnamigen Polen wird eine Anziehungskraft beobachtet<i>.
Nehmen wir diesmal an, beide Magnetpole ändern gleichzeitig ihre Polarität, dann läßt während der Umpolung die Kraft kurzfristig nach, um danach wieder in voller Größe und in gleicher Richtung wirksam zu sein. Auch bei der umgekehrten Polarität wird also wieder eine Anziehungskraft beobachtet.
Die Verallgemeinerung lautet daher: *Die elektromagnetische Wechselwirkung wird auch im schwingenden Fall in geschwächter Form auftreten, wenn beide an der Wechselwirkung beteiligten Körper ihre Polarität synchron ändern und zwischen beiden Resonanz herrscht.* Ein sinngemäßer Name wäre ***„resonante Wechselwirkung“*** (Tafel 10.4).

Von der elektromagnetischen Wechselwirkung ist bekannt, daß Ihre Wirkung um Zehnerpotenzen größer ist als die der Gravitation. Dies hat vermutlich mit der beschriebenen und beobachtbaren ***Bündelung der offenen Feldlinien*** zu tun, während geschlossene Feldlinien sich nicht bündeln lassen. Die Gravitation wird daher mit den ***geschlossenen Feldlinien*** in Verbindung gebracht, die alle Elementarteilchen, jedes Atom und jeden Körper umlaufen<i>.

Das Gegenteil der Bündelung ist die Abstoßung offener Feldlinien, weshalb hier auch Abstoßungskräfte auftreten können. Bei der Gravitation hingegen wird keine Abstoßung beobachtet, weil sich geschlossene Feldlinien praktisch nicht beeinflussen lassen.
Abgesehen davon, daß im schwingenden Fall die Wirkung generell geringer sein wird, sind vergleichbare Eigenschaften zu erwarten. Auch die Reichweite wird ebenfalls unendlich sein. Es wird empfohlen, den Fall schwingender Ladungen, wie schon gesagt, als *„resonante Wechselwirkung“* zu bezeichnen und den Fall schwingender Massen, der schwingenden Gravitation, als *„Levitation“* (Tafel 10.4).
Der Begriff ***„Levitation“*** ist sehr treffend, aber nicht neu. Leider bestand bisher keine allgemein verbindliche Definition, was darunter zu verstehen ist, weshalb Mißdeutungen und Irritationen nicht auszuschließen sind. Meistens wird *Levitation* mit einer Aufhebung der Schwerkraft in Verbindung gebracht, bis hin zum freien Schwebezustand, aber wir werden sehen, daß noch ganz andere Phänomene mit diesem Begriff beschreibbar werden.

10.5 Resonante Wechselwirkung

Die Frage, was eine Galaxie zusammenhält, läßt sich jetzt eindeutig beantworten. Die bekannten Wechselwirkungen sind bereits ausgeschlossen worden. Wenn bei den enormen Distanzen die Gravitation die äußeren Sterne nicht mehr nach der Kepler-Regel halten kann, dann wird es die Levitation erst recht nicht können.

Beispiel: Zentralgestirn S_z mit 3 Planeten P_1-P_3 und mit 4 benachbarten Sternen S_1-S_4

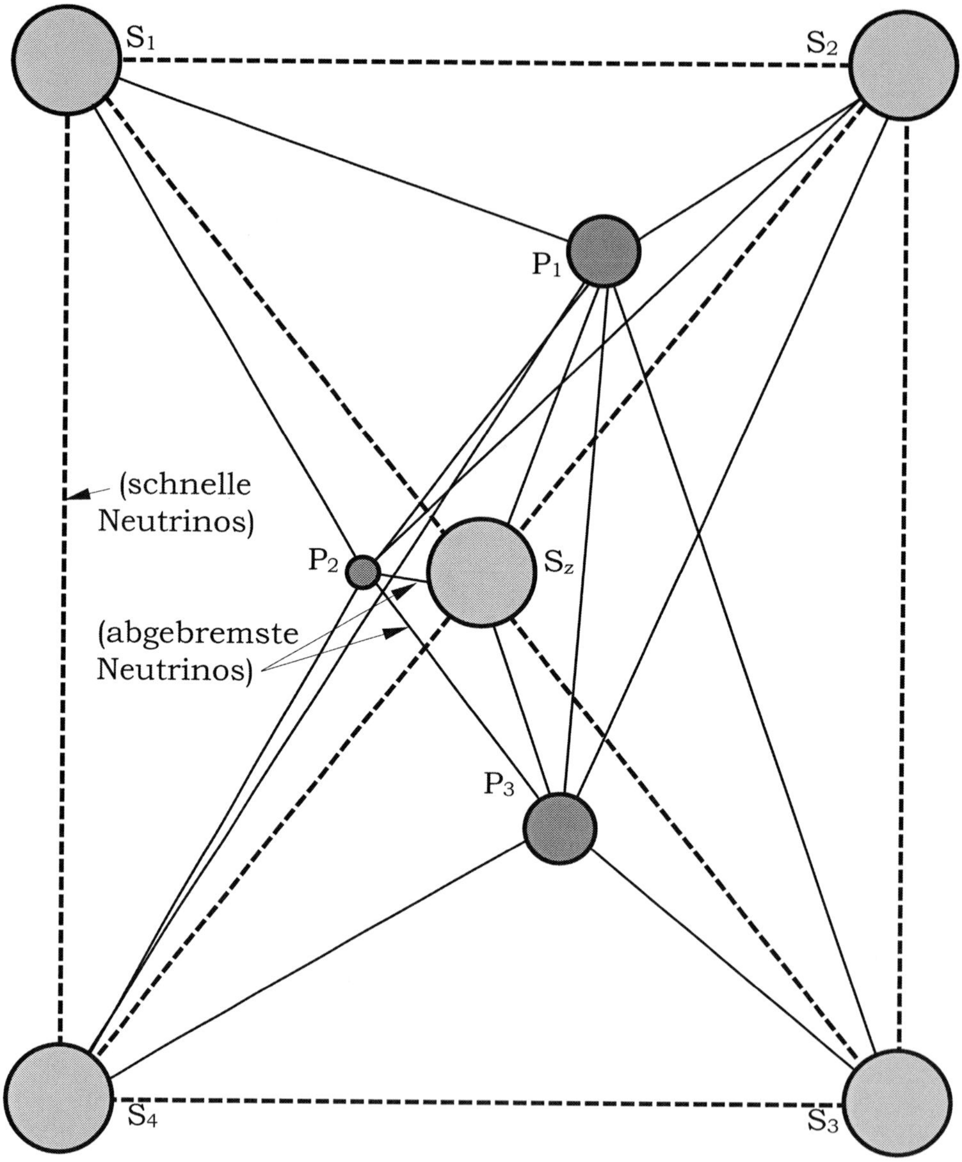

Tafel 10.5: Die unsichtbaren Fäden einer resonanten Wechselwirkung

---

Neben-rechnung: :Milchstraßen-Radius: $15000\text{pc}\cdot 3\cdot 10^9 = 45\cdot 10^{16}$ km
Sonnensystem-Radius: $50\ \text{a}\cdot 15\cdot 10^7 = 7{,}5\cdot 10^9$ km

$$\frac{45\cdot 10^{16}}{7{,}5\cdot 10^9} = 1{,}27\cdot 10^8$$

Facit: Die resonante WW übersteigt die Gravitation um mind. 8 Zehnerpotenzen!

Es bleibt somit die schwingende Ladung übrig. Tatsächlich wird die resonante Wechselwirkung bis in die äußersten Bezirke einer Galaxie reichen. Die Bündelung der Feldlinien hat zur Folge, daß das Zentrum der Galaxie und einer seiner Sterne in einer exklusiven Resonanz zueinander stehen, was von außen betrachtet so aussieht, als hänge der Stern an einer unsichtbaren Schnur oder einem „Gummiband" und drehe so um das Zentrum herum.
Da an dem Zentrum einer Galaxie ziemlich viele Sterne hängen, ist davon auszugehen, daß es dementsprechend viele Resonanzen bereitstellt. Das Zentrum ist vielleicht vergleichbar mit einem extrem breitbandigen Sender, der auf allen Kanälen gleichzeitig arbeitet. Die Sterne suchen sich dann als Empfänger die für sie passenden Kanäle aus und hängen sich per „Gummiband" an den Haufen dran (Tafel 10.5).

Sollten irgendwelche *Teilchen mit einer schwingenden Ladung* existieren, die zwischen Zentrum und Stern mit der resonanten Wechselwirkung synchronisieren, dann werden sie zwischen beiden Partnern vermitteln. Nehmen wir einmal an, das Zentrum ist auf einem Kanal gerade positiv geladen, dann werden alle zu demselben Zeitpunkt negativ geladenen angezogen, die positiv geladenen Teilchen hingegen abgestoßen. Während die ungleichnamigen Teilchen im Zentrum unmittelbar an der Erzeugung und Aufrechterhaltung der Schwingung teilhaben, werden die gleichnamig positiv geladenen Teilchen in den Weltraum hinausgeschleudert.
Zur gleichen Zeit muß ein Stern, der sich an das Zentrum klammert, aber negativ geladen sein. Er zieht daher das abgestoßene Teilchen an. Das Teilchen wandert also vom Zentrum zum Stern, auch dann noch, wenn alle drei, das Zentrum, der Stern und das Teilchen in der Polarität umschwingen. Die Folge ist, daß die Sterne durch das Einsammeln der Teilchen im Durchmesser wachsen. *Nur weil unsere Sonne tatsächlich wächst, hat sie die Chance, irgendwann ein roter Riese zu werden!*

Da die Sonne bekanntlich in jeder Sekunde ein Strahlungsäquivalent von 5 Millionen Tonnen abstrahlt, muß ihr ständig eine noch wesentlich größere Menge Materie zugeführt werden. Soll es zu einer resonanten Wechselwirkung kommen, dann bekommt unsere Sonne ihren „Stoff" aus dem Zentrum der Milchstraße geliefert und das ist ein ***schwarzes Loch!***
Nur kommt aus so einem Loch kein Masseteilchen heraus, ja nicht einmal Licht. Damit ein Teilchen das schwarze Loch verlassen kann, sollte es *weder Ladung noch Masse* haben. Erlaubt wäre allenfalls eine schwingende Ladung und Masse. Ein solches Teilchen hätte als Folge der fehlenden statischen Wechselwirkung ein enormes *Durchdringungsvermögen.* Es könnte ungehindert durch die Erde hindurcheilen.

Nach aktueller Kenntnis haben nur ***Neutrinos*** die beschriebenen Eigenschaften. Auch weiß man, daß das Zentrum unserer Milchstraße eine mächtige Neutrinoquelle darstellt.
Aus dieser Herleitung folgt:
1. Als Vermittler der resonanten Wechselwirkung dienen synchron schwingende Neutrinos.
2. Über den Nachweis der Neutrinos sollte sich rückwärts auch die Existenz der resonanten Wechselwirkung beweisen lassen.
3. Als praktische Konsequenz stellen wir uns vor, das Zentrum der Milchstraße würde keine Neutrinos mehr liefern. Die ganze Galaxie fiele auseinander, und nicht einer ihrer Sterne würde mehr leuchten.

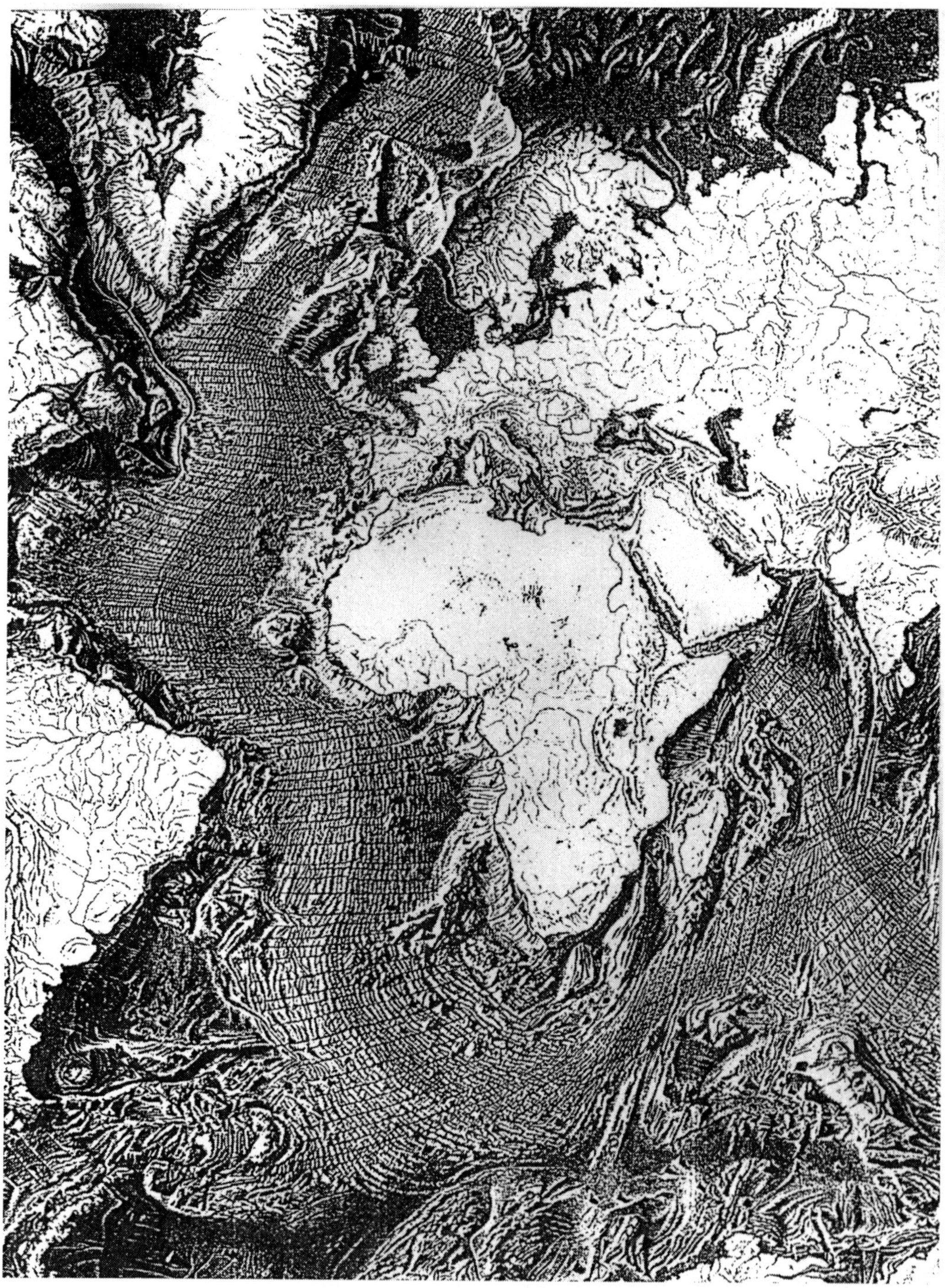

Tafel 11.1: Der atlantische Meeresboden<i>

<i>: Miller, R.: Driftende Kontinente, Time-Life, Amsterdam 1991, S. 79

11. Die wachsende Erdkugel

11.1 Fernwirkung der Neutrinos

Die Fernwirkung besteht also darin, daß die Neutrinos im Falle einer Resonanz von Neutrinoquelle und Empfänger zwischen beiden ein unsichtbares „Gummiband“ spannen, die resonante Wechselwirkung genannt wird und die beide zusammenhält.

Als ***Neutrinosender*** fungiert beispielsweise eine Supernova, der Tod eines Sterns, bei dem 98% der Masse als Neutrinos zerstrahlen oder ein schwarzes Loch, das ständig Licht und Materie verschluckt und nach einem noch unerforschten „Verdauungsprozeß“ als Neutrinos wieder ausspuckt. Der Prozeß, der bei einer Supernova als singuläres Ereignis stattfindet, läuft in einem schwarzen Loch möglicherweise permanent ab.
Die herausgeschleuderten Neutrinos wiederum dienen den Sonnen als ***Energiequelle***.
Ein ***Neutrinoempfänger*** ist dann beispielsweise unsere Sonne. Damit die harten und sehr schnellen ***kosmischen Neutrinos*** für die Sonne nutzbar werden, müssen sie zunächst abgebremst werden. Das gelingt aber nur zu einem Teil:

1. Einige sehr schnelle schaffen es, die Sonne zu durchlaufen, um auf der anderen Seite der Sonne wieder hinauszufliegen. Die im Vergleich zu den kosmischen Neutrinos stark abgebremsten werden dann als ***solare Neutrinos*** bezeichnet.
2. Ein weiterer Teil läßt sich noch weiter herunterbremsen und materialisieren. Als Folge der schwingenden Masse der Neutrinos entstehen sowohl Materieteilchen als auch einige Antimaterieteilchen. *Die Materieteilchen lassen die Sonne wachsen.*
3. Die mit Materie unverträgliche Antimaterie zerstrahlt bekanntermaßen zu Licht. *Aus diesem und aus keinem anderen Grund leuchtet unsere Sonne!*

Auch die Planeten verfügen über einen solchen ***Neutrinoreaktor***. *Nur so ist die Hitze im Innern der Erde erklärbar!* Es ist davon auszugehen, daß die Planeten weniger die schnellen und harten kosmischen Neutrinos materialisieren und daß sie sich mehr an den abgebremsten ***solaren Neutrinos*** bedienen, die unsere Sonne ungenutzt wieder abgibt.
Bekanntlich strahlt der Planet Jupiter heute schon doppelt soviel Strahlungsenergie ab, wie er von der Sonne aufnimmt. Bei dieser typischen Lexikon-Bilanz sind die beteiligten Neutrinos natürlich nicht berücksichtigt. Sie zeigt aber, daß Jupiter auf dem besten Weg ist, selber eine Sonne zu werden. Seine Monde werden dann zu Planeten.
Wir sehen an dem Beispiel auch, daß mit zunehmender Masse die Kruste des Planeten zu Lasten des Neutrinoreaktors im Innern immer dünner wird, bis sie schließlich aufgezehrt ist und der Himmelskörper offen zu leuchten beginnt. Astronomen berichten auf Grund ihrer Beobachtungen von der Entstehung immer neuer Sterne.

Ein Teil der eingesammelten Neutrinos wird von dem Planeten also materialisiert. Im Fall unserer Erde trägt er zum Wachstum bei.
Wer nicht glauben will, daß die Erde größer wird, der sollte sich moderne Karten der Weltmeere anschauen, auf denen die Topographie des Meeresbodens abgebildet ist. Nach der Theorie von Alfred Wegener zur Kontinentaldrift treiben Nord- und Südamerika auf der einen und Europa mit Afrika auf der anderen Seite seit 200 Millionen Jahren stetig auseinander. Die Folge läßt sich am atlantischen Meeresboden ablesen. Die rechts und links vom mittelatlantischen Rücken aufklaffenden, schachbrettartigen Rißzonen zeigen, wie die Erde auseinander gerissen wird (Tafel 11.1).

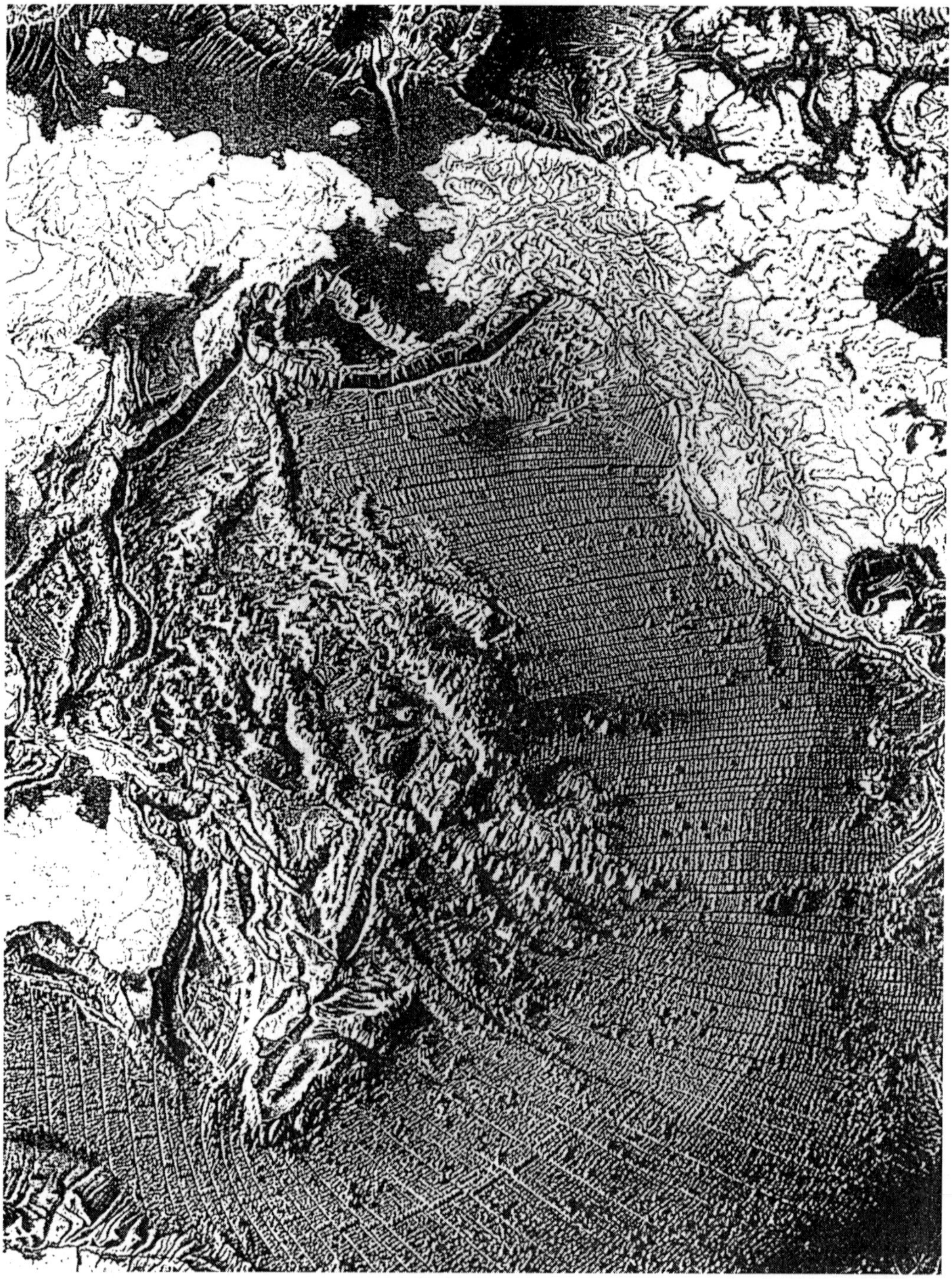

Tafel 11.2: Der pazifische Meeresboden[<i>]

<i>: Miller, R.: Driftende Kontinente, Time-Life, Amsterdam 1991, S. 78

11.2 Expansionsmodell

Geographen gehen davon aus, daß an anderer Stelle in gleichem Maße Kontinentalplatten abtauchen und geschmolzen werden. Dies müßte also im Pazifik geschehen. Aber die Seekarten sagen einem gerade das Gegenteil (Tafel 11.2). Am Meeresboden des Pazifik finden sich die gleichen Rißformationen, wie im Atlantik (Tafel 11.1). Das heißt, daß sich Amerika von Australien und Asien genauso entfernt, wie von Europa, ohne dabei zerquetscht oder geschmolzen zu werden!
Die einzig mögliche Antwort lautet also: ***die Erde wächst.***
Die charakteristischen Rißzonen finden sich zudem rund um die Antarktis. Hieraus kann der Schluß gezogen werden, daß der 7. Kontinent langsam abrückt, während die größte bewohnbare Landmasse überwiegend auf der Nordhalbkugel zurückbleibt, indem Eurasien und Nordamerika um den Nordpol herum eine Klammer bilden.

Zur Evolution der Erde gibt und gab es zahlreiche Ansätze in die unterschiedlichsten Richtungen. Paul Dirac[i] postulierte noch, die Leuchtkraft der Sonne müsse als Folge einer Abnahme der Gravitationskonstante ebenfalls zurückgehen. Dagegen beobachten Astrophysiker heute gerade das Gegenteil (Ingersoll 1987). Nach der Hypothese von Carey[ii] soll sich Energie im Weltall in Materie verwandeln. Nach der Vorstellung von Oesterle[iii] werden Ätherteilchen absorbiert, die unsere Erdkugel wachsen lassen.
Mit ihm teilen auch andere Forscher in ihren Berichten die Auffassung vom Wachstum der Erde[i4-i6].
Als Geologe zitiert Oesterle [iii] seinen Kollegen Herzig: „Die an den mittelozeanischen Rücken neu produzierte Ozeankruste muß an anderen Stellen auch wieder konsumiert werden, da sich die Erde sonst ausdehnen würde" und kritisiert die „Plattentektoniker", sie würden ihr Modell ohne physikalische Begründung postulieren.
Für die Richtigkeit des Expansionsmodells führt er einige Argumente an[iii]:

a) **Subduktion:** Das bereits besprochene Fehlen von Subduktionszonen und Abschmelzen von Kontinentalplatten in dem angenommenen Maße.

b) **Paläomagnetismus:** Fehler und Irrtümer in der Polwanderungshypothese.

c) **Kontinentale Tiefenbohrungen:** Sie haben viel höhere Temperaturen in Tiefen ab 4000 Metern gebracht, als erwartet und modellmäßig berechnet.

d) **Stand des Meereswassers:** Nur wenn das Wasser sich in neu entstehende Ozeanbecken verteilen kann, läßt sich erklären, warum die Wasserbedeckung auf der Erde ständig zurückgeht. Diesem Argument wollen wir noch mit einer eigenen Herleitung nachgehen.

<i>: Dirac, P. A. M. Nature 139, p. 323 (1937)
<ii>: Carey, S. W.: Theories of the Earth and Universe. Stanford University Press: 1-413, Stanford, California
<iii>: Oesterle, O.: Goldene Mitte: Unser einziger Ausweg, Universal Experten Verlag, Rapperswil (1997), ISBN 3-9520261-9-0
<i4>: Hilgenberg, O. C.: Vom wachsenden Erdball, S. 1-56, Eigenverlag, Berlin (1933) und Neues Jahrb. Geol. Paläont. Abh. 116, 1, Berlin (1962)
<i5>: Jordan, P.: Die Expansion der Erde. Vieweg 1-180, Braunschweig (1966)
<i6>: Giancarlo Scalera, K.-H. Jacob: Why expanding earth? Instituto Nationale di Geofisica e Vulcanogia, Roma und Technische Universität Berlin 2003

Die **heutige Erde**:

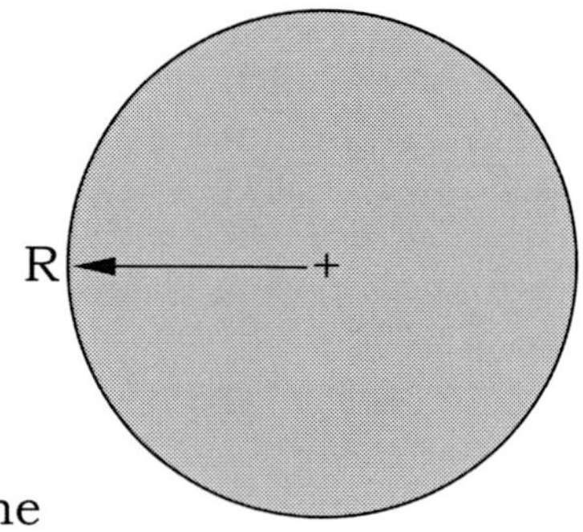

Äquator-Radius: $R = 6378$ [km]

Erdoberfläche: $O_E = 4 \cdot \pi \cdot R^2$
(Kugel) $= 5{,}112 \cdot 10^8$ [km²]

davon 29% Land- und 71% Wasserfläche
bei einer mittleren Wassertiefe von $t_w = 3{,}8$ [km], ergibt als

Wasservolumen: $V_w = 0{,}71 \cdot O_E \cdot t_w = 1{,}38 \cdot 10^9$ [km³] (11.1)

Die Erde **vor 200 Millionen Jahren** (Superkontinent: **Pangäa**):

Die heutige Landfläche (29%) waren 100% der Erdoberfläche!

Pangäa-Oberfl.: $O_p = 0{,}29 \cdot O_E$
$= 1{,}48 \cdot 10^8$ [km²]
$= 4 \cdot \pi \cdot r_p^2$ (11.2)

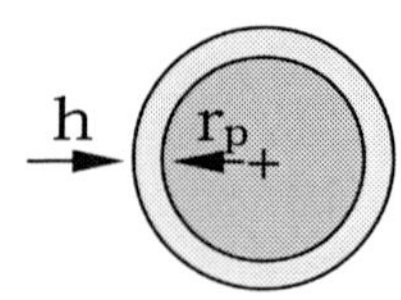

Pangäa-Radius: $r_p = \sqrt{O_p/(4 \cdot \pi)}$
(entspricht $= 3435$ [km]
dem Radius
der Schelfkugel): = 54% vom heutigen Radius

Pangäa-Volumen: $V_p = \frac{4}{3} \cdot \pi \cdot r_p^3 = 1{,}697 \cdot 10^{11}$ [km³] (11.3)

Die Pangäa-Bedeckung mit h [km] Wasserhöhe:

Volumen: $V = V_p + V_w = \frac{4}{3} \cdot \pi \cdot (r_p + h)^3 = 1{,}71 \cdot 10^{11}$ [km³] (11.4)

= 15,7% vom heutigen Erdvolumen

$r_p + h = (3 \cdot V / 4 \cdot \pi)^{1/3} = 3443{,}8$ [km] (11.5)

Pangäa-Wasserstand h über dem damaligen NN (Meereshöhe):

$h = 8{,}78$ [km] (11.6)

Tafel 11.3: Die Berechnung der Wasserbedeckung auf der Erde vor 200 Millionen Jahren

11.3 Altägyptischer Schöpfungsmythos

Nach weiteren Beweisen müssen wir nicht lange suchen. Gehen wir die 200 Millionen Jahre in der Erdgeschichte zurück, als alle Kontinente noch vereint waren und den Superkontinent Pangäa bildeten, als die 29% heutige Landmasse also 100% der Erdoberfläche ausmachte. Damals war der Durchmesser der Erde nahezu halb so groß (genau 54%). Verteilt man die heutige Wassermenge unserer Weltmeere aber auf die kleinere Erde, dann stand bei einer ersten groben Abschätzung der jungen Erde das Wasser womöglich bis zum Hals. Wie hoch das Wasser stand, wollen wir uns jetzt berechnen.
Dazu ermitteln wir zunächst das Wasservolumen der heutigen Weltmeere, indem 71% der Erdoberfläche O_E mit der mittleren Wassertiefe multipliziert wird. Es wird dabei unterstellt, daß sich das Wasservolumen im Laufe der Zeit nicht geändert hat. Diese Annahme könnte näherungsweise zutreffen, wenn sich die Faktoren, die das Wasservolumen beeinflussen gegenseitig kompensieren.
Auf der einen Seite muß damit gerechnet werden, daß bei dem Fusionsprozeß im Erdinnern neben anderen Stoffen auch juveniles Wasser entsteht, daß andererseits durch Photosynthese und durch die Spaltung von Wassermolekülen sich das Wasservolumen aber reduziert. Im Fall des neu gebildeten Wassers soll es sich um schätzungsweise einen Kubikkilometer pro Jahr handeln[<i>]. Die Photosynthese hingegen läßt sich möglicherweise an Hand des entstandenen Luftsauerstoffs abschätzen und genauso das gespaltene Wasser am Sauerstoffgehalt der Gewässer und der Meere. Da die Prozesse temporären Schwankungen unterworfen sind, fällt die exakte Abschätzung schwer. Mit einer Kompensationswirkung ist jedenfalls mehr oder weniger zu rechnen.

Als nächstes berechnen wir die Oberfläche der Erde vor 200 Millionen Jahren, den Superkontinent, den Alfred Wegener Pangäa genannt hat. Wenn die 29% heutige kontinentale Landmasse damals die ganze Oberfläche ausgemacht hat, dann bestimmt sich der Durchmesser der damaligen Erde zu 54% der heutigen, dann hat das Volumen zusammen mit dem Wasservolumen nur 15,7% vom heutigen Volumen betragen, dann stand das Wasser 8,78 Kilometer hoch über der damaligen Marke NN (Tafel 11.3). Damit waren auch die höchsten Berggipfel unter Wasser.

Folgerichtig steht im *Schöpfungsmythos der alten Ägypter*:

> „Sie erzählen uns, daß die Erde völlig mit Wasser bedeckt war und daß die Erde aus dem Wasser aufstieg. Von einem Urhügel ist die Rede, von dem die Schöpfung ihren Anfang nahm, auf dem der erste Sonnenauf- und Untergang beobachtet wurde“[<ii>].

Wenn es damals nur Leben im Wasser gab, dessen Überreste wir heute noch in Gebirgen und Hochebenen in Ausgrabungen nachweisen können, dann lag es sicher nicht daran, daß die Evolution das Bewohnen des Landes verboten hätte. *Es gab kein Land!* Alles Land lag unter Wasser.
Wenn in die Zukunft gesehen die Landfläche aber zu Lasten der Meeresoberfläche weiter zunimmt, dann wird unsere Erde irgendwann vertrocknen, wie schon andere Planeten vor uns, z. B. unser Nachbarplanet Mars.

<i>: Oesterle, O.: Goldene Mitte: Unser einziger Ausweg, Universal Experten Verlag, Rapperswil (1997), ISBN 3-9520261-9-0

<ii>: Robert Bauval und Graham Hancock: Der Schlüssel zur Sphinx, List Verlag (1996), S. 253 und in der Sendung: Die großen Rätsel VII am 25.5.97 in S 3

a. Die **heutige Erde**:

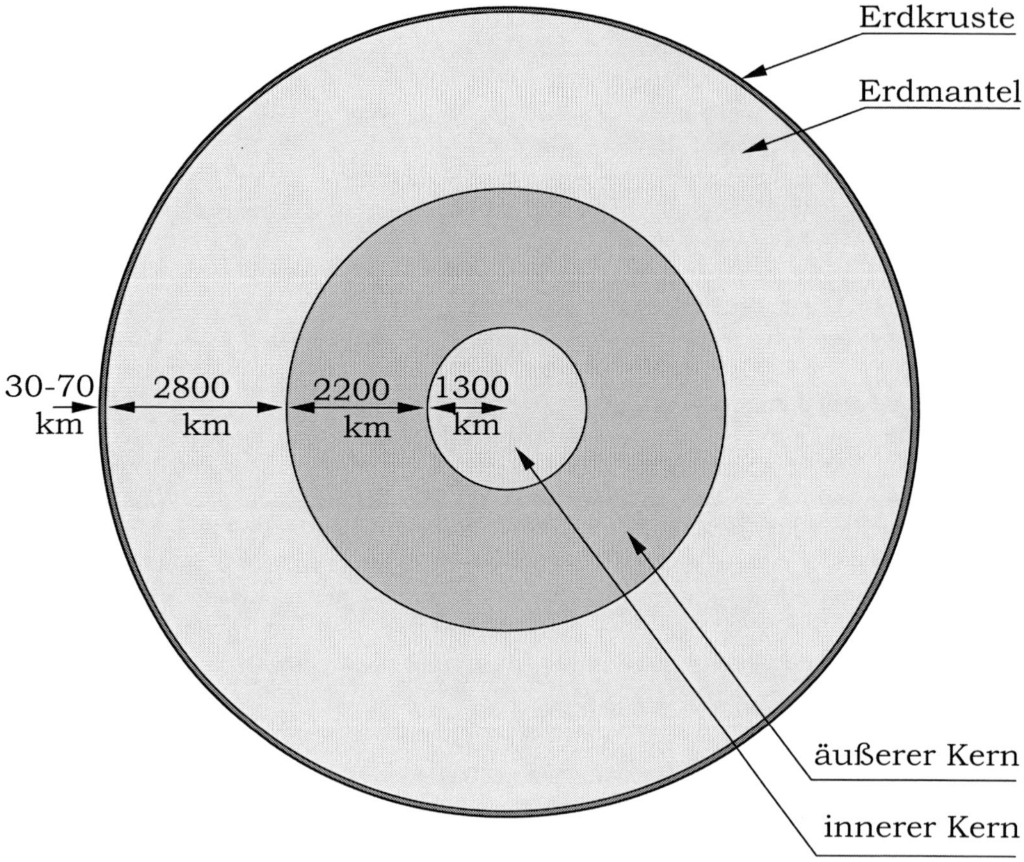

b. Die Erde **vor 200 Millionen Jahren** (Superkontinent: **Pangäa**):

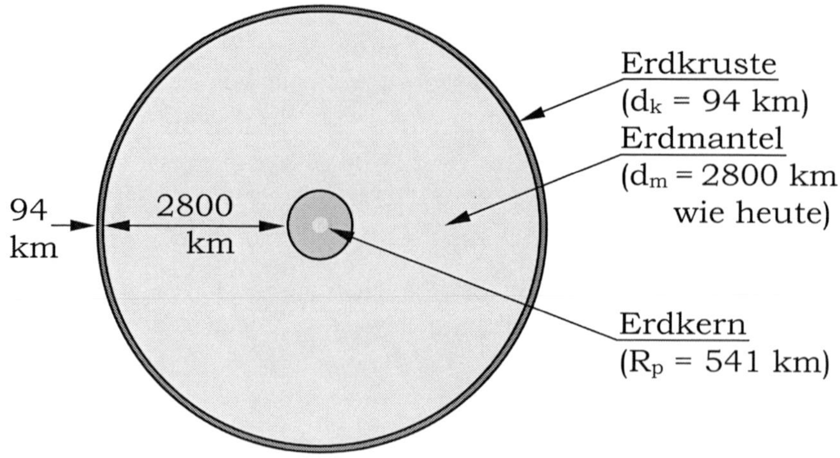

Tafel 11.4: Der innere Aufbau der Erde im Schnitt

11.4 Innerer Aufbau der Erde

Als nächstes stellt sich die Frage: Wie schnell wächst unsere Erde eigentlich? Das errechnete Wachstum, verteilt auf die 200 Millionen Jahre, ergibt eine jährliche Zunahme am Erddurchmesser von weniger als 0,1 mm. Carey[i] geht von 0,04 mm pro Jahr aus und Owen[ii] von nur 0,01 mm pro Jahr.
Tatsächlich muß die junge Erde etwas größer gewesen sein als berechnet, da als Folge der kleineren Schwerebeschleunigung die Dichte der Materie geringer gewesen sein muß. Dies ändert aber nichts an den Verhältnissen, da die weniger dichte Erde von ebenfalls weniger dichtem Wasser umgeben war, erreichte der Wasserstand trotzdem die Bergspitzen, wie schon berechnet.
Für die Angabe absoluter Längenmaße und die Berechnung der Schwerebeschleunigung ist die jeweilige Dichte zu berücksichtigen. Bei den meisten Berechnungen kürzt sich die Dichte heraus, so daß genauso gut mit einer unveränderten Dichte gerechnet werden kann.

Ein gravierender Fehler steckt hingegen in der Annahme eines linearen Wachstums. Hilgenberg geht von einem exponentiellen Wachstum aus[iii] und begründet den empirischen Ansatz der e-Funktion mit dem „Gesetz des organischen Wachsens“. Um jetzt nicht in gleicher Weise zu spekulieren oder zu postulieren, werden wir unseren Ansatz herleiten und begründen.

Wächst nämlich die Erde, dann wächst auch sein Fusionskern, woraufhin das Wachstum beschleunigt stattfindet, usw. Ein Bankkunde, der seine Geldmenge nach einer solchen Gesetzmäßigkeit wachsen sieht, wird über eine Zinseszins-Berechnung sofort Auskunft über die Wachstumsrate erteilt bekommen.
Doch wie groß ist der wachsende Fusionsreaktor unseres Planeten? Nach heutigem Kenntnisstand vom Aufbau der Erde ist der innere Kern vom äußeren Kern und der wiederum vom Erdmantel umgeben. Obenauf schwimmt noch die dünne, aber feste Erdkruste, auf der wir leben. Der innere Kern hat einen Radius von ungefähr 1390 km, der äußere Kern reicht bis zu einem Radius von 3500 km, während die Kruste abhängig von der geographischen Breite nur zwischen 10 und 78 km dick ist[i4] (Tafel 11.4).

<i>: Carey, S. W.: Theories of the Earth and Universe.
Stanford University Press: 1-413, Stanford, California

<ii>: Owen, H. G.: Has the Earth increased in size? - In: New Concepts in Global Tectonics, Texas etc. University Press (1992), p. 289-295, Lubbock

<iii>: Hilgenberg, O. C.: Vom wachsenden Erdball, Berlin 1933, Eigenverlag, Seite 31 und 32

<i4>: Mitton, S. (Herausg.): Cambridge Enzyklopädie der Astronomie
(The Cambridge Encyclopaedia of Astronomy), Orbis Verlag (1989)

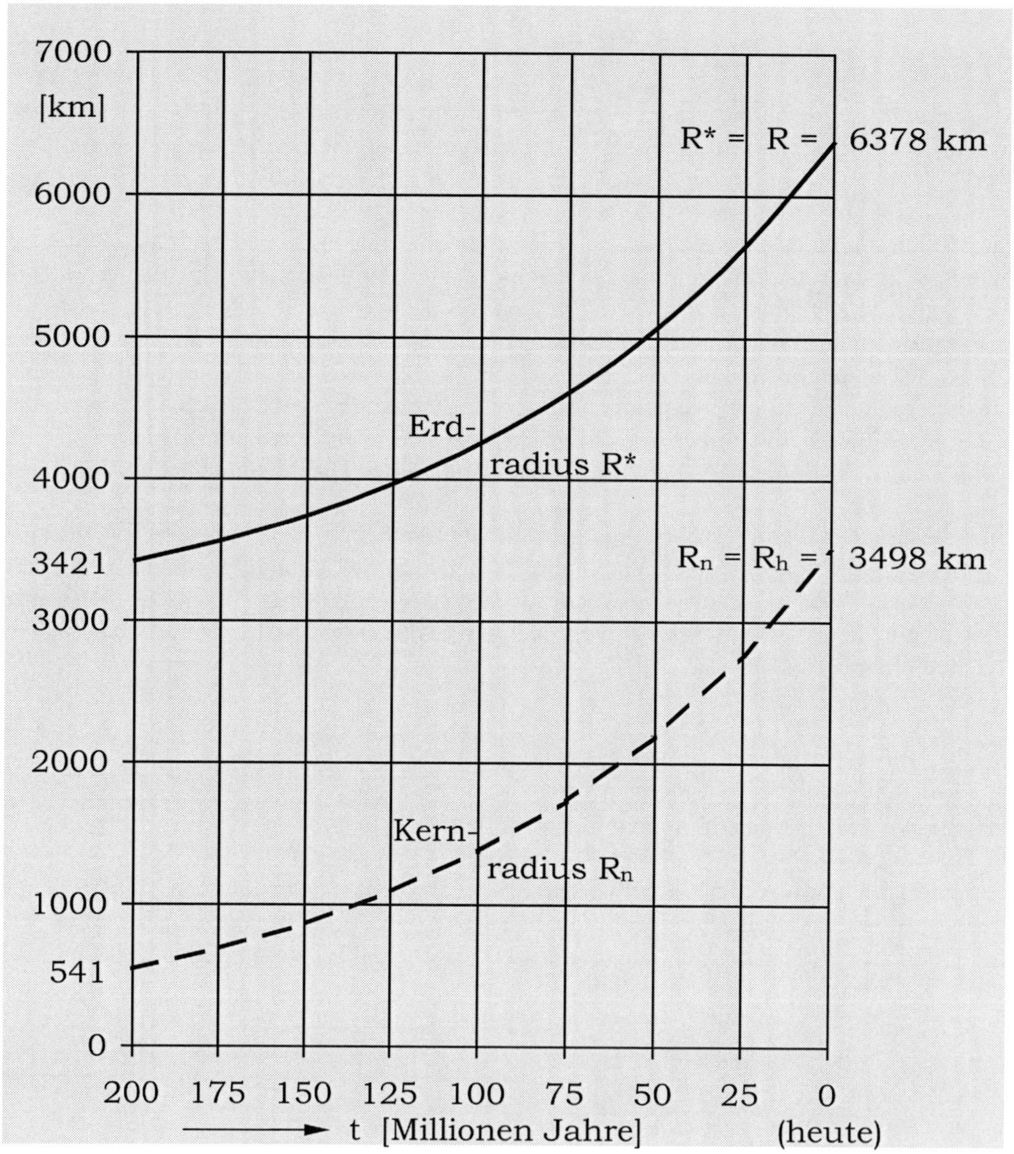

Tafel 11.5: Die Veränderung von Erd- und Kernradius im Laufe der Jahrmillionen bis heute

Berechnung: (s. Tafel 11.6)

$$R^* = 2879{,}5 + 541 \cdot q^{n/3} \text{ [km]} \qquad (11.7)$$

vor t Jahren: mit: $t = 2 \cdot 10^8 - n$ [a] und: $q = 1 + 28 \cdot 10^{-9}$

entspricht der Näherung:

$$R^* = 2880 + (6378 - 2880) \cdot e^{-t/\tau} \text{ [km]} \qquad (11.8)$$

mit der Zeitkonstanten: $\tau = 107{,}1$ Mio. Jahre

11.5 Erdkern als Neutrinowandler

Ich gehe davon aus, daß die ***Neutrinowandlung*** und ***Materialisation*** in Elementarteilchen im ***inneren Kern*** stattfindet. Für die Wandlung wird keinerlei Energie aufgewendet, da sich die innere mit der äußeren Energie der Teilchen zu Null addiert. Die Neutrinos müssen lediglich in eine andere Struktur übergeführt werden, und dazu müssen sie zunächst mit Hilfe der schwingenden Wechselwirkung abgebremst werden.
Bei diesem Abbremsvorgang entsteht, wie gesagt, keine Wärme, da im Gültigkeitsbereich des klassischen Energiesatzes bei einem masselosen Teilchen auch keine Bremsenergie frei werden kann. Erst nach Abschluß des Vorgangs der Materialisation können wir bei Neutrinos Masse und Energie nachweisen.
Wird aber die schwingende Wechselwirkung zugrunde gelegt, die gegenphasige Schwingung zwischen Teilchen und Erdkern, dann findet entgegen allen Erwartungen eine ***Abkühlung*** statt. Hat das Teilchen seine Empfängerregion im Kern erreicht, überlagern sich die Schwingungen. Mathematisch gesehen addieren sie sich mit umgekehrtem Vorzeichen; sie subtrahieren sich also. *Das Ergebnis der gegenseitigen Kompensation ist die Abnahme der thermischen Schwingung und die zu erwartende Abkühlung der Region.*
Zudem kontrahieren sich die entstandenen Masseteilchen gegenseitig (s. Teil I, Kapitel 8.3 und 8.4) und kühlen sich dabei weiter ab, wie wir noch herleiten werden (Kapitel 12.7 mit Tafel 12.8). Die physikalische Grenze des Kontraktions- und Abkühlungsvorgangs bildet der ***absolute Nullpunkt,*** bei dem überhaupt keine thermische Schwingung mehr auftritt, so daß ***Supraleitung*** möglich wird mit der Folge riesiger elektrischer Ströme und magnetischer Felder, die in gedämpfter Form noch auf der Erdoberfläche, beispielsweise mit einem Kompaß, nachweisbar sind.

Die notwendige Wärmeenergie fließt dem tiefgekühlten inneren Kern von außen, vornehmlich vom äußeren Kern zu. Hier, im Kern, bilden sich aus den auf Lichtgeschwindigkeit abgebremsten Neutrinos die unterschiedlichsten Elementarteilchen. Die meisten zerfallen gleich wieder, um andere Konfigurationen zu bilden. Am Schluß bleiben nur Elektronen und Protonen erhalten, die als einzige stabile Teilchen nicht mehr zerfallen können. Die wiederum sind bemüht, den Zustand eines Atoms einzunehmen, das mit dem großen Abstand zwischen Atomkern und Hülle allerdings sehr viel Platz beansprucht. Deshalb stürzen die Hüllelektronen unter dem hohen Druck immer wieder in den Kern und bilden zusammen mit den Protonen Neutronen.
Die Neutronen benötigen aber keine Atomhülle und können, wie von Neutronensternen bekannt, eine extrem hohe Dichte einnehmen. Im Falle des Erdkerns können die Neutronen aber nicht stabilisiert werden. Das Zusammenziehen zu einem Neutron geht mit einem entsprechenden Druckabfall einher, so daß das Neutron wieder zerfällt. Es entsteht eine ständige Größenschwingung, mit der die Neutrinos wiederum wechselwirken. Gleichzeitig wäre damit auch die hohe Dichte des Erdkerns erklärbar.
Im ***äußeren Erdkern*** bilden sich die unterschiedlichsten Atome und Isotope aus, die bei ihren Fusionsvorgängen in der Summe mehr Energie abgeben als aufnehmen. Hier tobt der ***Fusionsofen,*** der den inneren Kern mit Wärmeenergie versorgt.
Die entstandene Materie wird weiter nach außen gedrängt, wälzt sich als zähflüssige Masse durch den Erdmantel und fängt die überschüssige Strahlung und Wärme aus dem Fusionsofen auf.

Mit diesem Erklärungsmodell können wir jetzt die Berechnung des Wachstums der Erde angehen (Tafel 11.6).

Volumenwachstum *in Analogie zur Zinseszinsrechnung:*

Laufzeit: $n = 200$ Mio. Jahre

Anfangskapital: V_p = Pangäa-Volumen $V_p = (4/3)\cdot\pi\cdot r^3$

Endwert: V_h = heutiges Volumen $V_h = (4/3)\cdot\pi\cdot R^3$

Sparkassenformel: $V_h = V_p\cdot q^n$ (Zinseszins) (11.9)

mit *„Zinsfaktor":* $q = (V_h/V_p)^{1/n}$ (11.10)

Kernradius der Pangäakugel:

$R_p = r - d_m - d_k = 541$ [km] (11.11)

mit

Pangäa-Radius: $r = 3435$ [km]

Erdmantel: $d_m = 2800$ [km]

Erdkruste: $d_k = 94$ [km] (incl. Wasserbedeckung).

Kernradius heute: $R_h = R - d_m - d_k^* = 3500$ [km] (11.12)

Erdkruste heute: $d_k^* = 34 - 78$ [km].

Aus $V \sim r^3$ errechnet sich der Wachstumsfaktor q zu

$$\underline{\underline{q}} = \left(\frac{V_h}{V_p}\right)^{\frac{1}{n}} = \left(\frac{R_h}{R_p}\right)^{\frac{3}{n}} = \left(\frac{3500 \text{ km}}{541 \text{ km}}\right)^{\left(\frac{3}{2\cdot 10^8}\right)} = \underline{\underline{1 + 28\cdot 10^{-9}}} \quad (11.13)$$

Kernradius nach n Jahren: $R_n = R_p\cdot q^{n/3}$ (11.14)

Radius der Erde nach n Jahren: $R^* = R_n + d_m + d_k^*$ (11.15)

Tafel 11.6: Die Berechnung der Wachstumsrate der Erde

11.6 Wachstumsgeschwindigkeit

Vor 200 Millionen Jahren hat sich, wahrscheinlich unter dem Einfluß eines kosmischen Ereignisses, verbunden mit einer hohen Neutrinostrahlung, im Zentrum der Erdkugel ein Fusionskern gebildet und seinen Betrieb aufgenommen. Als Folge ist die dünne Erdkruste auseinander gerissen, und es haben sich die Ozeanbecken gebildet.

Gehen wir davon aus, daß die Mächtigkeit des Erdmantels (mit $d_m = 2800$ km) und der Kruste (mit weniger als 100 km) sich nicht wesentlich verändert hat, dann hatte der Erdkern damals einen Radius von nur 541 km. Die „Sparkassenformel" darf jetzt nur für den Kern und auch nur für sein Volumen angesetzt werden. Unter der Annahme einer gleichbleibenden Neutrinodichte wächst das Volumen des Kerns in jedem Jahr um eine Größenordnung, die wiederum von dem jeweiligen Volumen selbst abhängig ist. Es ergibt sich der in Tafel 11.5 dargestellte Verlauf von Kern- und Erdradius.

Unserer Berechnung zufolge wächst die Erde derzeit jedes Jahr um $915 \cdot 10^{11}$ Tonnen, was einer Volumenzunahme von 16500 Kubikkilometer entspricht und einem Flächenzuwachs von 5,2 Quadratkilometer. Im Durchmesser wächst die Erde momentan um 6,5 cm pro Jahr, woraus folgt, daß der Umfang um das π-fache zunimmt und über dem Atlantik und über dem Pazifik jeweils eine Kontinentaldrift von 10,2 cm pro Jahr zu erwarten ist.
Geologen messen heute tatsächlich eine Plattenbewegung von typischerweise 10 cm, an einzelnen Stellen von bis zu 12 cm pro Jahr[<i>]!

Wer gerne bastelt, kann sich einen Schelfglobus auch selber zusammenbauen. Hilgenberg gibt dazu eine Bastelanleitung[<ii>]. Er zeichnet die Kontinente von einem heutigen Globus ab und schneidet sie aus. Dabei ist aber nicht die heutige Küstenlinie maßgebend, sondern die Schelfkante, an der die Festlandschelfe in die Tiefsee abbrechen. Er spricht daher auch von einer Schelfkugel und hilft dem Bastler mit den Worten: „Da sich die Papierschelfe der Schelfkugel infolge deren starker Krümmung schwer anschmiegen, schneiden wir Schlitze in das Papier, die zweckmäßig da liegen, wo Gebirgszüge sich erstrecken und können nun mit dem Aufkleben beginnen". Dabei zeigt sich, daß die Schlitze besonders beim Ural und beim Himalaya weit auseinander klaffen, daß in umgekehrter Richtung bei der Vergrößerung der Schelfkugel an diesen Stellen durch Stauchungen das **Herausheben der Gebirge** notwendigerweise erfolgen mußte.
Unter diesen Umständen müßte unsere Modellvorstellung noch weiter präzisiert werden. Ist die Änderung der Krümmung der wachsenden Erdoberfläche Ursache für das Herausheben der Gebirge, dann war die Erdoberfläche vor 200 Millionen Jahren lediglich durch Einschlagkrater und durch Vulkankegel strukturiert, dann dürfte die Wassermenge entsprechend geringer gewesen sein. Das zusätzliche Wasser der heutigen Weltmeere hat sich die Erde entweder aus dem Kosmos eingesammelt, indem sie die Flugbahn eines Kometen mit Wasserschweif gekreuzt hat, oder mit der hier diskutierten Vorstellung von einem Fusionskern im Erdinnern hat sie sich das Wasser selbst hergestellt!

Wie immer sich solche Detailaspekte auch ausgewirkt haben mögen, es ändert sich an der Modellvorstellung deshalb im Großen und Ganzen trotzdem nichts. Der Hilgenbergsche Schelfglobus[<ii>] macht meiner Meinung nach immer noch mehr Sinn als all die Erklärungsmodelle , wie sie in heutigen Lehrbüchern Verbreitung finden.

<i>: Miller, R.: Driftende Kontinente, Time-Life, Amsterdam 1991, S. 78

<ii>: Hilgenberg, O.C.: Vom wachsenden Erdball, Berlin 1933, Eigenverlag

Aktuelle Daten<i>:

Sonnenmasse	$m_s = 1{,}99 \cdot 10^{30}$ [kg]	
Sonnenradius	$r_s = 696\,000$ [km]	
Abstand zur Erde	$r_e = 149\,597\,870$ [km] (gemittelt)	
Masse der Erde	$M = 5{,}976 \cdot 10^{24}$ [kg]	
Trägheitsmoment	$J_e = M \cdot r_e^2$ (der Erdumlaufbahn)	(11.16)
Bahngeschwindigk.	$v_e = \omega_e \cdot r_e = 2\pi r_e / t_e$	(11.17)
gemittelt<i>:	$v_e = 29{,}79$ [km/s] = konstant	(11.18)
Umlaufzeit	$t_e = 365{,}25637$ [Tage] t_e = siderisches Sonnenjahr	
Äquatorradius	$R = 6378$ [km]	
Trägheitsmoment	$J = (2/5)\, M \cdot R^2$ (der Eigendrehung)	(11.19)
Drehgeschwindigkeit	$v_E = \omega_E \cdot R = 2\pi R / t_E = 0{,}465$ [km/s]	(11.20)
sider. Rotationszeit	$t_E = 1$ [Tag] $= 86\,164{,}1$ [s]	
Abstand zum Mond	$r_m = 384\,390$ [km] (gemittelt)	
Mondradius	$R_m = 1738$ [km]	
Masse des Mondes	$m_m = 7{,}350 \cdot 10^{22}$ [kg] = konstant	(11.21)
Trägheitsmoment	$J_m = m_m \cdot r_m^2$ (der Mondumlaufbahn)	(11.22)
Bahngeschwindigk.	$v_m = \omega_m \cdot r_m = 2\pi r_m / t_m$	(11.23)
vom Mond gemittelt:	$v_m = 1{,}026$ [km/s] = konstant	(11.24)
Umlaufzeit	t_m = 1 siderischer Monat (von Fixstern $t_m = 27{,}322$ [Tage] bis Fixstern)	
beobachtete Umlaufzeit	t^*_m = 1 synodischer Monat (von Neumond $t^*_m = 29{,}53$ [Tage] bis Neumond)	

Tafel 11.7: Die heutigen Daten von Sonne, Erde und Mond<i>

<i>: Mitton, S. (Herausg.): Cambridge Enzyklopädie der Astronomie (The Cambridge Encyclopaedia of Astronomy), Orbis Verlag (1989)

Es ist schon eine spannende Angelegenheit, wenn man selber erfahren kann, wie die Puzzlesteinchen zusammenpassen, wie sich das südliche Ende Amerikas um das Kap der Guten Hoffnung herumwickelt und die Falklandinseln vor der Ostküste Südafrikas auftauchen, in der Nachbarschaft von Australien, wie die Antarktis das Pazifische Becken einnimmt als Nachbar von Australien, von Süd-, Mittel- und Nordamerika, durchzogen vom Äquator, usw.
Die Korrekturen am Weltbild Alfred Wegeners und die geographischen Beweise, die Hilgenberg anführt, sind stichhaltig, gut begründet und auch nach 65 Jahren noch hoch aktuell. Den physikalischen Aussagen des Geologen hingegen, die Erde würde sich beispielsweise im Laufe der Zeit immer schneller drehen, kann nicht gefolgt werden.

11.7 Drehimpulserhaltung

Es stellt sich die Frage nach der Erdrotation. Ändert sie sich überhaupt nicht, wird sie schneller oder langsamer? Im Falle einer mit der Zeit wachsenden Erde besteht nur die eine Möglichkeit: Die Eigenrotation wird abnehmen und nicht etwa zunehmen, wie Hilgenberg vermutet.
Sie brauchen sich dazu nur auf eine Drehscheibe zu stellen, zu drehen und möglichst mit Gewichten in den Händen die Arme seitlich auszustrecken, um zu spüren, wie die Rotation der Scheibe geringer wird. Auch dem Geologen Hilgenberg hätte es sicher gut getan, seinen Schreibtisch kurzfristig für einen Spaziergang zum nächstgelegenen Spielplatz zu verlassen, zum Zwecke des beschriebenen physikalischen Selbstversuchs.

Maßgeblich wirkt sich in diesem Fall der Impulserhaltungssatz aus in der Formulierung des Drallsatzes für die rotierende Bewegung. Danach sollten sich alle Drehimpulse im Sonnensystem zu Null addieren. Betrachten wir die Planeten, die keinen Mond haben, dann fällt auf, daß diese für eine Drehung um die eigene Achse eine Ewigkeit benötigen (die Venus beispielsweise braucht 243 Tage). Dem Drallsatz zufolge verdankt unsere Erde ihre Eigendrehung in erster Linie dem Mond.

Wir können auf Grund dieses Zusammenhangs von einer Proportionalität zwischen dem Drehimpuls des Mondes $J_m \cdot \omega_m$ und dem der Eigendrehung der Erde $J \cdot \omega_E$ ausgehen (Gl. 11.39, Tafel 11.10). Sie müssen sogar identisch sein, wenn die Rotationspartner Erde und Mond als abgeschlossenes System betrachtet werden.
Würde die Erde als homogene, rotierende Kugel angesetzt, wäre der Drehimpuls zunächst um den Faktor 4,1 zu klein (Gl. 11.29, Tafel 11.9). Der Drehimpulserhaltungssatz schreibt als zwingende Folge vor, daß der dichte Erdkern schneller rotieren muß als die Erdkruste! Aus der Übereinstimmung von Bahndrehimpuls des Mondes einerseits und der Summe der Eigendrehimpulse von Erdmantel und Erdkern andererseits resultiert eine gegenüber der Drehung der Erdoberfläche 31-fach höhere Winkelgeschwindigkeit des Erdkerns (Gleichung 11.38, Tafel 11.9).

Verdankt unsere Erde dieser Kerndrehung ihren Erdmagnetismus? Jedenfalls besteht die Möglichkeit, daß zwischen der Drehung des Erdkerns und dem Erdmagnetismus ein kausaler Zusammenhang besteht. Wir tragen noch weitere Argumente zusammen und stellen die Frage zur Entstehung des Erdmagnetismus zur Diskussion.

Zur unipolaren Induktion (Faraday): $\mathbf{E} = \mathbf{v} \times \mathbf{B}$ (11.25)
(s. Teil 1, Gl. 58, Tafel 6.4)

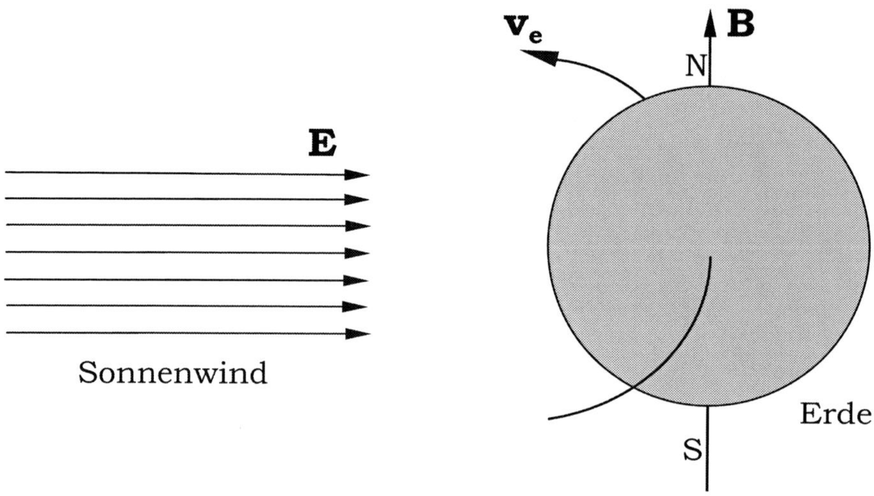

mit $\mathbf{E}$ = 2 [V/m]
11.18: $\mathbf{v_e}$ = 29,79 [km/s]
} Erdmagnetfeld $\mathbf{B}$ = 67 [μT] gerechnet
und im Mittel ca. $\mathbf{B}$ = 50 [μT] gemessen<i>

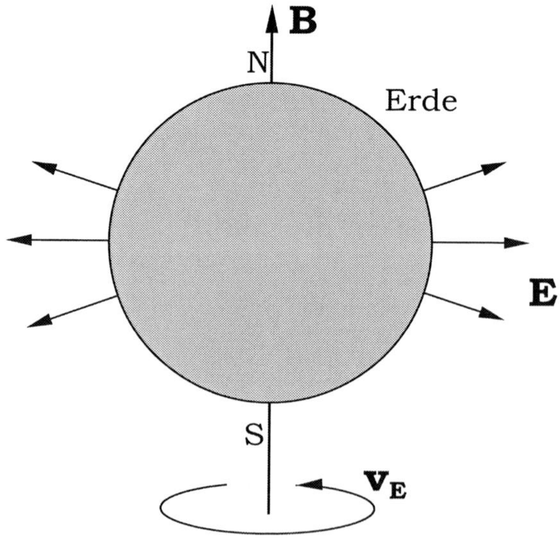

mit $\mathbf{B}$ = 67 [μT]
Gl. 11.20: $\mathbf{v_E}$ = 465 [m/s]
und h = 6378+10 [km]
} in 10 km Höhe:

$U = \mathbf{E} \cdot h = \mathbf{v_E} \cdot \mathbf{B} \cdot h$ (11.26)

U = 199 [kV] gerechnet
U = 200 [kV] gemessen<i>

Tafel 11.8: Das magnetische und das elektrostatische Feld der Erde als Folge einer unipolaren Induktion

<i>: Messwerte in Kapitel 2.8, z.B. Literaturstelle <i> (Prof. Dr. L. König)

11.8 Ummagnetisierungsproblematik

Jetzt haben Untersuchungen der Polarität der Magnetisierung von Gesteinen ergeben, daß es in unregelmäßigen Abständen, im Schnitt alle 500.000 Jahre, zu einer Umpolung des Erdmagnetismus gekommen ist, und keiner weiß, warum.
Sollte die Kerndrehung den Magnetismus hervorrufen, dann ist sie jedenfalls auch für den Ummagnetisierungsvorgang verantwortlich. Das ist rein theoretisch auf zweierlei Art und Weise möglich: Entweder der Kern kippt aus seiner Drehebene um 180° heraus und rotiert plötzlich in der entgegengesetzten Richtung, oder der Erdmantel mitsamt der Erdkruste, auf der wir leben, stellt sich auf den Kopf.
Es ist nun wirklich nicht meine Absicht, irgendwelche Panik zu erzeugen, aber aus physikalischer Sicht kommt nur der zweite Fall in Frage. Üblicherweise wedelt nicht der Schwanz mit dem Hund, sondern umgekehrt, der Hund mit dem Schwanz.
Die hohe Drehgeschwindigkeit des Erdkerns übt einen überaus stabilisierenden Einfluß aus. Schließlich ist sein Drehimpuls 6,8 mal größer, als der des Mantels (Gl. 11.33, Tafel 11.9). Deshalb bleiben Kerndrehung und Richtung des Erdmagnetfeldes von der Sonne aus gesehen in jedem Fall erhalten.

Ich gehe weiter davon aus, daß von der Sonne ein elektrostatisches Feld ausgeht in Begleitung von einem Teilchenfluß, dem Sonnenwind, durch das die Erde in senkrechter Richtung hindurch fliegt. Nach dem Faraday-Gesetz $\mathbf{E} = \mathbf{v} \times \mathbf{B}$ (Gl. 11.25) erfährt sie, als Folge der unipolaren Induktion, ein magnetisches Feld, das senkrecht auf der Ekliptik steht und so die Ausrichtung des Erdmagnetfeldes vorgibt. Damit wäre dann auch die Rotationsrichtung festgelegt. Der Kern kann also gar nicht kippen!
Unter der Annahme, daß der Kern nicht völlig reibungsfrei rotiert, wird der Erdmantel bei gleicher Drehrichtung beschleunigt, bei ungleicher, nach einer Umpolung, wieder gebremst. Findet der Vorgang aus Gründen der Drehimpulserhaltung mit einer gewissen Regelmäßigkeit abwechselnd statt, dann dürften die Erdbewohner bei jeder Umpolung erleben, wie in kürzester Zeit der Nordpol über den Äquator hinweg zum Südpol dreht, während die Sonne schleifenartige Bewegungen vollführt. Wie gesagt, nach einer Umpolung steht der Sternenhimmel oder auch nur unsere Erde Kopf! In der Bibel finden sich entsprechende Hinweise<ii>.
Den Medien ist zu entnehmen, daß in absehbarer Zeit mit einer solchen Umpolung gerechnet wird. Wann und ob sie tatsächlich stattfindet, steht aber in den Sternen.

Wird der Magnetismus also durch die Kerndrehung, oder durch elektrische Ströme im Erdkern als Folge der Supraleitung oder durch beides hervorgerufen, dann richtet sich die Erde wie die Magnetnadel in einem Kreiselkompaß im Feld der Sonne aus. Nehmen wir als Ursache einen Sonnenwind mit einer elektrischen Feldstärke von gerade mal 2 V/m, dann würde dieser nicht nur die Richtung des Erdmagnetfeldes bestimmen, sondern auch die Größenordnung, und die liegt gegenwärtig im zeitlichen Mittel bei 50 μT (Kap. 2.8).
Mit dem gleichen mathematischen Zusammenhang ergibt sich als Folge der Erddrehung ein elektrostatisches Feld um die Erde von 199 V/m. Das entspricht ziemlich exakt den gemessenen Werten!<i> Ganz offensichtlich hängt alles miteinander zusammen. In der Frage nach dem „wie“ wird an dieser Stelle bewußt keine endgültige Antwort angestrebt. Sie soll im Seminar vielmehr diskutiert und gemeinsam erarbeitet werden.

<ii>: Die Bibel, AT, Das 2. Buch der Könige 20,9-11 (König Hiskija) und Josua 10,12-14, wörtliches Zitat auf der übernächsten Seite (Kap. 11.9), Anm.<ii>

Drehimpuls $J_m \cdot \omega_m$ des umlaufenden Mondes (mit Gl. 11.22 + 11.23):

$$J_m \cdot \omega_m = m_m \cdot r_m^2 \cdot \omega_m = 29 \cdot 10^{33} \; [\mathrm{kg\,m^2/s}] \qquad (11.27)$$

Drehimpuls $J \cdot \omega_E$ der Erdrotation (11.19 + 11.20, bei gleicher Drehrichtung)

(theoretisch) $J \cdot \omega_E = (2/5)\, M \cdot R^2 \cdot \omega_E = 7 \cdot 10^{33} \; [\mathrm{kg\,m^2/s}]$ (11.28)

$$\frac{\text{Bahnimpuls Mond}}{\text{Drehimpuls Erde}} = \frac{J_m \cdot \omega_m}{J \cdot \omega_E} = \frac{29}{7} = 4{,}1 \qquad (11.29)$$

Drehimpuls $J_M \cdot \omega_E$ von Erdmantel und -kruste (R_h = Kernradius)

$$J_M \cdot \omega_E = (J - J_K) \cdot \omega_E = (2/5) \cdot (MR^2 - M_K R_h^2) \cdot \omega_E = 6 \cdot 10^{33} \; [\mathrm{kg\,m^2/s}] \qquad (11.30)$$

$$\text{Drehimpulserhaltung:} \quad J_m \cdot \omega_m = J_K \cdot \omega_K - J_M \cdot \omega_E \qquad (11.31)$$

Drehimpuls $J_K \cdot \omega_K$ vom Erdkern

$$J_K \cdot \omega_K = J_m \cdot \omega_m + J_M \cdot \omega_E = 35 \cdot 10^{33} \; [\mathrm{kg\,m^2/s}] \qquad (11.32)$$

$$\frac{\text{Drehimpuls Kern}}{\text{Drehimpuls Mantel}} = \frac{J_K \cdot \omega_K}{J_M \cdot \omega_E} = \frac{35}{5} = 7 \qquad (11.33)$$

$$J_K \cdot \omega_K = (2/5)\, M_K \cdot R_h^2 \cdot \omega_K \qquad (11.34)$$

Mit der Masse des Erdkerns $M_K = \rho_K \cdot V_K = \rho_K \cdot (4/3) \cdot \pi \cdot R_h^3$ (11.35)

und der mittleren Kerndichte $\rho_K = 12000 \; \mathrm{kg/m^3}$

beträgt die Winkelge-
schwindigkeit des Erdkerns: $\omega_K = 3{,}3 \cdot 10^{-3} \; [\mathrm{s^{-1}}]$ (11.36)

und die an der Erdoberfläche: $\omega_E = v_E / R = 0{,}073 \cdot 10^{-3} \; [\mathrm{s^{-1}}]$. (11.37)

$$\frac{\omega_K}{\omega_E} = \frac{3{,}3}{0{,}073} = 45 \qquad (11.38)$$

Tafel 11.9: Berechnungen zur Drehimpulserhaltung und zur Rotation des Erdkerns
(Eine Umdrehung des Erdkerns dauert 32 min. Sie erfolgt entgegen der Erddrehung. Von der Erdoberfläche aus gesehen beträgt die Periodendauer nur 31 min).

11.9 Der schwach gedämpfte Mond

Die in Richtung Erdmittelpunkt zunehmende Winkelgeschwindigkeit hat sicher etwas mit der Problematik um die Erhaltung der Kugelstruktur zu tun, vergleichbar mit der Begründung für den Teilchenspin (Kapitel 6.13). Es gilt, die zunehmend fehlende Radialkomponente des Gravitationsfeldes durch ein von der Rotation hervorgerufenes Zusatzfeld zu kompensieren (gemäß Teil 1, Gleichung 62, Tafel 6.5).

Der Mond kennt diese Problematik offenbar nicht. Bei ihm können wir von einer konstanten Masse ausgehen (Gl. 11.21). Zum einen ist der Mond kleiner als die Erde vor 200 Millionen Jahren, als sie anfing zu wachsen. Zum anderen sind Zweifel an der Existenz eines aktiven Mondkerns berechtigt. Bei der Apollo-15-Mission waren seismische Messgeräte auf dem Mondboden installiert und beim Start vom Mond die erzeugten Mondbebenwellen aufgezeichnet worden<i>. Die überraschend geringe Dämpfung beim Zurückfallen der Landefähre auf den Mondboden läßt eher den Schluß zu, daß der Mond innen hohl ist!
Auch weist die geringe Dichte des Mondes in dieselbe Richtung, und schließlich sind auf der Mondoberfläche keinerlei Hinweise zu sehen, die auf ein Wachstum des Mondes hindeuten würden.

Neben der Masse wird auch die Bahngeschwindigkeit des Mondes als konstant angenommen, was sicher zutrifft, solange niemand und nichts den Mond extra anschiebt (Gl. 11.24). Die Auswertung des Drehimpulserhaltungssatzes liefert das in Tafel 11.10 hergeleitete Zwischenergebnis (Gl. 11.41).

<i>: Mondbeben immer geheimnisvoller: „Das von Apollo 12 durch „Beschuß" der Mondoberfläche mit der ausgedienten Landefähre „Intrepid" am Donnerstagabend ausgelöste Mondbeben stellt die Wissenschaftler vor immer größere Rätsel. Eine genaue Auswertung der Meßdaten ergab jetzt, daß die von den Astronauten Conrad und Bean installierte „Bebenwarte" auf dem Mond ... 55 Minuten lang aufgezeichnet und zur Erde gefunkt hätte. ... Der Seismologe Dr. Gary Latham sprach von „bedeutenden Aufschlüssen über die Mondstruktur" und meinte, man könne „das Lehrbuch jetzt fortwerfen". Man hatte damit gerechnet, daß der Aufschlag der Landefähre auf dem Mond ein Beben von bestenfalls einigen Minuten auslösen werde".
Frankfurter Rundschau vom 22.11.1969

zur Literaturstelle <ii>, Kap. 11.8:

<ii>: Die Bibel, AT, Josua 10,12-14: Da steht im „Buch des Aufrechten": Die Sonne blieb also mitten am Tag stehen und ihr Untergang verzögerte sich ungefähr einen ganzen Tag lang. Weder vorher noch nachher hat es je einen solchen Tag gegeben.

Das 2. Buch der Könige 20,9-11: König Hiskija: Der Schatten ... soll zehn Stufen rückwärts gehen. Da rief der Prophet Jesaja zum Herrn, und dieser ließ den Schatten die zehn Stufen zurückgehen, die er auf den Stufen des Ahas bereits herabgestiegen war.

Für die Proportionalität der Drehimpulse der Erde:

$$J \cdot \omega_E \sim J_M \cdot \omega_E \sim J_K \cdot \omega_K$$

mit: $$J \cdot \omega_E = (2/5)\, M{\cdot}R^2 \cdot 2\pi/t_E \qquad (11.28)$$

und dem Bahnmoment des Mondes:

$$J_m \cdot \omega_m = m_m{\cdot}r_m^2 \cdot v_m/r_m \qquad (11.27)$$

gilt die

Drehimpulserhaltung: $$J \cdot \omega_E \sim J_m \cdot \omega_m \qquad (11.39)$$

oder: $$M{\cdot}R^2/t_E \sim m_m{\cdot}r_m{\cdot}v_m \qquad (11.40)$$

mit m_m = konstant (11.21)
und v_m = konstant (11.24): $$M{\cdot}R^2 \sim t_E{\cdot}r_m \qquad (11.41)$$

Zentrifugalkraft = Gravitationskraft

$$\frac{m_m{\cdot}v_m^2}{r_m} = \frac{G{\cdot}M{\cdot}m_m}{r_m^2} \qquad (11.42)$$

oder mit Gl. 11.22: $$v_m^2 = G{\cdot}M/r_m = (2\pi r_m/t_m)^2 \qquad (11.43)$$

---

wenn M = konst.: $$r_m^3 \sim t_m^2 \qquad (10.1)$$

3. Keplersches Gesetz.

Hier ist M ≠ konst., dafür ist v_m = konst. (11.23) und somit folgt aus Gl. 11.43:

(Monat) $$t_m \sim r_m \sim M \qquad (11.44)$$

mit Gl. 11.41:

(Tag) $$t_E \sim R^2 \qquad (11.45)$$

und bei analoger Herleitung: (Jahr) $$t_e \sim r_e \sim m_s \qquad (11.46)$$
mit v_e = konst.

Tafel 11.10: Berechnung der dynamischen Himmelsmechanik

11.10 Berechnung der Himmelsmechanik

Wir benötigen noch einen weiteren Zusammenhang und setzen das Gleichgewicht der Kräfte zwischen der Zentrifugalkraft und der Gravitationskraft an. Sowohl die nach außen gerichtete Zentrifugalkraft, als auch die nach innen gerichtete Gravitationskraft sind von der Masse des bewegten Körpers, hier der Masse des Mondes m_m abhängig, so daß sie sich aus Gleichung 11.42 herauskürzt.
Es bleibt als bestimmende Masse nur die der Erde übrig, und die wird nach dem Lehrbuchwissen als konstant angenommen. Das Ergebnis dieser Annahme ist das 3. Keplersche Gesetz (Gl. 10.1). Aber Vorsicht, hier handelt es sich nur um eine Momentanaufnahme! Im Laufe der Zeit, entsprechend der Herleitung, nimmt die Masse der Erde zu, so daß diese Annahme unhaltbar ist.

Dafür ist, wie schon gesagt, die mittlere Bahngeschwindigkeit des Mondes mit einem Kilometer pro Sekunde als konstant anzunehmen (Gl. 11.24). Da sich die Bahngeschwindigkeit aus dem Verhältnis des Umfangs der Kreisbahn $2 \cdot \pi \cdot r_m$ bezogen auf die Umlaufzeit eines Monats berechnet (11.43, linke Seite), gleichzeitig aus dem Kräftegleichgewicht eine Abhängigkeit von der Erdmasse M und dem Radius der Mondbahn folgt (11.43, rechte Seite), ergibt sich der interessante Zusammenhang (11.44):
Hier stehen die Masse M, der Radius r_m und die Umlaufzeit t_m in einer direkten Proportionalität zueinander, und das heißt: wenn die Masse der Erde im Lauf der Zeit zunimmt, dann entfernt sich der Mond in dem gleichen Maße von uns, dann wird auch jeder Monat entsprechend länger.

Mit Zahlenwerten verdeutlicht, folgt aus einem Wachstum der Erde um $915 \cdot 10^{14}$ kg pro Jahr ein Abrücken des Mondes um jährlich 5,88 Meter (Tafel 11.11). Mit Laserreflektoren, die von Apollo-Astronauten auf dem Mond aufgestellt worden waren, konnte an Hand von Messungen nach dpa-Meldung das Entfernen unseres Trabanten bestätigt werden<i>.

Zudem verlängert sich jeder Monat um 3 Millisekunden. Das gilt sowohl für den siderischen Monat (= 27,322 Tage), bei dem ein Fixstern als Bezugspunkt für die Messung eines Umlaufs dient, als auch für den synodischen Monat, wie er von der Erde aus von Neumond bis Neumond beobachtet wird (= 29,53 Tage). Der synodische Monat ist heute länger als vier Wochen. Aber vor 3,7 Millionen Jahren hat er tatsächlich einmal genau 28 Tage gedauert, wie wir leicht berechnen können (Tafel 11.11).

Jetzt verändert sich aber auch die Länge eines Tages. Setzen wir die Proportionalität (11.44) aus dem Kräftegleichgewicht in die der Drehimpulserhaltung (11.41) ein, dann zeigt sich, daß ein Tag quadratisch von dem Radius der Erde abhängt (11.45), daß sich mit Hilfe der Wachstumskurve der Erde (Tafel 11.5) eine Verlängerung jedes Tages um $4{,}5 \cdot 10^{-9}$ s ermitteln läßt. Das ist wirklich sehr wenig, aber vor 200 Millionen Jahren hatte der Tag gerade noch 19 Stunden, auf 900 Millionen Jahre hochgerechnet nur 18,04 Stunden! Auf 18 Stunden kommen auch die amerikanischen Geologen um Dr. Charles Philip Sonett von der Universität von Arizona in Tucson bei ihrer Analyse entsprechend alter Sedimentformationen, wie das US-Wissenschaftsmagazin Science berichtet hat<i>. Die Übereinstimmung dieser Messung mit unserer Rechnung hat zweifelsfrei Beweiskraft!

<i>: Vor 900 Millionen Jahren hatte der Tag 18 Stunden, Washington (dpa) 1997

Abrücken des Mondes pro Jahr mit $M \sim r_m$ (nach Gl. 11.44): um

$\Delta r_m = r_m \cdot \Delta M/M = 384390[km] \cdot 9{,}15 \cdot 10^{16}[kg/a] / 5{,}976 \cdot 10^{24}[kg] = 5{,}886$ [m/a]

Monatsverlängerung pro Jahr mit $M \sim t_m$ (11.44) (siderisch): um

$\Delta t_m = t_m \cdot \Delta M/M = 27{,}322$ [Tage] $\cdot$ 86164 [s/Tag] $\cdot \Delta M/M = 36$ [ms/a]

Synodischer Monat (von Neumond bis Neumond) zu 28 Tagen:

$\Delta t_m = 29{,}53$ [Tage] - 28 [Tage] = 1,53 [Tage] $\equiv 132 \cdot 10^6$ [ms]

linear gerechnet vor $132 \cdot 10^6$ [ms]/36 [ms/a] = 3,6674 Mio Jahren.

Tageslänge vor 200 Mio.Jahren, mit $t_E \sim R^2$ (11.45) hatte t* Std. betragen

Verkürzung: $\Delta t_E/t_E = \Delta R^2/R^2 = (R-R^*)^2/R^2 = (6378-3420)^2/6378^2 = 21{,}5\%$

$\Delta t_E = 0{,}215 \cdot 24$ [h] = 5,16 [h] und $t^* = 24$ [h] - Δt_E = 18,84 [h]

Tageslänge vor 900 Mio. Jahren, (R*=3200 km) hatte 18,04 Std. betragen

---

Derzeitige Verlängerung pro Tag beträgt: $\Delta t_E/t_E = 4{,}5 \cdot 10^{-9}$ [s/Tag]

---

aber: das Jahr nimmt 130 000 mal schneller zu als der einzelne Tag!

nach der Messung des Aristarchos vor 2300 Jahren<ii>

ist $\Delta t_e = 365{,}25637$ [Tage] - 365,25062 [Tage] = 0,00575 [Tage]

und $\Delta t_e/t_e = 0{,}00575 \cdot 24 \cdot 60 \cdot 60 \cdot 1000 / 365{,}25637 \cdot 2300 = 0{,}59$ [ms/Tag]

Abrücken der Erde von der Sonne pro Jahr, mit $t_e \sim r_e$ (nach Gl. 11.46)

um: $\Delta r_e/t = r_e \cdot \Delta t_e/t_e \cdot t = 149{,}6 \cdot 10^6$ [km] $\cdot \Delta t_e/t_e \cdot t = 1{,}024$ [km/a]

Wachstum der Sonne pro Jahr/Sekunde, mit $t_e \sim m_s$ (nach Gl. 11.46) um:

$\Delta m_s/t = m_s \cdot \Delta t_e/t_e \cdot t = 1{,}99 \cdot 10^{27}$ t $\cdot \Delta t_e/t_e \cdot t = 1{,}36 \cdot 10^{19}$ [t/Jahr]

bzw. in einer Sekunde um: $= 4{,}3 \cdot 10^{11}$ [t/s]

bei einem gleichzeitigen Strahlungsverlust von: $5 \cdot 10^6$ [t/s]

Tafel 11.11: Zahlenmäßige Auswertung einiger Beispiele zur dynamischen Himmelsmechanik

11.11 Das biblische Alter

Dem wachsenden Durchmesser der Erde verdanken wir also, daß jeder Tag immer länger wird (Gl. 11.45) und aus dem Abrücken des Mondes resultiert eine Monatsverlängerung (Gl. 11.44). Jetzt nehmen aber nicht nur die Monate und die Tageslänge zu, sondern auch das ganze Jahr. Eine entsprechende Herleitung für die Drehung der Erde um die Sonne, wie sie für die Monddrehung um die Erde (Gl. 11.44) ausgeführt worden ist, liefert analoge Ergebnisse (Gl. 11.46): Die Sonne bestimmt die Jahreslänge und die Abstände zu den Planeten. In dem Maße, in dem die Sonne wächst, nimmt das Sonnensystem in der Ausdehnung zu.
Auch der Abstand zur Erde wächst proportional mit der Sonnenmasse. Durch das Entfernen von der Sonne wird die Temperatur auf den Planeten aber nicht zwingend kälter, denn gleichzeitig steigt ja auch die Strahlungsintensität des wachsenden Zentralgestirns. Messungen zufolge hat sie seit der Entstehung des Sonnensystems um 30% zugenommen[<i>].

Wenn sowohl die Erdrotation als auch der Umlauf um die Sonne langsamer werden, dann ist durchaus denkbar, daß die Zahl der Tage pro Jahr annähernd gleich bleibt und die Menschheit trotzdem weniger alt wird. Nehmen wir die 2300 Jahre alte Schrift des Griechen Aristarchos über die Größen und Entfernungen der Sonne und des Mondes[<ii>]. Er bestimmte, ausgehend von einem heliozentrischen Weltbild, das Sonnenjahr zu 365,25062 Tage. Da die von Aristarchos vorgenommene Korrektur aber noch die fünfte Stelle nach dem Komma betraf, müssen wir davon ausgehen, daß entsprechend präzise Messgeräte schon 310 v. Chr. in Alexandria zu Verfügung standen.
Das heute gemessene siderische Sonnenjahr hat mit 365,25637 Tagen sich um ganze 0,00575 Tage verlängert. Hieraus folgt, daß das Jahr wesentlich schneller zunimmt, als der einzelne Tag. Es wäre natürlich schön, wenn wir die Verlängerung des Jahres berechnen könnten, aber leider liegen keine Daten über das Wachstum der Sonne vor.
Gehen wir von der Messung des Aristarchos aus, ohne ihre Verläßlichkeit prüfen oder sie reproduzieren zu können, dann würde daraus ein Abrücken der Erde von der Sonne um jährlich einen Kilometer resultieren, dann müßte die Sonne um $4{,}3 \cdot 10^{11}$ Tonnen pro Sekunde wachsen. Jedenfalls materialisiert die Sonne wesentlich schneller, als sie als Strahlungsäquivalent in der gleichen Zeit an Masse verliert, und das ist sicher zutreffend (Tafel 11.11). Heute geht man allgemein davon aus, daß sich „die Erde seit ihrer Entstehung um insgesamt 30 000 km von der Sonne entfernt hat“[<i>].

Wenn aber in früherer Zeit das Jahr aus weniger Tagen bestand und jeder Tag zudem kürzer war, wenn somit die biologische Lebenszeit in kürzere Abschnitte unterteilt war, dann konnten die Menschen älter werden, dann war das Erreichen eines biblischen Alters möglicherweise gar nicht unrealistisch. Wenn Adam noch 930 Jahre alt geworden sein soll, nach dem 1. Buch Moses, dann muß seine Lebzeit allerdings schon ziemlich lange her sein. Während Abraham noch 175 Jahre alt geworden war, hat kein Nachfolger von ihm mehr sein Alter erreicht. In der Bibel heißt es: *„Da sprach der Herr: Mein Geist soll nicht für immer im Menschen bleiben, weil er auch Fleisch ist, daher soll seine Lebenszeit 120 Jahre betragen“*[<iii>]. Heute wird selbst die von Gott gegebene Grenze nicht mehr erreicht!

<i>: Verliert die Sonne ihre Gravitation? Illustrierte Wissenschaft, Nr.1, 1995

<ii>: Hermann Wild: Technologien von gestern, Chancen für morgen, Jupiter-Verlag Bern (1996), ISBN 3-906571-13-0, Seite 22

<iii>: Die Bibel, Einheitsübersetzung, 1. Buch Moses 6.3

Gleichgewicht der Kräfte (Gleichung 11.42 verallgemeinert):

Zentrifugalkraft	=	Gravitationskraft
$\frac{M \cdot v_k^2}{r}$	=	$\frac{G \cdot M \cdot m}{r^2}$

(12.1)

ergibt die kosmische Geschwindigkeit v_k:

$$v_k^2 = G \cdot m / r \qquad (12.2)$$

unabhängig von der Masse M des Satelliten oder Planeten!

Für	$v < v_k$	Zurückstürzen in die Zentralmasse m
Für	$v > v_k$	Verabschiedung in den Weltraum
Für	$v = v_k$	stationäre Umlaufbahn

---

angeschrieben für den n-ten Planeten im Sonnensystem:

mit $r(n) = r_n$ mittlerer Bahnradius des Planeten

und $v(n) = v_n$ mittlere Bahngeschwindigkeit

sowie: m_s Sonnenmasse

$$v_n = \sqrt{G \cdot m_s / r_n} \qquad (12.3)$$

oder:

$$v_n = G \cdot m_s / v_n \cdot r_n \qquad (12.4)$$

Tafel 12.1: Die erste kosmische Geschwindigkeit v_k

12. Neue Kosmologie

Die Astronomie hat die Frage nach der Entstehung des Sonnensystems noch immer nicht zufriedenstellend gelöst. Es handelt sich dabei jedoch um ein zentrales Problem, weil es den Ursprung der Erde mit einschließt. Solange wir aber die Zusammenhänge in unserer nächsten Umgebung noch nicht verstanden haben, werden die Vorgänge, die wir mit Riesenteleskopen in den Tiefen des Weltraums beobachten, ein Buch mit sieben Siegeln bleiben, verlieren Erklärungsmodelle zum Urknall und zu dem angeblich unvermeidbaren Hitzetod jede Glaubwürdigkeit.

12.1 Zur Entstehung unseres Sonnensystems

Am 2.8.1972 meldeten die Sonnenobservatorien eine ungewöhnlich hohe Sonnenaktivität und 6 Tage später trat eine Verlangsamung der Erdrotation ein, die als Verlängerung eines Tages um mehr als 10 Millisekunden registriert wurde. Mit der Gezeitenreibung läßt sich dieser Effekt allein schon von der Energiebilanz her kaum erklären. Dafür macht diese Beobachtung der Menschheit zweierlei deutlich. Einerseits, wie abhängig unsere Erde von den solaren Vorgängen ist, und andererseits, daß die Veränderungen durchaus nicht kontinuierlich, sondern periodisch und gegebenenfalls sogar sporadisch auftreten können.

Wenn als Folge der Drehimpulserhaltung die Sonne die Bahngeschwindigkeit der Erde bestimmt, wenn sie über ihre Neutrinoaktivität und das Wachstum der Erde die Erdrotation vorgibt, wenn in gleicher Weise die Erde die Mondbahn bestimmt, dann wäre es naheliegend, daß der Mond ursprünglich ein Teil der Erde und diese irgendwann einmal ein Teil der Sonne gewesen war. Bei der Ablösung ist dann der notwendige Drehimpuls anteilig an den Himmelsbegleiter weitergegeben worden, womit die Ursache für Bahn- und Eigendrehung geklärt wäre. Zudem entfernt sich der Mond von der Erde und die Erde wiederum von der Sonne, so daß rückwärts blickend durchaus naheliegend wäre, wenn sie einmal zusammengehört hätten.

Nehmen wir einmal an, kosmische Staubteilchen begegnen sich und ballen sich zusammen, dann tragen alle eingefangenen Trümmer zur Eigendrehung des entstehenden Himmelskörpers bei. Je mehr Materie zusammenfindet, umso größer wird seine Anziehungskraft und umso schneller wird er als ein himmlischer Staubsauger wachsen. Im Laufe der Zeit verlangsamt sich dieser Vorgang aber wieder und kommt schließlich zu einem Stillstand, denn indem die Materie kondensiert, Volumen und Kugelradius abnehmen, wächst die Eigendrehung im entsprechenden Maße. Der Himmelskörper dreht immer schneller und erreicht an seiner Oberfläche die kosmische Geschwindigkeit v_k, die durch die Masse m und den Radius r des Sterns gegeben ist (Gl. 12.2). Jetzt hat die Fliehkraft eine Größenordnung erreicht, bei der der Himmelskörper genau soviel Materie in den Weltraum hinausschleudert, wie er sich andererseits durch seine Gravitationswirkung einfängt.

Unsere Sonne hatte das Glück, im Einflußbereich unserer Galaxie mit Neutrinos versorgt zu werden. Sie ging in Resonanz und fing an, diesmal von innen heraus zu wachsen. Sie konnte aber noch nicht leuchten, denn um ihren Fusionskern und ihren Mantel hatte sich auf ihrer Oberfläche eine Kruste gebildet, auf die von außen ständig kosmische Materie einstürzte. Die wachsende Zähigkeit der sich verdichtenden Sonne bewirkte ein Abbremsen des Sonnenkerns und die entsprechende Beschleunigung des Mantels und der Kruste.

Titius-Bode-Gesetz von1766:

$$a = 0{,}4 + 0{,}3 \cdot 2^{v} \tag{12.5}$$

in Astronomischen Einheiten a mit: $r_n = a \cdot r_e$ (12.6)

(r_e = 149 598 000 [km] mittlerer Bahnradius der Erde)

Planet	*Bahnradius laut Gesetz:*		*Meßwert:*
Merkur:	$v = -\infty$	*a = 0,4*	*0,39 (gemessen)*
Venus:	$v = 0$	*a = 0,7*	*0,72 (gemessen)*
Erde:	$v = 1$	*a = 1*	*1 (per Definition)*
Mars:	$v = 2$	*a = 1,6*	*1,52 (gemessen)*
Asteroiden:	$v = 3$	*a = 2,8*	-
Jupiter:	$v = 4$	*a = 5,2*	*5,2 (gemessen)*
Saturn:	$v = 5$	*a = 10*	*9,54 (gemessen)*
Uranus:	$v = 6$	*a = 19,6*	*19,2 (gemessen)*
Neptun:	$v = 7$	*a = 38,8*	*30,1 (gemessen)*
Pluto:	$v = 8$	*a = 77,2*	*39,4 (gemessen)*
Zirkumsolare Planetenwolke:	$v = 9$	*a = 154*	-
usw. ... :	$v = 10$	*a = 308*	-

Tafel 12.2: Die Titius-Bode-Reihe der Planeten
(die theoretischen Werte im Vergleich mit den Meßwerten)

Irgendwann war unsere rasend rotierende Sonne derart angewachsen, daß sich die Kruste wie die „Lauffläche eines alten Autoreifens“ ablöste und in den Weltraum katapultiert wurde. Die Abstoßung kam dadurch zustande, daß die Fliehkraft die Gravitation noch um die Kohäsionskraft übersteigt, die im Augenblick der Abtrennung von Krustenregionen schlagartig abreißt. Wie Schneebälle rollten sich bei diesem Vorgang die Planeten von der Sonnenoberfläche ab und schleuderten hinaus. Ihre Rotationsgeschwindigkeit war zu diesem Zeitpunkt identisch mit der kosmischen Geschwindigkeit der Sonne v_k und damit für manchen Planeten groß genug, um aus seiner eigenen Oberfläche heraus, die vielleicht noch gar nicht ideal kugelförmig war, eigene Trabanten auszulösen.
Mit jedem Planeten, den die Sonne gebar, gab sie einen Teil ihres eigenen Drehimpulses ab und ihrem Kind als Bahnimpuls mit auf den Weg. Erst von diesem Zeitpunkt an reduzierte die Sonne ihre Winkelgeschwindigkeit stetig bis zum heutigen Tag. Auch fing sie durch den Verlust der Kruste an, offen zu leuchten. So jedenfalls könnte unser Sonnensystem entstanden sein.

12.2 Die Geburt der Planeten

Aus dieser Anschauung resultieren verschiedene Konsequenzen. Werden Sterne beobachtet, die sehr schnell rotieren, dann sind sie entweder sehr jung, oder sie haben keine Planeten. Sterne, die vergleichbar mit unserer Sonne weniger schnell rotieren, haben den Drehimpuls an ihre Planeten abgegeben und solche, die sich kaum noch drehen, haben ihre Planeten bereits in den Weltraum verabschiedet. Wenn aber der letzte Planet sein Sonnensystem verläßt und die Sonne aufhört, sich zu drehen, dann wird die mittlerweile zu einem roten Riesen angewachsene Sonne ohne eine, die Kugelform stabilisierende Fliehkraft kollabieren. Die Supernova ist der Tod eines Sterns, und dabei werden Neutrinos frei, der Stoff für neues Leben.

Nach dem Ablösen der Planeten räumen diese als erstes ihre Flugbahn frei, indem sie gemeinsam mit der Sonne die herumfliegende Materie einsammeln. Auch ganze Planeten können dabei kollidieren, werden abgebremst und bilden größere Einheiten. Schließlich bleiben nur einige wenige Planeten auf ganz bestimmten Bahnen übrig. Ihr mittlerer Abstand zur Sonne gehorcht dabei auf bisher völlig unerklärliche Weise der Titius-Bode-Reihe (Gleichung 12.5, Tafel 12.2).
Bei der von dem deutschen Naturwissenschaftler Titius 1766 formulierten Gesetzmäßigkeit handelt es sich um eine rein auf Erfahrung begründete Faustregel. Beachtenswert ist allerdings schon, daß mit ihr der Planet Uranus vorausgesagt (Bode 1772) und nach systematischem Suchen auch gefunden werden konnte (Herschel 1781).

Die am weitesten entfernten Planeten Neptun und Pluto weichen allerdings von dem Gesetz ab. Ihr Abstand müßte sehr viel größer sein. Aber diesen Umstand hatten wir bereits damit begründet, daß bei ihnen die resonante Wechselwirkung bereits die Gravitation in der Wirkung überlagert und übersteigt (Kap. 10.1 Anm.[<ii>] und Kap. 10.5).

Die willkürlich erscheinende Zahlenreihe 0, 3, 6, 12, 24, 48, 96, 192, 384, ... mit einer jeweiligen Verdopplung des Wertes, beginnend mit der 3, die Addition von 4 und die anschließende Division durch 10 sind doch zunächst nicht mehr als reine Zahlenakrobatik, die mit Physik nun wirklich nichts zu tun hat (Tafel 12.2). Die bewährte Anwendbarkeit hingegen läßt einen physikalischen Hintergrund vermuten, den es zu ergründen gilt.

Bahndrehimpuls $J \cdot \omega$ des n-ten Planeten
mit: $J = m \cdot r_n^2$ und $\omega = v_n / r_n$:

$$J \cdot \omega = m \cdot r_n \cdot v_n \quad (12.7)$$

Unter Verwendung	von Gleichung 12.3:	von Gleichung 12.4:	
beträgt der Bahndrehimpuls: $J \cdot \omega$	$= m \cdot \sqrt{G \cdot m_s \cdot r_n}$	$= G \cdot m \cdot m_s / v_n$	(12.8)
in Abhängigkeit	von r_n	von v_n	

Änderung des Drehimpulses (1.Ableitg.) mit der Ordnungszahl n

$$\frac{d(J \cdot \omega)}{dn} = m \cdot \sqrt{G \cdot m_s} \frac{d(\sqrt{r_n})}{dn} = G \cdot m \cdot m_s \frac{d(v_n^{-1})}{dn} \quad (12.9)$$

$$\frac{d(J \cdot \omega)}{dn} = \frac{m \cdot \sqrt{G \cdot m_s}}{2 \cdot \sqrt{r_n}} \cdot \frac{dr_n}{dn} = -\frac{G \cdot m \cdot m_s}{v_n^2} \cdot \frac{dv_n}{dn} \quad (12.10)$$

mit Gl. 12.8:

$$\frac{d(J \cdot \omega)}{dn} = \frac{J \cdot \omega}{2 \cdot r_n} \cdot \frac{dr_n}{dn} = -\frac{J \cdot \omega}{v_n} \cdot \frac{dv_n}{dn} \quad (12.11)$$

Durch Vergleich der linken und der rechten Lösung (von Gl. 12.11), nach Einführung der Konstanten:

$$\frac{1}{N} = \frac{1}{r_n} \cdot \frac{dr_n}{dn} = -\frac{2}{v_n} \cdot \frac{dv_n}{dn} \quad (12.12)$$

lauten die Differentialgleichungen:

$$\frac{r_n}{N} = \frac{dr_n}{dn} \qquad \frac{v_n}{2 \cdot N} = -\frac{dv_n}{dn} \quad (12.13)$$

und die allg. Lösungen:

$$r(n) = r_n = r_o \cdot e^{\lambda \cdot n} \qquad v(n) = v_n = v_o \cdot e^{\lambda \cdot n}. \quad (12.14)$$

Die 1. Ableitung:

$$\frac{dr_n}{dn} = r_o \cdot \lambda \cdot e^{\lambda \cdot n} \qquad \frac{dv_n}{dn} = v_o \cdot \lambda \cdot e^{\lambda \cdot n} \quad (12.15)$$

und der Vergleich mit Gl. 12.13 und Gl. 12.14:

$$\frac{dr_n}{dn} = \frac{r_o}{N} e^{\lambda \cdot n} \qquad \frac{dv_n}{dn} = \frac{-v_o}{2N} e^{\lambda \cdot n} \quad (12.16)$$

legen den Koeffizienten λ fest:

$$\lambda = 1/N \qquad \lambda = -1/2N \quad . (12.17)$$

Das Ergebnis lautet für einen Planeten auf der n-ten Bahn:

für den mittleren Bahnradius	für die mittlere Bahngeschwindigkeit
$r(n) = r_n$	$v(n) = v_n$
$r(n) = r_o \cdot e^{n/N}$	$v(n) = v_o \cdot e^{-n/2N}$
(12.18)	(12.19)

Tafel 12.3: Berechnung der Planetenabstände und Bahngeschwindigkeiten

12.3 Die Herleitung des Titius-Bode-Gesetzes

Auch wenn das Bohrsche Atommodell falsch sein sollte, es wird gerne mit dem System der Planeten verglichen. Die Radien der Elektronenbahnen ergeben sich mathematisch als Eigenwertlösungen der Schrödinger-Gleichung, und die haben wir aus der Fundamentalen Feldgleichung (Kap. 5.1, Gl. 15) hergeleitet (Kap. 5.5 - 5.9). Die Bahnradien berechnen sich aufsteigend nach der Reihe ganzer Zahlen mit $n = 1, 2, 3, 4, \ldots$

Aus derselben Reihengesetzmäßigkeit der Planetenbahnen kann abgeleitet werden, daß auch sie den Eigenwerten derselben Fundamentalen Feldgleichung gehorchen, die nicht umsonst als Weltgleichung bezeichnet wird. Die quantitativen Abstände zur Sonne sind durch die Größe der Sonne determiniert: wächst die Sonne, dann nehmen auch alle Abstände in gleichem Maße zu.

Jetzt ergeben sich beim Bohrschen Modell zwischen den Bahnen identische Abstände, während dieser Abstand bei den Planeten mit zunehmender Entfernung von der Sonne größer wird. Der Grund für diese ungleichmäßige Staffelung läßt sich ohne weiteres berechnen (Tafel 12.3).

Wir greifen einen beliebigen Planeten heraus, der die Umlaufbahn n besetzt, wobei n wiederum die Reihe ganzer Zahlen repräsentiert ($n = 0, 1, 2, 3, \ldots$). Ändert sich die Bahn dieses n-ten Planeten, dann ändern sich auch sein Abstand zur Sonne $r_n = r(n)$, seine Bahngeschwindigkeit $v_n = v(n)$ und der Bahnimpuls $J \cdot \omega$ (12.7).
Wir setzen (wie bei Gleichung 11.42, Tafel 11.10) das Kräftegleichgewicht zwischen Fliehkraft und Gravitationskraft an (Gl. 12.1, Tafel 12.1) und lösen die Gleichung 12.2 nach der Bahngeschwindigkeit auf. Der Bahndrehimpuls des Planeten in seiner Abhängigkeit einmal von r_n und in der rechten Spalte daneben von v_n angeschrieben (Gl. 12.8, Tafel 12.3), wird nach der Bahnordnungszahl n abgeleitet, um die Drehimpulsänderung zu erfassen (Gleichungen 12.9 bis 12.11).

Auf Tafel 12.3 sind die Lösungswege für beide Fälle angegeben. Sowohl für den mittleren Bahnradius r(n) als auch für die mittlere Bahngeschwindigkeit v(n) des Planeten ergibt sich ein exponentieller Verlauf (Gl. 12.18 und 12.19) und bei logarithmischer Darstellung eine Gerade (Tafel 12.4).

Sogar die Bahnen der entfernten Planeten Neptun und Pluto, bei denen die Titius-Bode-Reihe versagt, werden jetzt richtig erfaßt, so daß mit Fug und Recht behauptet werden kann, die Gesetzmäßigkeit der Planetenabstände physikalisch und mathematisch korrekt hergeleitet zu haben.

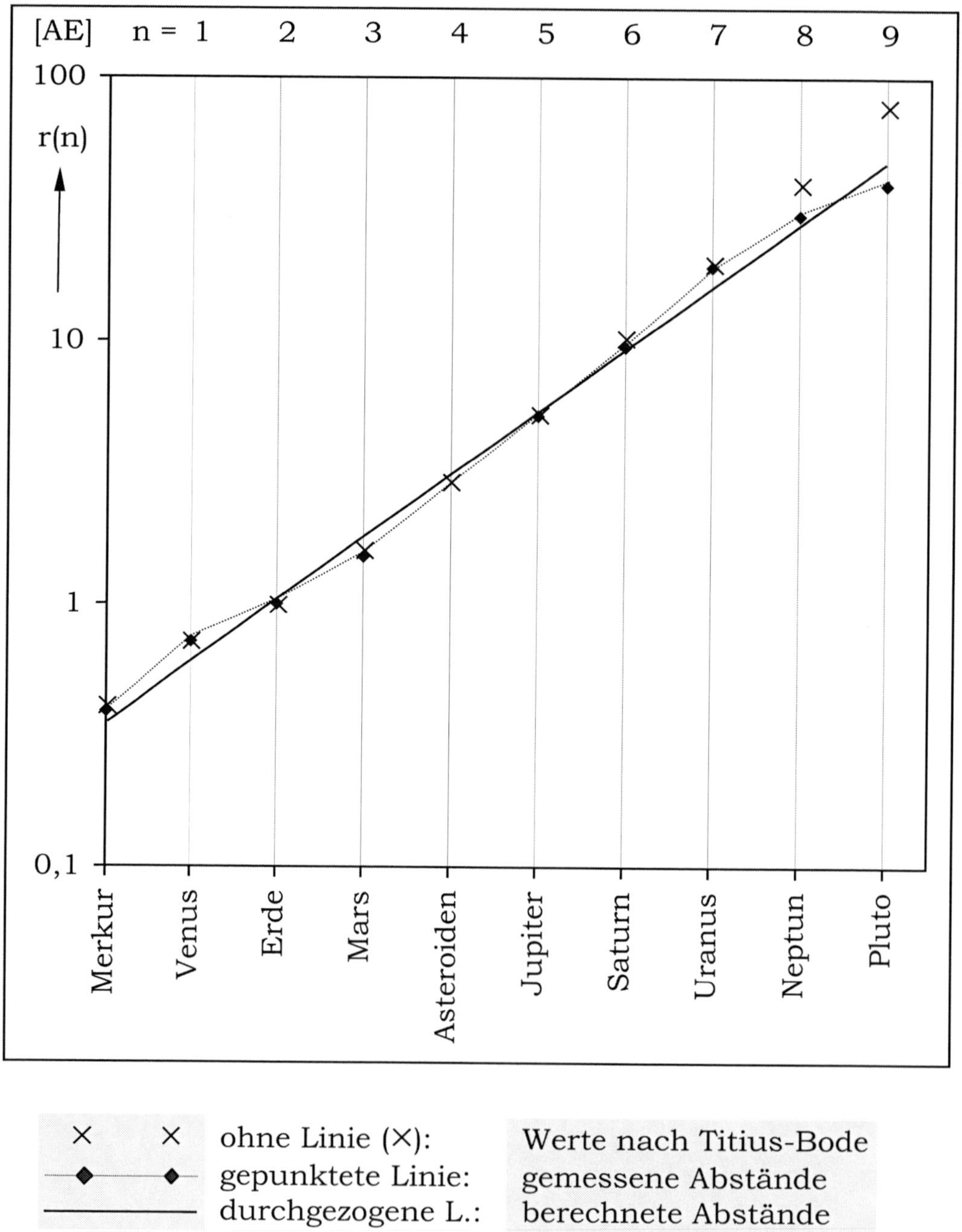

Tafel 12.4: Darstellung der Planetenabstände

Ergebnis der Berechnung:

$$r(n) = 0{,}3332 \cdot e^{\left(\frac{n}{1{,}82}\right)} \quad [AE] \qquad (12.20)$$

12.4 Der hohle Planet

Die zahlreichen Begleitmonde der großen Planeten gehorchen in gleicher Weise wie die Planeten dieser Gesetzmäßigkeit, so daß bei dem gefundenen Ergebnis jeder Zufall ausgeschlossen ist. Die Bahnen der Jupitermonde (Tafel 12.5), der Saturnmonde (Tafel 12.6) und der Uranusmonde (Tafel 12.7) liegen bei logaritmischer Darstellung nahezu auf einer Geraden.
Einige Bahnen sind allerdings mehrfach besetzt, während manche unbesetzt geblieben sind. Wieder andere Bahnen werden von einem Ring unzähliger Gesteinsbrocken, sogenannter Planetoiden eingenommen. Bekanntester Vertreter ist der *Asteroidengürtel* (mit n = 4) zwischen der Marsbahn (n = 3) und dem Jupiter (n = 5). Das Titius-Gesetz verlangte nach dem Planeten „*Aster*“, doch was man fand (Piazzi, 1801), war zunächst nur *Ceres*, der größte Vertreter der kleinen Planeten.
Als ein zweiter Asteroid, wie sie genannt werden, gefunden wurde (Olbers 1802) schlug sein Entdecker die Erklärung vor, daß sich beide, *Ceres* und *Pallas*, aus einer kosmischen Katastrophe gebildet haben könnten, die ein größerer Himmelskörper erlitten hatte.
Vielleicht war der gesuchte Planet *Aster* nach einer Kollision tatsächlich implodiert und in unzählige Stücke auseinandergerissen worden, von denen heute noch über eine halbe Million Restbestände umherfliegen. Die meisten Brocken aber haben sich die benachbarten Planeten Jupiter und Mars eingefangen. Auch bei den Marsmonden und den äußeren Jupitermonden könnte es sich um Aster-Schrott handeln. Einige sind vermutlich auf die junge Erde gefallen und haben Naturkatastrophen ausgelöst und tiefe Narben hinterlassen.

Es ist vorstellbar, daß der Planet Aster innen hohl und damit dem Mond vergleichbar aufgebaut war. Eine solche Hohlkugel könnte entstehen, wenn die Sonne, oder im Fall des Mondes, die Erde sich noch mit der kosmischen Geschwindigkeit dreht und als Folge der Fliehkraft am Umfang Teile der Kruste als zusammenhängende Lappen ablösen und zu einer Röhre aufrollen.
Die schnell rotierende Röhre formt sich dann zu einer Hohlkugel mit Öffnungen an den Polen. Nebenbei bemerkt finden sich im Innern der Kugel, im Bereich des Äquators, geschützte Verhältnisse und die besten Voraussetzungen für eine ungestörte Entwicklung beispielsweise von intelligenten Lebewesen vor. Neben den Vorteilen hat die Hohlkugel aber als wesentlichen Nachteil, daß die normalerweise schützende Schale bei einer Kollision mit einem größeren Himmelskörper instabil werden und implodieren kann.

Beim Mond sind die Polöffnungen mittlerweile geschlossen und ein vermuteter Gasinnendruck sorgt zusätzlich für Stabilität. Die Wandung der Kugelschale ist jedoch nicht gleichmäßig dick, so daß der Mond der Erde immer dieselbe, nämlich die schwerere Seite zuwendet. Mit Blick auf die seismischen Messungen der Apollo-Missionen, die eine extrem geringe Dämpfung des Mondbodens offenbarten (Kap. 11.9, Anm.[<i>]), sollten wir auf unseren Mond gut aufpassen, denn ein Komet, der den Mond implodieren läßt, würde mehr Schaden auf der Erde anrichten können, als wenn er die Erde direkt träfe.

Sollte es in unserem Sonnensystem einen hohlen und möglicherweise sogar von der Innenseite bewohnbaren Planeten geben, dann käme sicher der Saturn in Frage. Seine Dichte ist geringer als die von Wasser, so daß sich Wasser, wenn es vorhanden wäre, über die Innenfläche der Hohlkugel verteilen würde. Man sollte die extrem abgeflachten Polregionen des Saturn einmal näher auf mögliche Öffnungen hin untersuchen! Auch Uranus und Neptun sind mögliche Kandidaten. Dies sei nur als Anregung gedacht.

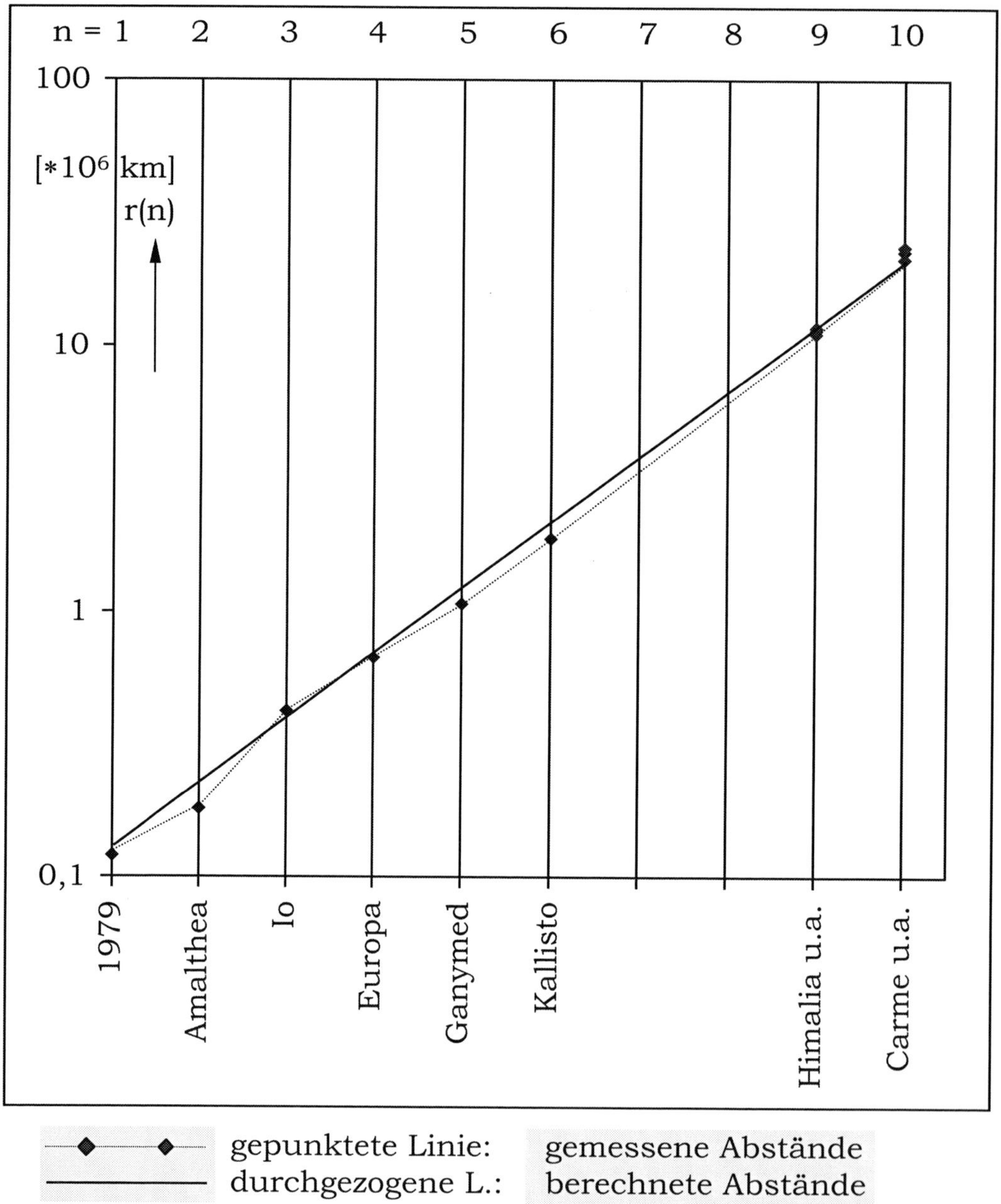

auf der Position n = 9 stehen: Leda, Himalia, Lysithea und Elara
auf der Pos. n = 10 stehen: Ananke, Carme, Pasiphae und Sinope

Tafel 12.5: Die Abstände der Jupitermonde

Ergebnis der Berechnung:

$$r(n) = 67608 \cdot e^{\left(\frac{n}{1{,}743}\right)} \quad [\text{km}] \qquad (12.21)$$

<i>: Anmerkung zu Kapitel 12.5:

Was wir als Kosmos bezeichnen und beobachten, ist nichts anderes als ein strukturierter Zustand des Raumes.

12.5 Zur Entstehung des Universums

Die verbreitete Vorstellung von einem expandierenden Weltall fußt auf der Beobachtung einer Rotverschiebung der Spektrallinien von Galaxien, die mit ihrer Entfernung zunimmt. Als physikalische Erklärung für Hubbles Entdeckung wird die Dopplerverschiebung, bei einer von uns weg bewegten Lichtquelle, herangezogen. Aber diese Vorstellung einer gegen die Anziehung der Gravitation ablaufenden Expansion ist nicht mehr als eine Arbeitshypothese.

Der von Christian Doppler in der Akustik untersuchte Effekt behandelt die wahrnehmbare Frequenzverschiebung, wenn die Schallquelle oder der Empfänger gegenüber dem Ausbreitungsmedium bewegt werden. Nach heutiger Lesart gibt es beim Licht ein solches Medium aber gar nicht, denn Einstein hat die Vorstellung vom Äther abgeschafft. Danach ist der Dopplereffekt auch nicht auf Lichtfrequenzänderungen übertragbar.
Folglich müßte es sich beim expandierenden Weltall, bei einer Abnahme der Dichte und der Zurückführung auf einen Urknall um eine Fehlinterpretation handeln!

Es muß hier ein anderer Effekt wirken, welcher, ist noch nicht geklärt. Vielleicht spielen die sich verändernden Feldverhältnisse der Beobachter-Umgebung eine Rolle, nachdem die Erde von der Sonne abrückt. Vielleicht beeinflussen aber die Galaxien auch nur die eigene Lichtausbreitung, oder der Lichtstrahl verliert auf seinem Millionen Jahre dauernden Weg durchs All geringfügig an Energie, was dadurch zum Ausdruck kommt, daß seine Wellenlänge allmählich zunimmt und sich sein Spektrum zu den roten Frequenzen hin verschiebt.
Die Hypothese vom Urknall widerspricht zudem jeder Kausalität. Sie vermag keine Antwort zu geben zur Herkunft und zur Zukunft des Universums und auf die Frage nach dem Ursprung der Energie und der Teilchen. Damit geht ihr physikalischer Aussagewert gegen Null.

Halten wir der Relativitätstheorie wieder die Objektivitätstheorie (Teil 1) entgegen, kommen wir zu ganz anderen Antworten. Hier finden sich neben den Wellen auch Wirbel. Speziell beim Kugelwirbel ist ein Teil der Wellenleistung im Innern eingeschlossen, so daß sich von außen betrachtet ein von Null verschiedener energetischer Zustand ergibt, der auch messtechnisch zugänglich ist (Kapitel 6.2).
Welle und Wirbel sind zwei mögliche Zustandsformen, so daß für die Wandlung von einem in den anderen Zustand zunächst keine Energie notwendig ist. Die Zustandsänderung ist von den lokalen Feldverhältnissen abhängig.
Nehmen wir einmal an, am Anfang war der Kosmos frei von Energie und Teilchen. Dann war der erste Wirbel ein mögliches Zufallsprodukt mit einer unendlichen Ausdehnung. Dieser erste Kugelwirbel, der sich unter dem Potentialwirbeldruck kontrahierte, strukturierte den Raum, gab ihm Energie und Feld und sorgte für das Aufrollen und Entstehen neuer Wirbel<i>.
Es ist anzunehmen, daß sich auch heute noch in den Außenbezirken des unendlich ausgedehnten Kosmos ständig neue Teilchen bilden, die uns entgegenfliegen und dabei kontrahieren. Sie werden von den Feldern der Himmelskörper angezogen und zugleich geschrumpft. Sie bilden die Quelle aller Materie und Energie für unser beobachtbares Weltall, das sich ständig umstrukturiert. Da dieselbe Schwingung mit umgekehrten Vorzeichen im Innern der Kugelwirbel eingeschlossen ist, ist die Summe der im Kosmos vorhandenen Energie exakt gleich Null. Damit erübrigt sich die Frage nach der Kausalität.

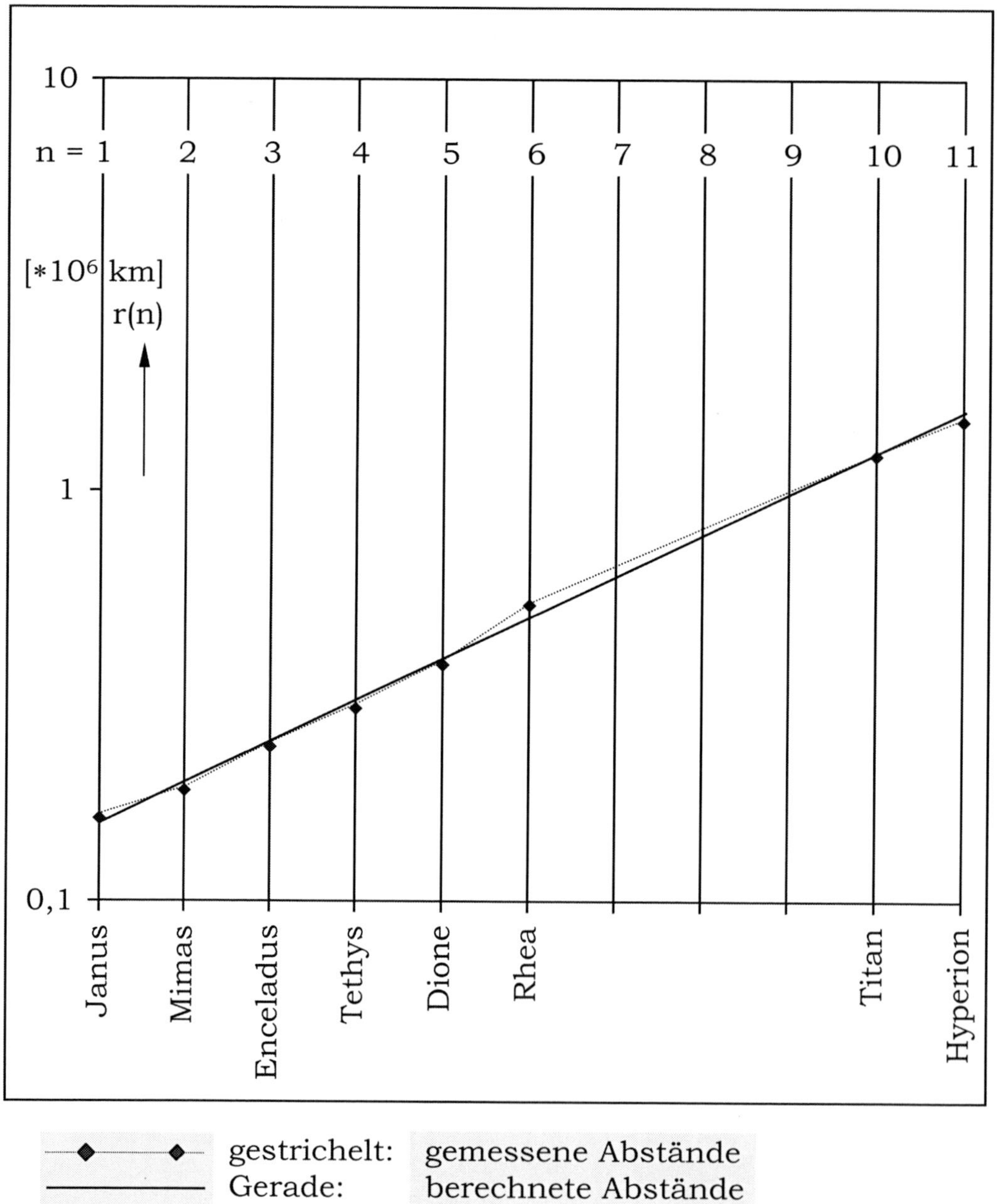

Tafel 12.6: Die Abstände der Monde des Saturns

Anmerkung zu Kapitel 12.6 (2. Hauptsatz der Wärmelehre<i>):

Wärme kann nicht vollständig in mechanische oder elektrische Energie umgewandelt werden.

<i>: s. Elektromagnetische Umweltverträglichkeit, Teil 1, Tafel 8.4

Die Entstehung des Universums läßt sich also kausal und ganz ohne heißen Urknall erklären, auch wenn eine Supernova für die betroffenen Himmelskörper sicher so etwas wie einen „lokalen Urknall" darstellt. Nach den Himmelsbeobachtungen treten Ausdehnen und Zusammenziehen, Explosion und Implosion überall in Form von Schwingungen auf.

Im Großen und Ganzen sollte sich das expandierende Weltall, das einst im thermodynamischen Gleichgewicht mit der Materie stand, immer weiter abkühlen. Doch halt, der 2. Hauptsatz der Thermodynamik lehrt einem gerade das Gegenteil. Nimmt die Entropie immer nur zu, wie es das Gesetz vorschreibt, dann müßte das ganze Universum in einem Wärmetod enden, genauso mysteriös und unerklärlich, wie es mit dem Urknall entstanden sein soll. Stimmt vielleicht etwas mit dem Gesetz nicht (Tafel 8.4)?

12.6 Gegenbeispiele zum 2. Hauptsatz der Wärmelehre

Am ehesten überzeugt uns ein kleines Experiment. Wir erhitzen zwei Kugeln, die eine etwas weniger, die andere etwas mehr. Dann bündeln wir die Wärmestrahlung der weniger warmen Kugel mit Hilfe eines Parabolspiegels und richten sie auf die heißere von beiden. Die wird daraufhin noch heißer, die kältere hingegen kühlt sich ab. Die Wärme ist also von der warmen zur heißen Kugel geflossen. Darf sie das denn?
Nach dem 2. Hauptsatz der Wärmelehre darf sie das natürlich nicht. Da kann die Wärme immer nur vom Warmen zum Kalten fließen. Aber bei diesem primitiven Experiment fließt sie meßbar und nachprüfbar in die falsche Richtung. Hier sinkt tatsächlich die Entropie, die angeblich immer nur steigen darf. Hier wird Entropie vernichtet!
Sollen wir jetzt die Durchführung des Versuchs bei Strafe verbieten lassen oder schläfern wir in aller Stille das Entropiegesetz ein? Es ist nicht zu leugnen, daß uns dieses Gesetz bisher, zumindest bei irdischen Vorgängen, recht gut weitergeholfen hat, wenn man von den armen Erfindern einmal absieht, deren Erfindungen gegen den seit 100 Jahren bewährten 2. Hauptsatz verstoßen. Die sind beim Patentamt noch gar nicht richtig angekommen, da sind sie auch schon wieder draußen vor der Türe. Solche Erfinder müssen sich mit ihrem gesetzeswidrigen Verhalten auch heute noch wie Straftäter vorkommen.

Und was das etwas idealisiert betrachtete Experiment im Kleinen kann, das erledigen jeder Kühlschrank und jede Wärmepumpe im Großen. Und es ist kein Einzelfall: auch unsere Sonne funktioniert und arbeitet eindeutig gesetzeswidrig! Die Oberflächentemperatur beträgt nur 5800 Kelvin und versorgt die Sonnenatmosphäre mit Energie. Die Energie fließt also von der Sonne zur Korona, und die ist mit Werten oberhalb von 1.000.000 Kelvin um einige Zehnerpotenzen heißer!

Erst die Wirbelvorstellung löst die vielen Fragezeichen zwanglos auf. Bei der Sonne sind mit Sicherheit Wirbel im Spiel. Hier entsteht die hohe Temperatur in der Korona als Folge von zerfallenden Wirbeln. Wir sprechen auch von Wirbelverlusten. Der Transport erfolgt durch Wärmestrahlung, genau wie bei dem Experiment mit den beiden Kugeln.
Es besteht also bei Wirbelprozessen wie auch technischen Kreisprozessen die Möglichkeit, dass Wärme vom Kalten zum Warmen fließt. Ob dabei gegen den 2. Hauptsatz verstoßen wird, ist letztendlich eine Frage der Gesetzesauslegung und an diesem beliebten Streitpunkt scheiden sich die Meinungen der Gelehrten.

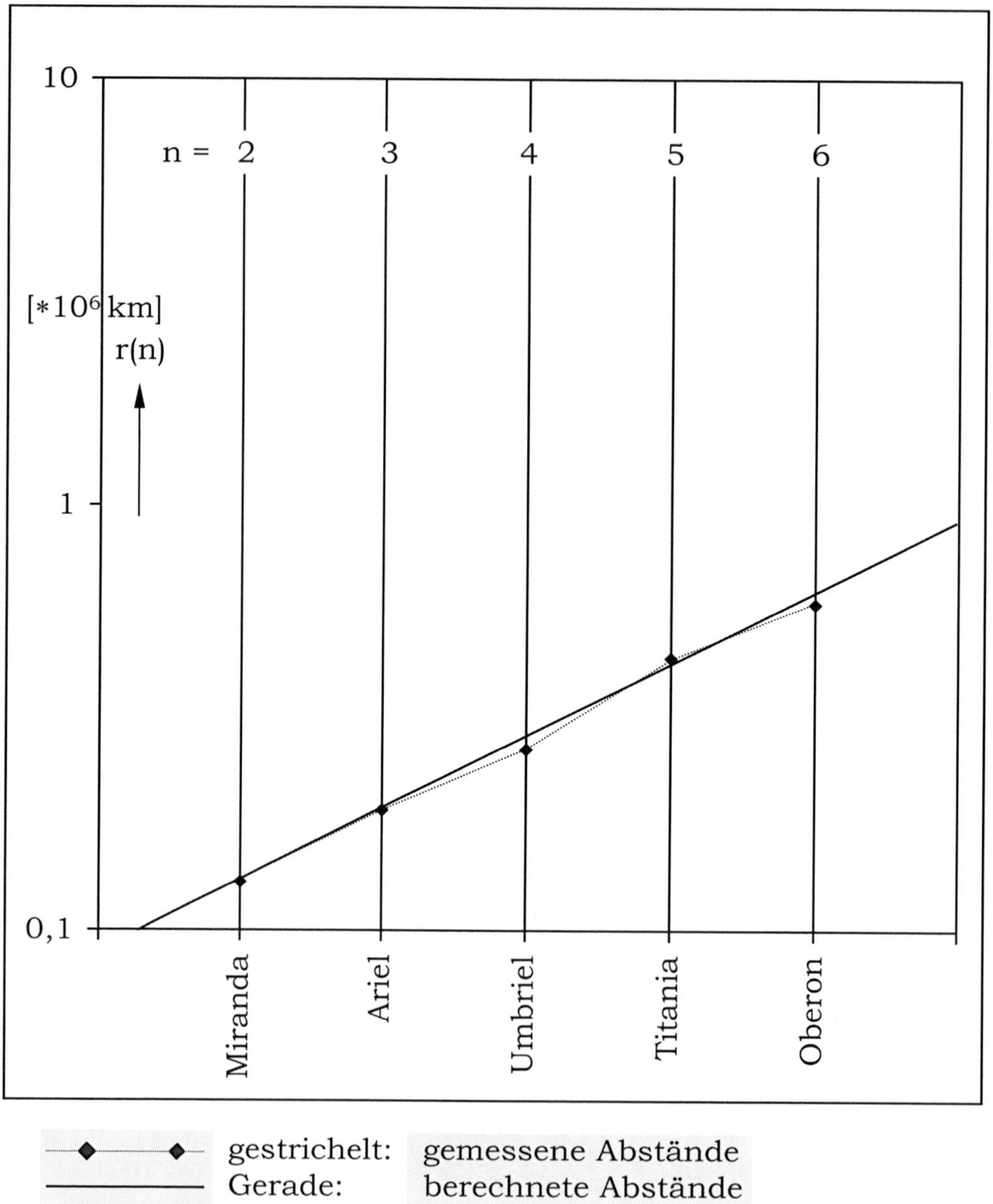

Tafel 12.7: Die Abstände der Monde des Uranus

Anmerkung zu Kapitel 12.7 (Entropiesatz):

> Die Entropie eines abgeschlossenen Systems kann niemals abnehmen. Sie erhöht sich bei allen irreversiblen Vorgängen. Bei reversiblen Vorgängen bleibt sie konstant.

12.7 Entropie vernichtende Potentialwirbel

Wirbel können sich zudem zu Ballen und zu ebenen Wirbelsystemen zusammenschließen (4.9 und 4.10). Es sind dabei ähnliche Konsequenzen zu erwarten, wie sie bei strömungstechnischen Potentialwirbeln in der Hydrodynamik zu beobachten sind. Als Folge des Konzentrationseffekts (4.1) tritt wegen der Drehimpulserhaltung eine Erhöhung der Rotationsgeschwindigkeit der Wirbel auf. Wie bei der Pirouette beim Eistanz wird eine ***spontane Selbstbeschleunigung*** beobachtet. Dadurch erhöht sich die kinetische Energie des Systems, und die muß irgendwo herkommen.
Wenn wir dem kontrahierenden Wirbel keine Extraenergie für die Erhöhung seiner Eigendrehung bereitstellen, dann bleibt als Energiequelle nur die Wärmeenergie. Aus diesem Grund wandelt jeder kontrahierende Wirbel generell Wärme in kinetische Energie um, er kühlt also seine Umgebung ab! Dabei vernichtet er Entropie (Tafel 12.8).

Es ist kein Zufall, wenn es im Innern eines Tornados anfängt zu hageln. Die *Wirbelstürme* leisten geradezu Anschauungsunterricht für Kontraktion und Selbstbeschleunigung von Ringwirbeln. Wenn sich dann, selbst in tropischen Gebieten, *Hagelkörner* bilden, dann muß die kühlende Wirkung irgendwo herkommen, und es ist anzunehmen, daß der Wirbel die Wärmeenergie seiner Umgebung entzieht (Berechnung auf Tafel 12.8).

Wenn in Fachbüchern davon die Rede ist, daß Materie oder Sterne kondensieren, dann lehrt uns die Wirbelphysik, daß sie in Wirklichkeit *kontrahieren und sich dabei abkühlen.* Das gilt auch für ganze Galaxien. Allein den Wirbelgesetzen verdanken wir, daß die ständige Aufheizung durch Strahlungsabsorption verhindert wird und unser Nachthimmel dunkel ist und nicht taghell leuchtet.

Die ***kosmische Hintergrundstrahlung***, die als Wirbelfolge bei ungefähr 3° Kelvin liegt, ist eigentlich nur mit einer Wirbelkontraktion der Milchstraßen-Galaxie begründbar. Ist die Abkühlung bei einem Kompressions- bzw. Kondensationsvorgang beim absoluten Nullpunkt angekommen, wird der Wirbel stationär, wird die Kontraktion von der eingestrahlten Energie abhängig oder sie kommt ohne Energiezufuhr ganz zum Erliegen. Ein Beispiel dafür ist der innere Erdkern, der bei Null Kelvin nicht weiter kontrahieren kann.

Aus dem Gesichtspunkt der Kausalität liegt es nahe, wenn wir uns galaktisch und vielleicht sogar kosmisch in einem weitgehenden thermodynamischen Gleichgewicht befinden, ganz ohne Urknall und Wärmetod[<i>].

Zahlreichen Erfindungen, wie erwähnt, liegt das Prinzip zu Grunde, Umgebungswärme durch Wirbelkontraktion in nutzbringende Energie umzuwandeln. Sind den Erfindern jedoch die Wirbelgesetze unbekannt und haben sie ihr Konzept empirisch und weniger physikalisch entwickelt, dann kommt es sehr häufig vor, daß irrtümlich die Schwerkraft verantwortlich gemacht wird, dann ist von Gravitationswandlern, von der Nutzung einer **Schwerkraft-Feld-Energie** die Rede. Die Erfinder tun sich damit aber keinen Gefallen.

<i>: Im Seminar ist gewünscht, sich hierüber Gedanken zu machen. Dabei darf sich die Philosophische Fakultät genauso angesprochen fühlen, wie der Sandkasten der Physik, in dem unter Mißachtung aller physikalischen Gesetzmäßigkeiten und jeder gesunden Logik mit Urknallhypothesen völlig arglos gespielt und jongliert wird.

Gegenbeweis:
ebener, kontrahierender Ringwirbel

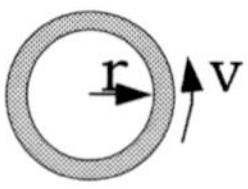

Drehimpulserhaltung: $J \cdot \omega = m \cdot r \cdot v = \text{konstant}$ (12.7)

Energieerhaltung: $E_{kin} = \frac{1}{2} m \cdot v^2 = \text{konstant}$ (12.22)

	vorher (r_1, v_1)		nachher (r_2, v_2)	
Kontraktion ($r_2 < r_1$):	$m \cdot r_1 \cdot v_1$	$=$	$m \cdot r_2 \cdot v_2$	(12.7*)
mit den Konsequenzen:	v_2 / v_1	$=$	r_1 / r_2	(12.23)
und: kinetische Energie:	$E_{kin1} = \frac{1}{2} \cdot m \cdot v_1^2$	$\neq$	$E_{kin2} = \frac{1}{2} \cdot m \cdot v_2^2$	(12.24)

Erhöhung der kinetischen Energie:

$$\frac{Q_2}{Q_1} = \frac{E_{kin2}}{E_{kin1}} = \frac{v_2^2}{v_1^2} = \frac{r_1^2}{r_2^2} \quad (12.25)$$

Hinweis: Wegen der Energie-/Wärmedifferenz keine adiabatische Zustandsänderung!

Volumenänderung:
mit $V = \pi \cdot r^2 \cdot h$

$$\frac{V_1}{V_2} = \frac{r_1^2}{r_2^2} \quad (12.26)$$

Hinweis: Wegen der Volumenänderung keine isochore Zustandsänderung!

Annahme: isobare Zustandsänderung (bei p = konst., Gay-Lussac):

Ergebnis:
(Gaswirbel)

$$\frac{T_1}{T_2} = \frac{V_1}{V_2} = \frac{v_2^2}{v_1^2} = \frac{r_1^2}{r_2^2} \quad (12.27)$$

Bei ***Wirbelbeschleunigung*** $v_2 > v_1$ *erfolgt* ***Wirbelkontraktion*** $r_2 < r_1$, $V_2 < V_1$

* ***Abkühlung**:* $T_2 < T_1$ und $\Delta T = T_1 - T_2 = T_2 \cdot \left(\frac{r_1^2 - r_2^2}{r_2^2}\right)$ (12.27*)

* ***Wärmeentzug**:* $Q_2 - Q_1 = \Delta Q = Q_1 \frac{\Delta T}{T_2} = Q_1 \cdot \left(\frac{r_1^2 - r_2^2}{r_2^2}\right)$ (12.28)

* *und* ***Entropievernichtung**:* $\Delta S = C_p \cdot m \cdot \ln \left(\frac{T_2}{T_1}\right) = C_p \cdot m \cdot \ln \left(\frac{r_2}{r_1}\right)^2$ (12.29)

Tafel 12.8: Die abkühlende und Entropie vernichtende Wirkung kontrahierender Potentialwirbel
(Berechnungen zu Kapitel 12.7)

13. Erfassung von Zeit und Raum

Sollten Beobachtungen uns dazu zwingen, an die geheiligten physikalischen Gesetze Hand anzulegen, dann sollten wir aber zuerst unsere Meßtechnik kritisch von allen Seiten begutachten und in einen benutzbaren Zustand bringen. Ich schlage vor, wir beginnen ganz von vorne mit den Geräten, mit denen die Dimensionen von Raum und Zeit erfaßt werden, mit den Maßbändern zur Längenmessung und den Chronometern, unseren Uhren.

Wir müssen herausfinden, warum Kometen bei Annäherung an die Sonne wie von Geisterhand abgebremst und beim Entfernen wieder beschleunigt werden, obwohl keinerlei äußere Kräfte auf den Himmelskörper einwirken.

Wir müssen herausfinden, warum in Gruben tief unter der Erde ein anderer Wert für die Gravitationskonstante gemessen wird als auf der Erdoberfläche<i>. Die Folgen sind kaum auszumalen, sollte eine Universalkonstante ihre Konstanz verlieren.
Dabei sind die Newton'sche Mechanik und die bekannten Gesetze aus heutiger Sicht sehr erfolgreich einsetzbar, wie die Herleitungen in den letzten Kapiteln gezeigt haben. Wir konnten sogar das Wachstum der Erde und des Sonnensystems mit ihnen nachprüfbar und mathematisch korrekt berechnen. Trotzdem scheinen den physikalischen Gesetzen in der gebräuchlichen Formulierung Grenzen gesetzt zu sein. Irgendwelche Beobachtungen widersprechen allen Erfahrungen<ii>.

<i>: H. Schuh: Eine Konstante verliert ihre Konstanz; neue Experimente nähren Zweifel an Newtons Gravitationsgesetz, Die Zeit Nr. 40 vom 25.09.97. Daraus das Zitat:
„Der Verdacht, daß es eine fünfte Kraft geben könnte, ist bereits mehrere Jahre alt und geht auf genaue Messungen der Gravitationskonstanten G in australischen Gruben und Schächten zurück. Physiker der Universität von Queensland in Brisbane hatten festgestellt, daß G etwa ein Prozent größer bei Messungen unter der Erde ist, als die entsprechende, seit Jahrhunderten in Labors bestimmte Größe. Ihr Erklärungsvorschlag, nämlich eine fünfte, abstoßende Kraft, stieß zunächst auf scharfe Ablehnung. Eine am 21. August in der Zeitschrift Science (Bd. 237/87, S. 881) veröffentlichte Arbeit, die auf Messungen in einem Bohrloch in Michigan beruht, bestätigt allerdings die australischen Daten".

<ii>: Auf den Umstand, daß die relativistische Darstellung der astronomischen Aberration unzutreffend ist, hat bereits der Physiknobelpreisträger Lenard hingewiesen, nachdem bei Doppelsternen keine unterscheidbare Aberration beobachtet wurde, wie sie erwartet worden war. Damit hat Lenard nebenbei auch die Existenz eines Äthers bestätigt.
P. Lenard, Annalen der Physik, Bd. 73, S. 89 (1924)

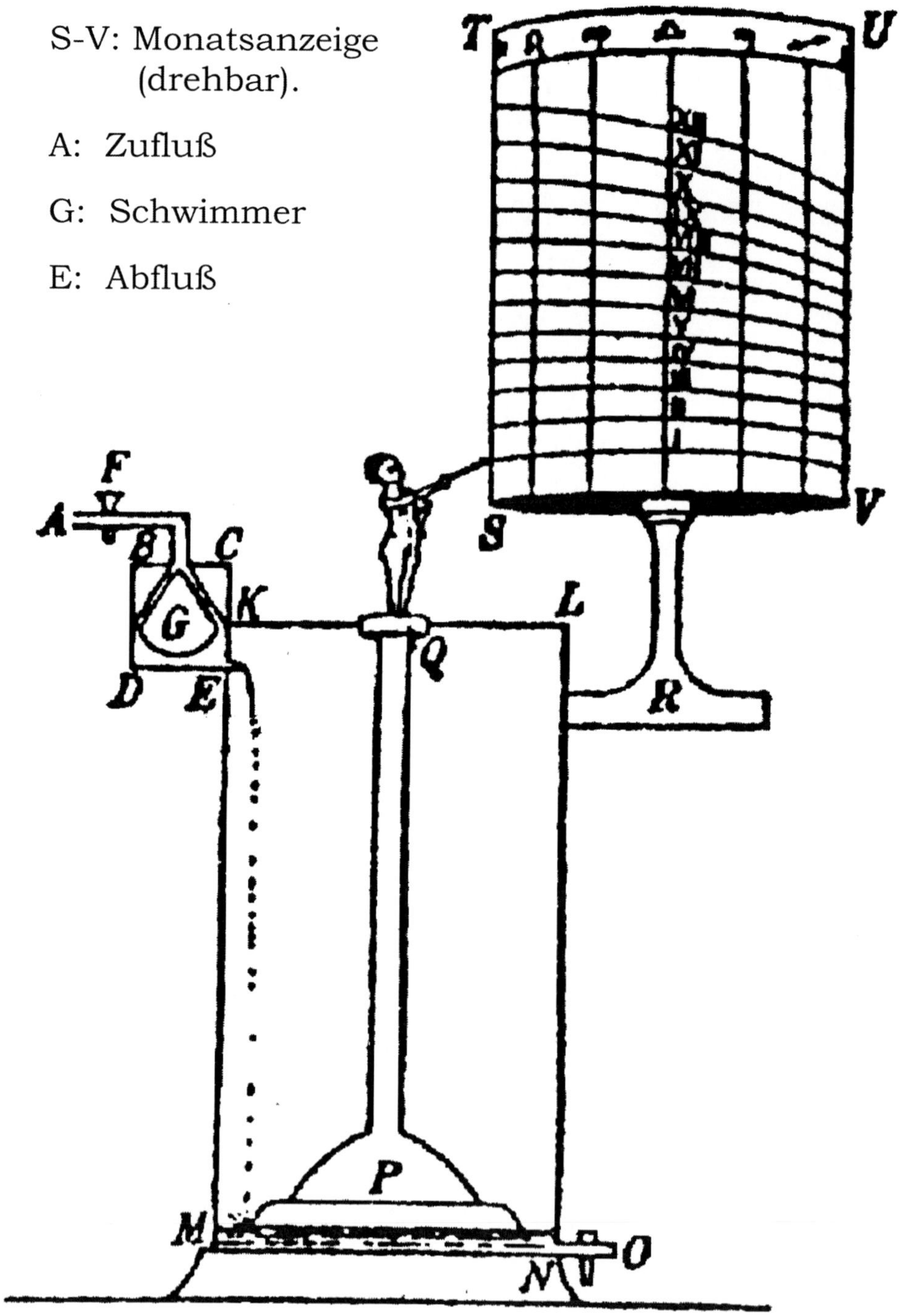

Tafel 13.1: Die Wasseruhr des Ktesibios (ca. 250 v. Chr.)
(mit Wasserstandsregelung)

13.1 Das messtechnische Debakel

Wir stehen vor einem messtechnischen Debakel, denn wir haben unsere Zeitrechnung an der Eigendrehung der Erde festgemacht. Eine 360° Drehung bezeichnen wir als einen Tag, unterteilen ihn in 24 Stunden zu je 60 Minuten und jede Minute in 60 Sekunden. Damit legen wir die Zeitdauer einer Sekunde fest.
Eine Uhr ist nach dieser Definition nur dann genau, wenn sie den Veränderungen der Erde im gleichen Maße folgt. Offensichtlich ist dies besonders bei Atomuhren der Fall. Eine objektiv gesehen präzise laufende Uhr hingegen würde als völlig unbrauchbar auf dem Müllplatz landen.
Schließlich will niemand wissen, wie spät es tatsächlich ist. Jeder will nur sein subjektives Empfinden bestätigt finden, und unser Zeitempfinden richtet sich nun mal nach dem Lauf der Sonne, also nach der Erddrehung!

Für den Augenblick und näherungsweise auch noch für die Lebenszeit eines Menschen mag diese Festlegung der Zeit ausreichend genau sein, aber in größeren Zeiträumen gesehen, kommt man um eine Umrechnung nicht herum. Tatsächlich sind die 200 Millionen Jahre seit dem Beginn der Schöpfung auf dem besagten Urhügel wesentlich weniger lange her. *Die Erde und das ganze Sonnensystem sind sehr viel jünger, als bisher angenommen!*

Nehmen wir als Beispiel nochmals die zitierte Forschergruppe der Universität von Arizona (Kap. 11.10<i>), die an Hand einer Analyse von Sedimentformationen in Übereinstimmung mit unserer Berechnung herausgefunden hat, daß vor 900 Millionen Jahren der Tag nur 18 Stunden hatte<i>. Solche Spuren in geologischen Ablagerungsschichten können sehr aufschlußreich sein, wenn sie korrekt ausgewertet werden, da hier der Messtechniker nicht selber dem Vorgang unterworfen ist. Er steht außerhalb und kann den Zeitunterschied daher genau messen.
Hätte ein damaliger Geologe während der Bildung der Schichten auf die Uhr geschaut, dann hätte der Tag selbstverständlich 24 Stunden gehabt, und er könnte die ganze Aufregung überhaupt nicht verstehen. Den Vorwurf, er leide chronisch unter Betriebsblindheit, würde er natürlich entschieden zurückweisen. *Können Sie sich jetzt vorstellen, an welcher Krankheit unsere heutige Wissenschaft leidet?*

Unsere Chronometer sind nicht mehr als die verbesserte Ausführung einer Sonnenuhr<ii>.

Wir leben in den ***Dimensionen von Raum und Zeit,*** aber wir haben ganz offensichtlich die größten Schwierigkeiten mit der Dimensionierung von beiden. Womöglich sind wir dazu vom Prinzip her schon gar nicht in der Lage. Zweckmäßigerweise verdeutlichen wir uns die Situation an Hand von Beispielen zu den beiden Problemkreisen.

Bleiben wir zunächst noch bei der Dimension der Zeit. Es dürfte klar geworden sein, wie problematisch die gewählte Festlegung des Zeitmaßstabes in Sekunden ist und welche Widersprüche sich ergeben können, wenn größere Zeiträume betrachtet werden. Immer häufiger tummeln sich Science-Fiction-Autoren auf der Spielwiese der Zeit, phantasieren von irgendwelchen Zeitreisen, oder sie scherzen gelegentlich darüber<iii>.

<i>: Vor 900 Millionen Jahren hatte der Tag 18 Stunden, Washington (dpa) 1997.

<ii>: Es gibt auch Modelle, von denen behauptet wird, sie gehen nach dem Mond.

<iii>: Ein Fahrgast, der in den 10-Uhr Bus eingestiegen ist, kommt an der Kirchturmuhr vorbei, auf der es erst 5 vor 10 ist und schimpft: Verdammt, jetzt habe ich den Bus in die falsche Richtung genommen!

Fliehkraft: $F_{1,2} = (m/R)\cdot(v_E \pm v_f)^2 = m\cdot R\cdot(\omega_E \pm \omega_f)^2$ (13.1)

mit: $R = 6378$ [km] (Erdradius),

$v_E = \omega_E\cdot R = 0{,}465$ [km/s] (Erdumdrehungsgeschw.), (11.20)

$v_f = \omega_f\cdot R = \pi\cdot R/t_o$ (Flugzeuggeschwindigkeit) (13.2)

und: t_o [s] (Reisedauer)

Energie der bewegten Steuerquanten:

$$E_{1,2} = \int_O^R F_{1,2}\,dR = m\int_O^R R\cdot(\omega_E \pm \omega_f)^2\,dR = \qquad (13.3)$$

$$E_{1,2} = \frac{1}{2}\cdot m\cdot R^2\cdot(\omega_E \pm \omega_f)^2 = \frac{1}{2}\cdot m\cdot(v_E \pm v_f)^2 \qquad (13.4)$$

Energiebilanz (allg. eines Strahlungsquants):

$E_{1,2} + E_q = E_{ges}$ bzw. $E_{ges} - E_q = E_{1,2} = \Delta E$ (13.5)

im Allgemeinen: $E = h\cdot f = m\cdot c^2$ bzw. $m = h\cdot f/c^2$ (13.6)

und im Speziellen: (Gl. 13.4 mit 13.6): $\Delta E = h\cdot\Delta f = E_{1,2} = h\cdot f\cdot(v_E \pm v_f)^2/(2c^2)$ (13.7)

$\Delta f/f = \Delta t_{1,2}/t_o$ bzw. $\Delta t_{1,2} = t_o\cdot\Delta f/f$ (13.8)

(Gl. 13.7 eingesetzt in Gl. 13.8)

ergibt: $\Delta t_{1,2} = t_o\cdot(v_E \pm v_f)^2/(2\cdot c^2)$ (13.9)

Reisezeit um die halbe Erde: $t_o = \pi\cdot R/v_f$ (13.2)

ergibt einen Gangunterschied: $\Delta t = \Delta t_1 - \Delta t_2$ (13.10)

$$\Delta t = [(v_E + v_f)^2-(v_E - v_f)^2]\cdot\pi\cdot R/(v_f\cdot 2\cdot c^2) \qquad (13.11)$$

Ergebnis gerechnet: $\Delta t = 2\cdot v_E\cdot\pi\cdot R/c^2 = \underline{\underline{207}}$ [ns] (13.12)

gemessen von Hafele und Keating<i>: 214 [ns]! (13.13)

Tafel 13.2: Der Gangunterschied zweier Atomuhren (Cäsiumresonanzuhren)

<i>: Hafele-Keating-Experiment, Oktober 1971; s. a. W. Bauer: Klassische Physik, Graphia Druck, Salzburg (1975), Eigenverlag

13.2 Das Uhrenparadoxon

Das Thema „Zeitdilatation“ ist im Zusammenhang mit dem Teilchenzerfall bereits abgehandelt worden (Teil 1, Kapitel 6.20). Es konnte gezeigt werden, daß ein schnell bewegtes und damit längenkontrahiertes Teilchen in genau dem Maße (um die Lorentzwurzel) auch stabiler und langlebiger wird. Wenn Relativisten eine auf dem radioaktiven Zerfall aufgebaute Atomuhr in ein Flugzeug packen und zwischen ihr, die herumgeflogen worden ist, und einer zweiten baugleichen Uhr, die am Boden geblieben ist, einen Gangunterschied feststellen, dann haben sie damit experimentell eine sehr geringe, aber real eingetretene Längenkontraktion nachgewiesen und keinesfalls eine Zeitdilatation, wie sie behaupten.

Jetzt verdanken wir Einstein zudem, daß der Äther abgeschafft worden ist und daraus folgt, daß es keine Rolle spielen kann, in welche Richtung das Flugzeug fliegt. Wenn also beide Uhren in je einem Flugzeug mitgenommen werden, wobei das eine Flugzeug nach Westen, das andere nach Osten fliegt, und sie sich auf der Rückseite der Erdkugel zum ersten Mal wieder treffen, dann dürfte nach der Einstein'schen Theorie kein Gangunterschied feststellbar sein, wenn beide Flieger der gleichen Bauart mit gleicher Geschwindigkeit unterwegs waren. Aber dem ist nicht so!
Es wird tatsächlich ein Gangunterschied gemessen, der aber mit der Relativitätstheorie nicht berechenbar ist, ja, völlig unvereinbar mit ihr ist und jedem klar vor Augen führt, daß der Effekt mit einer Zeitdilatation überhaupt nichts zu tun haben kann, daß die bewegten Uhren lediglich falsch gehen und wir uns fragen müssen, warum<i>.

Durchgeführt wurden diese Versuche mit Atomuhren, die als Cäsiumresonatoren aufgebaut sind und mit einer Genauigkeit von einer Sekunde in 300000 Jahren arbeiten. Als Resonator dient ein Quarzkristall, der von einem Ionenstrom aus Cäsiumatomen gesteuert wird, die ihr äußerstes Hüllelektron verloren haben. Das System ist rückgekoppelt, da der von den Cäsiumionen gesteuerte Schwingquarz wiederum per Radiowelle den Cäsiumdampf und letztendlich den eigenen atomaren Steuerstrom justiert (Tafel 13.7).

Der Grund für den gemessenen Gangunterschied wird in dem Feld und hier speziell in dem unterschiedlichen Gravitationsfeld gesehen. Die der Gravitationskraft entgegen gerichtete Fliehkraft ist jedenfalls nicht die gleiche, da bei einem westlichen Flug längs des Äquators die Flugzeuggeschwindigkeit v_f von der Rotationsgeschwindigkeit der Erde v_E zu subtrahieren ist, während sie sich in östlicher Richtung addieren (Gl. 13.1).
Für die vom Cäsiumresonator gelieferten Steuerquanten wird jetzt die Energiebilanz aufgestellt (13.5 mit 13.4) und die Änderung der Referenzfrequenz berechnet (13.7). Mit der Frequenzänderung geht unmittelbar eine Änderung der an den beiden Uhren ablesbaren Zeiten $t_{1,2}$ einher (13.8). Bei einer Reise um die halbe Erde, wobei die eine Uhr in westlicher, die andere in östlicher Richtung geflogen wird, soll der Rechnung zufolge der Gangunterschied 207 ns betragen. Interessant an dem Ergebnis (13.11) ist zweifellos, daß die Geschwindigkeit der Flugzeuge keine Rolle spielt. Sie kürzt sich heraus.

Im Oktober 1971 wurden beim Hafele-Keating-Experiment Cäsium-Atomuhren in Linienflugzeugen um die Welt geschickt. Um die Gangungenauigkeit der Uhren und damit den Meßfehler abschätzen zu können, wurden vier Uhren verwendet. Zwischen der Westreise (273 ±7 ns) und der Ostreise (59 ±10 ns) wurde eine Zeitdifferenz von 214 Nanosekunden ermittelt. Dieses unter strengen wissenschaftlichen Bedingungen ermittelte Ergebnis stellt durch die Bestätigung des berechneten Wertes einmal mehr die Richtigkeit der Objektivitätstheorie unter Beweis. Das gilt aber nicht für die spezielle Relativitätstheorie, denn die kommt in der Rechnung überhaupt nicht vor!
Wer jetzt glaubt, mit der Dimension des Raumes hätten wir weniger Probleme, den muß ich enttäuschen. Die Festlegung der Längenmaße endet gleichermaßen in einem Fiasko.

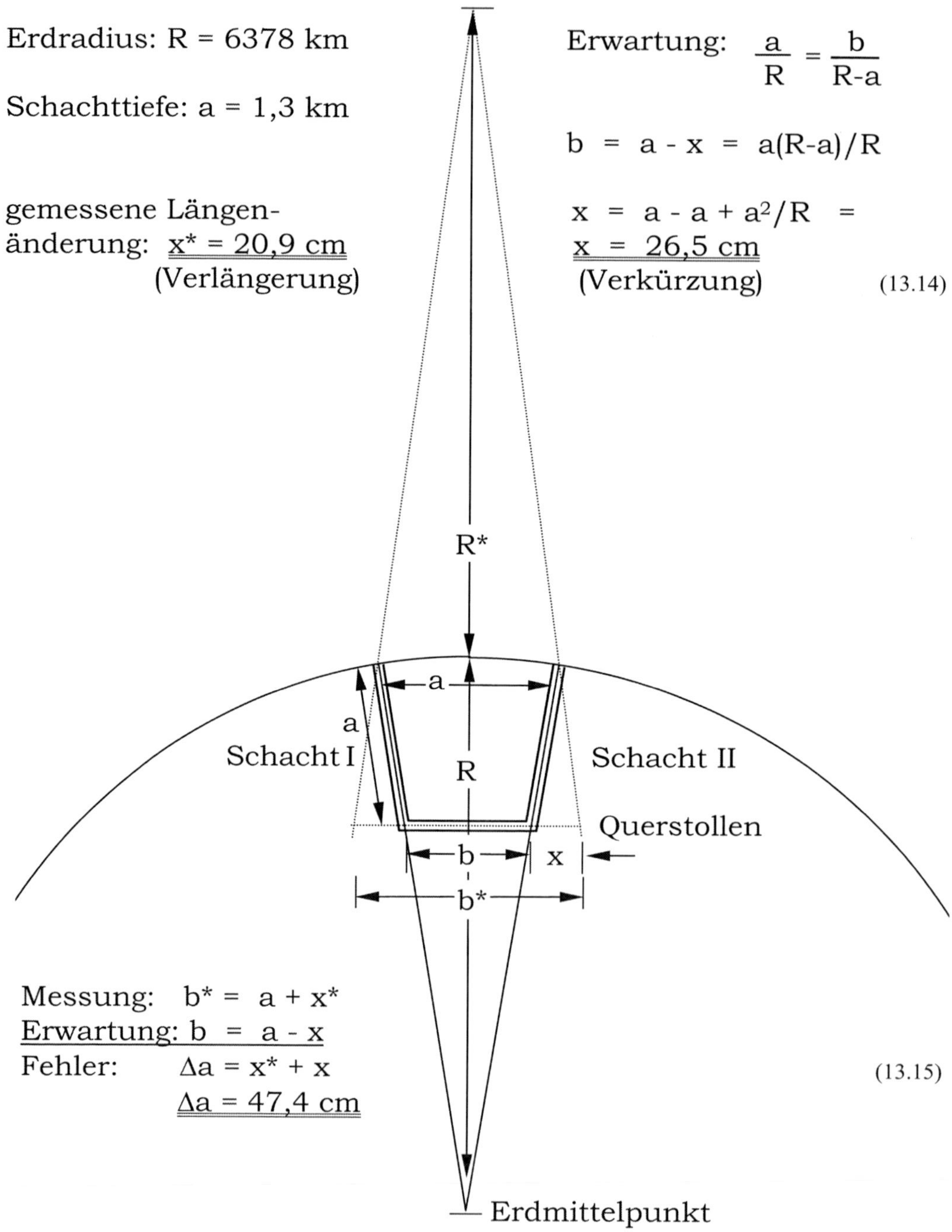

Tafel 13.3: Erwartung und Messung in den Tamarack-Minen

(Die Erdkrümmung und die Schachtlänge a sind zur Verdeutlichung stark übertrieben eingezeichnet)

13.3 Das Tamarack-Minen-Experiment

Solange *das „Fußmaß"* von der Schuhgröße und *die „Elle"* von dem Unterarm des Schneiders abhängig waren, war die Welt noch in Ordnung. Die Wissenschaften aber verlangen nach einer reproduzierbaren Vergleichsgröße, und die kann man sich im *Bureau International des Poids et Mesures* in Sèvres bei Paris abholen. Das **Urmeter** ist eine Platin-Legierung. Da die Länge des Metalls in jedem Fall temperaturabhängig ist, wird es bei konstantgehaltenen 0° Celsius gelagert. Jetzt besteht aber zusätzlich noch eine Feldabhängigkeit, eine Elektro- bzw. Magnetostriktion. Und wie verhält sich die Meßschiene, wenn die Erde wächst und die Dichte zunimmt? Schrumpft sie dann genauso wie andere Gegenstände in ihrer Umgebung? An dieser Stelle wuchert bereits das Chaos.

Die neueste Definition der Längeneinheit Meter wirkt wie ein Befreiungsschlag und markiert dabei den Abgrund, an dem wir stehen: Die Länge wird über eine Laufzeitmessung einer elektromagnetischen Welle, z. B. eines Lichtsignals festgelegt. Mit dieser Festlegung soll angeblich eine höhere Reproduzierbarkeit erreicht werden.
Tatsächlich ist ein photooptischer Längenmesser so genau wie die eingebaute Zeitmeßeinrichtung, und da benutzen wir sie schon wieder, unsere Sonnenuhr. Zudem wird eine Konstanz der Lichtgeschwindigkeit vorausgesetzt, und die wird in Metern pro Sekunde angegeben. Aus einer Änderung der Lichtgeschwindigkeit um beispielsweise 10% würde eine Längenänderung um ebenfalls 10% resultieren[<i>].
Da wir diesen Vorgang mit Hilfe der Augen ebenfalls mit Lichtgeschwindigkeit betrachten, können wir die Änderung niemals sehen. Wir können sie auch nicht technisch messen, da alle von uns konstruierten Meßgeräte unserem Sinneseindruck entsprechend aufgebaut sind. Das Loch, in das wir fallen, haben wir uns selber geschaufelt.

Nur wenn es uns gelingt, einen neutralen Standpunkt außerhalb des Geschehens einzunehmen, werden die wahren Zusammenhänge für uns erkennbar. Für die Feldabhängigkeit der Raummaße ist ein sehr anschauliches Experiment durchgeführt worden, von dem ich nun berichten möchte[<ii>].

1901 bot sich der französischen Regierung die Möglichkeit, in den stillgelegten Tamarack-Minen nahe Calumet (Michigan) ein Experiment durchzuführen, mit dem Ziel, den Durchmesser der Erde noch genauer zu bestimmen. Dazu ließen die Geophysiker in zwei senkrechte Förderschächte, die 1,3 km voneinander entfernt waren, jeweils 27,2 kg schwere Lote ab, angebunden an kaum dehnbare Klavierdrähte von ebenfalls 1,3 km Länge. Nun bestand die Erwartung, da die Lote in Richtung Erdmittelpunkt hingen, daß in einem Querstollen zwischen den beiden Schächten eine Länge von (1,3 - x) km meßbar sein sollte. Aus der Verkürzung x wollte man auf den Durchmesser der Erde schließen (Tafel 13.3). Doch es kam ganz anders.
Statt einer Verkürzung wurde im Stollen eine Verlängerung um x* = 20,9 cm gemessen! Der Schnittpunkt der Linien durch die beiden Schächte müßte sich nicht im Innern der Erde, sondern im Weltraum befinden! Schon treten „Hohlweltler" auf, die behaupten, wir würden auf der Innenseite einer Hohlwelt leben[<ii>]. Man sollte sie vielleicht einmal auf den Mond schießen, denn von dort zeigt sich die Erde zweifelsfrei als Kugel. Offensichtlich haben wir keine Jahrmarktsüberraschung, sondern ein grundlegendes messtechnisches Problem vor uns.

<i>: siehe dazu auch Teil I, Kapitel 6.11 und 6.12
<ii>: http:/www.t0.or.at/subrise/hollow.htm

Volumen der Erdkugel: $V = (4/3)\cdot\pi\cdot R^3$ (13.16)
und der inneren Kugel
in der Tiefe a: $V_a = (4/3)\cdot\pi\cdot(R-a)^3$ (13.17)

ergibt die
relative Änderung: $$\frac{\Delta V}{V} = \frac{V-V_a}{V} = 1-\left(\frac{R-a}{R}\right)^3 = 1-\left(1-\frac{a}{R}\right)^3 \qquad (13.18)$$

aus $m = V\cdot\rho$ bei konstanter Dichte ρ (13.19)

und[iii]: $m = \phi/\sqrt{G\cdot 4\cdot\pi\cdot\mu} = A\cdot\mu\cdot H/\sqrt{G\cdot 4\cdot\pi\cdot\mu}$ (13.20)

folgt: $m \sim V \sim H$ (13.21)

bzw. die
relative Änderung: $$\frac{\Delta H}{H} = \frac{\Delta m}{m} = \frac{\Delta V}{V} = 1-\left(1-\frac{a}{R}\right)^3 = \underline{\underline{0{,}061\%}} \qquad (13.22)$$

Nach der Objektivitätstheorie ist die Länge des Meßdrahtes feldabhängig[ii] mit:

$H \sim 1/a^2$ und $H_a \sim 1/(a-\Delta a)^2$ (13.23)

und die
relative Änderung: $$\frac{\Delta H}{H} = \frac{H_a-H}{H} = \left(\frac{a}{a-\Delta a}\right)^2 -1 \qquad (13.24)$$

Messstabsverkürzung Δa errechnet sich aus dem Vergleich der Gleichungen 13.22 und 13.24:

$$\frac{\Delta H}{H} = 1-\left(1-\frac{a}{R}\right)^3 = \left(\frac{a}{a-\Delta a}\right)^2 -1 \qquad (13.25)$$

$$\Delta a = a\cdot\left(1-1/\sqrt{2-(1-a/R)^3}\right) \qquad (13.26)$$

$\underline{\underline{\Delta a = 40}}$ [cm] (Ergebnis der Rechnung)

$\underline{\underline{\Delta a = 47}}$ [cm] (Meßwert zum Vergleich, 13.15)

Tafel 13.4: Rechnerische Kontrolle der gemessenen Verkürzung

13.4 Feldabhängiges Längenmaß

Wenn ein Meßergebnis gerade das Gegenteil liefert, wie es die Experimentatoren erwartet haben, dann staunt der Laie und der Fachmann wundert sich, zunächst jedenfalls. Dann aber, aus einem Gefühl der Panik heraus, das ganze Weltbild könnte zusammenbrechen, werden möglichst viele Wissenschaftler und namhafte Professoren informiert und eingebunden, ob sie das nun wollen (Prof. Mc.Nair) oder nicht (Prof. Hallock, Columbia University) und schließlich wird die Angelegenheit drittklassig beerdigt und eine Decke des Schweigens darüber gebreitet. *Die Zensur der wissenschaftlichen Meinungsmache läßt Veröffentlichungen, die mit unserem Weltbild nicht in Einklang stehen, von vorne herein nicht zu aus dem animalischen Trieb der Selbsterhaltung heraus*<i>.

Eine Wissenschaft, die diesen Namen auch verdient, muß anders aussehen. Da muß es erlaubt sein, Fragen zu stellen und öffentlich darüber zu diskutieren.
Ich gehe davon aus, daß die Erde eine Kugel ist, die wir von außen bewohnen; daran habe ich keinen Zweifel. Unter dieser Voraussetzung gibt es nur eine mögliche Antwort auf das Tamarack-Minen-Experiment: Der 1,3 Kilometer lange Meßdraht, der im Stollen in 1,3 km Tiefe um 26,5 cm überstehen müßte, ist statt dessen um 20,9 cm zu kurz, woraus unmittelbar folgt, daß er in der Tiefe, wie auch immer, um 47,4 cm geschrumpft ist.
Zunächst wurde natürlich das Experiment auf mögliche Meßfehler überprüft. Die Schächte wurden abgedeckt, um jeden Luftzug auszuschließen. Der Meßweg wurde optisch kontrolliert, aber das Ergebnis blieb unverändert. Wenn aber die Ursache für das unerwartete Ergebnis nicht im Experiment steckt, dann ist die theoretische Physik gefordert, schließlich ist es immer noch das Experiment, das uns die physikalische Wirklichkeit zeigt und nicht irgendeine theoretische Modellvorstellung.
Im 1. Teil des Buches findet sich bereits die Herleitung einer brauchbaren Erklärung: Die Lichtgeschwindigkeit und damit auch das Längenmaß sind abhängig vom Feld<ii>. Der Meßdraht wird danach kürzer, wenn er einer größeren Feldstärke ausgesetzt wird (Gl. 13.23). Wir können die gemessene Verkürzung rechnerisch überprüfen (Tafel 13.4).
Dazu ermitteln wir zuerst die Änderung der Feldstärke, wie sie in 1,3 km Tiefe zu erwarten ist. Wir haben es hier mit den geschlossenen H-Feldlinien zu tun, die für die Gravitation verantwortlich sind. In einer früheren Herleitung war gezeigt worden, daß sich eine gravitierende Masse in ein Magnetfeld umrechnen läßt<iii>. Zwischen einer Masse m und einer Feldstärke H besteht daher Proportionalität (13.21), in gleicher Weise, wie zwischen derselben Masse und seinem Volumen, wenn eine konstante Dichte vorliegt (13.19).
Das Ergebnis ist danach eine relative Abnahme des unter dem Meßort befindlichen Erdvolumens und der entsprechenden Masse, sowie eine relative Abnahme der Radialkomponente der Feldstärke, aber eine entsprechende relative Zunahme der Tangentialkomponente des Feldes um 0,061% (13.22 mit 13.18).
Im Stollen wird aber der Meßdraht in Richtung der Tangentialkomponente der Feldlinien gespannt, und diese verkürzt den Meßdraht als Folge der Feldabhängigkeit der Längenmaße<ii>(13.23). Aus der obigen Feldzunahme resultiert die rechnerische Messstabsverkürzung von 40 cm, die im Vergleich mit dem Meßresultat auch als Bestätigung der zugrunde gelegten Objektivitätstheorie zu werten wäre<ii>!

<i>: Beispiel: K. Meyl: Potentialwirbel, Bd. 1, Literaturstelle /5/

<ii>: siehe dazu auch Teil 1, Kapitel 6.6, Gleichung 65 und Kapitel 6.10

<iii>: K. Meyl, Potentialwirbel Band 2 (1992), Seite 27, Gleichung 20

Tafel 13.5: Aufgang der Erde über dem Mondhorizont[i]

<i>: Mitton, S. (Herausg.): Cambridge Enzyklopädie der Astronomie, Orbis Verlag (1989), Anm.: Kein Stern ist zu sehen!

<ii>: siehe auch die Hinweise im Teil 1, Kapitel 6.9

13.5 Erfahrungen aus der Raumfahrt

Die gute Übereinstimmung zwischen der berechneten Messdrahtverkürzung und der bisher unverstandenen Messung in den Tamarackminen zeigt sowohl qualitativ, als auch quantitativ die Richtigkeit und nutzbringende Anwendbarkeit der Objektivitätstheorie von der Feldabhängigkeit der Längenmaße. Unsere Meßlabors befinden sich normalerweise auf der Erdoberfläche, und da herrschen überall annähernd identische Feldverhältnisse. Verlassen wir aber die gewohnte Meßumgebung und verlegen das Labor beispielsweise in den Himmel, dann erleben wir unser blaues Wunder. Hier herrschen allerdings die umgekehrten Verhältnisse wie bei dem Minen-Experiment, bei dem im Erdinnern, bei einer Zunahme der Feldstärke, eine Längenverkürzung gemessen wurde. *Im Himmel nehmen die Feldstärken ab und die Längenmaße entsprechend zu.*
Diese Erfahrung machte der Astronaut Roosa bei der Apollo 14 Mission. Während er alleine in seiner Kapsel den Mond umkreiste, schilderte er dem Kontrollzentrum, er könne die Mondlandefähre sehen und seine zwei Kollegen bei ihrer Arbeit auf dem Mond beobachten. Niemand wollte dem Astronaut glauben, denn er flog in einer Höhe von 180 km! Kommandant Armstrong (Apollo 11) gab bei der ersten Mondlandung an, der Zielkrater Mackensen, von der Erde aus vermessen 4,6 km im Durchmesser, habe gerade mal die Größe eines Fußballfeldes! Astronaut Scott (Apollo 15) bezeichnete den angeblich 4,8 km hohen Mount Hardley als Ski-Übungshügel. Vielleicht haben sie etwas übertrieben, aber ein wahrer Kern ist bei den Aussagen in jedem Fall vorhanden!

Tatsächlich ist das Gravitationsfeld unseres Trabanten sehr viel kleiner als das der Erde. Auf der Mondoberfläche herrscht nur ein Sechstel der Erdbeschleunigung. Halten wir uns, um vergleichen zu können, an die Größenangaben, wie sie von unseren Labors auf der Erde gemessen werden, dann waren die Astronauten auf dem Weg zum Mond zusammen mit der Landefähre und ihrem Rover um den Faktor $\sqrt{6}$ gewachsen, dann ist der erste Fußabdruck 2,5 mal größer als auf der Erde, dann bewegten sich die Astronauten wie Riesen in der Landschaft einer Modelleisenbahn (Gl. 13.23 und Anm.<ii> auf Tafel 13.4).
Auf dem Mond gibt es so gut wie keine Atmosphäre, weshalb die Astronauten sich einen wunderbaren Blick auf den Sternenhimmel vorgestellt hatten, jedenfalls vor ihrem Start. Nach der Landung waren sie dagegen bitter enttäuscht. Der Himmel war schwarz und kein einziger Stern zu sehen! Sie haben viele Photos mitgebracht, aber nirgends sind Sterne abgelichtet, die sind offenbar dem Blickfeld entrückt (Tafel 13.5 und 13.6).
Vielen wird noch in Erinnerung sein, daß die ersten Bilder, die das Weltraumteleskop Hubble 1990 lieferte, samt und sonders unscharf waren. Das Problem bestand offensichtlich darin, daß die Spiegel auf der Erde und nicht im Weltraum justiert worden waren. Erst nachdem 1994 der Optik eine Sehbrille verpaßt worden war, konnten scharfe Bilder zur Erde gefunkt werden. Irgendwie hatte sich der Abstand zu den Sternen verändert. Das Teleskop war kurzsichtig geworden, bzw. der Abstand zum Sternenhimmel schien größer geworden zu sein. Wir wissen auch bereits warum. Entfernen wir uns von dem Gravitationsfeld der Erde, nimmt die Feldstärke ab und die beobachtbaren Entfernungen nehmen zu! Dem hochempfindlichen Teleskop gereichte bereits die 5% Abweichung zum Verhängnis, mit der bei der erdnahen Umlaufbahn hätte gerechnet werden müssen.
Man hätte die Astronauten vorher mit den Gesetzen der Physik vertraut machen sollen. Dann wäre ihnen diese Enttäuschung erspart geblieben, und im Falle des Hubbleteleskops hätten die NASA und die europäische ESA viel Geld sparen können zum Wohle der steuerzahlenden Bevölkerung<ii>.

Tafel 13.6 a: Photo aus Illustrierte Wissenschaft Nr. 11 (1997) S. 62

1. Beispiel: Mondlandung

$$\frac{\text{Erdbeschleunigung}}{\text{Mondbeschleunigung}} = \frac{g_E}{g_m} = \frac{M / R^2}{m_m / R_m^2} = \frac{M}{m_m} \cdot \frac{R_m^2}{R^2} = 6{,}0375 \quad (13.27)$$

im Weltraum gilt überall auf der Kugeloberfläche: $A = 4\pi R^2$

Gl. 13.20 (Tafel 13.4<iii>): $m \sim \phi = A \cdot B = 4\pi R^2 \cdot \mu H \sim R^2 \cdot H$

sowie Gl. 13.23 (Tafel 13.4<ii>) zur Feldabhängigkeit: $H \sim 1/l^2$

und weiter:

$$6{,}0375 = \frac{g_E}{g_m} = \frac{H_E}{H_m} = \frac{l_m^2}{l_E^2} \quad (13.28)$$

ergibt auf dem Mond die Längendilatation (-dehnung):

$$l_{m\,(\text{Mond})} : l_{E\,(\text{Erde})} = \sqrt{6{,}0375} = \underline{\underline{2{,}457}} \quad (13.29)$$

2. Beispiel: geostationärer Fernmeldesatellit
(in h = 36000 km über dem Äquator, R = 6378 km).

$$\frac{l_h}{l_E} = \sqrt{\frac{H_E}{H_h}} = \frac{R+h}{R} = \underline{\underline{6{,}64}} \quad (13.30)$$

Tafel 13.6 b: Berechnungsbeispiele zur Längendehnung[i]

<i>: Sollte sich der theoretische Wert von 6,64 durch Beobachtungen von der Erde aus mit einem Teleskop bei entsprechender Vergrößerung quantitativ bestätigen lassen, dann wäre damit bewiesen, daß es sich bei der sphärischen Aberration tatsächlich um den berechneten Feldeinfluß handelt.

<ii>: U. Seiler-Spielmann: Das Märchen vom toten Mond, Zeiten Schrift 5/94,S.39

13.6 Sphärische Aberration

Der Fachwelt ist das Problem der veränderten Längenverhältnisse zwar unter dem Begriff einer „sphärischen Aberration“ bekannt. Aber damit ist es weder qualitativ noch quantitativ verstanden. Erst die Objektivitätstheorie begründet stichhaltig, warum der Astronaut Roosa seine Kollegen fast 3 mal größer gesehen hat, warum Wettersatelliten in 1500 km Höhe ca. 25% größer sind und Nachrichtensatelliten in einer 36000 km hohen geostationären Umlaufbahn sogar auf das 6,64-fache ihrer ursprünglichen Größe anwachsen[<i>]. Sie erklärt auch, warum der neutrale Punkt zwischen Erde und Mond, an dem sich die Massenanziehung beider Himmelskörper gegenseitig aufheben, nicht an der Stelle von den Mondraketen erreicht wurde, wo er erwartet worden war[<ii>].

Wir, die Erdbewohner, sind ganz und gar an die Verhältnisse auf der Erdoberfläche angepaßt. Wenn wir uns in den Dimensionen von Zeit und Raum, so wie wir sie beobachten, gut zurechtfinden, dann darf das noch lange nicht für die Wissenschaft gelten, denn die hat es sich ja zur Aufgabe gestellt, hinter die Geheimnisse der Natur zu kommen.

Wenn sie den Namen Wissenschaft verdienen will, dann muß sie zum einen berücksichtigen, daß wir, die organischen Stoffe, sowie alle anorganischen Stoffe aus denselben Atomen und Molekülen aufgebaut und damit den gleichen Längenverhältnissen ausgesetzt sind. Treten Längenänderungen zwischen Tag und Nacht (als Folge des Gravitationsfeldes der Sonne (s. Kap. 6.7), zwischen Sommer und Winter oder als Folge von Feldänderungen auf, dann können wir dies überhaupt nicht registrieren. Daß auch heute noch der „Fuß“ als Maßeinheit Verwendung findet, beispielsweise im Flugverkehr, zeigt nur zu deutlich, wie sich der Mensch zum Maß aller Dinge erhebt. Wissenschaft verlangt Bescheidenheit!

Zum anderen ist zu beachten, daß der Mensch über die Optik seiner Augen alles mit Lichtgeschwindigkeit beäugt, und die muß keineswegs konstant sein. Allein schon die Definition der Lichtgeschwindigkeit c als Längenmaß pro Zeiteinheit weist auf die direkte Proportionalität zwischen c und einer Länge l hin (s. Kapitel 6.3):

$$\boxed{c \sim l} \qquad (13.31)$$

Hat sich zum Ausmessen einer Strecke eine Meßlatte als unbrauchbar erwiesen, so werden wir dasselbe Desaster erleben, wenn wir optisch, d.h. mit Lichtgeschwindigkeit messen. Offensichtlich sind beide, die Länge l und die Lichtgeschwindigkeit c in gleicher Weise von der jeweiligen lokalen Feldstärke abhängig. Einerseits führen beide Messverfahren zu demselben Resultat, was andererseits aber mit der einen Methode nicht meßbar ist, ist es mit der anderen auch nicht.

Um die Konstanz zu beweisen, ist es üblich, die Lichtgeschwindigkeit optisch zu messen. Da aber zwischen Meßgröße und Meßweg eine Proportionalität (53) besteht, wird die unbekannte Größe mit sich selber gemessen. Diese vom Prinzip her fehlerhafte Messung liefert in allen Fällen einen konstanten Wert. Im Gegensatz zu der heutigen Lehrmeinung kann keinesfalls von einer Konstanz der Lichtgeschwindigkeit ausgegangen werden. Bei den in einem Vakuum meßbaren 300.000 km/s handelt es sich um einen kapitalen Messfehler, bestenfalls um eine Meßkonstante, aber nie und nimmer um eine Naturkonstante!

Mit dem Postulat und der Fehlinterpretation von einer Konstanz der Lichtgeschwindigkeit als einer universellen Naturkonstante hat Einstein bereits mehrere Physikergenerationen in dieselbe Sackgasse laufen lassen, in der sie heute allesamt festsitzen. Es ist sicher kein Zufall, daß die große Zeit der Entdeckungen mit Einstein abrupt zu Ende war.

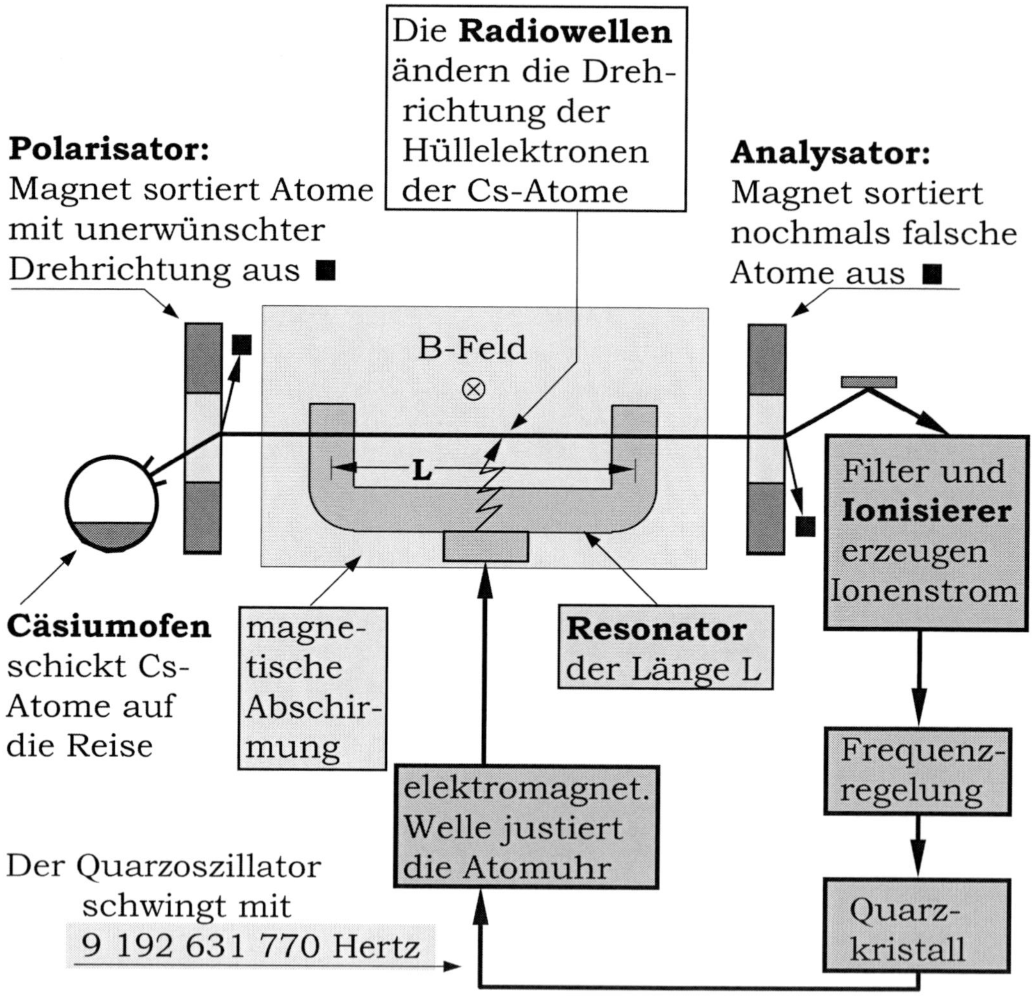

Schematische Darstellung zum Funktionsprinzip

L = die Genauigkeit bestimmende Resonatorlänge

Das B-Feld ist ein schwach magnetisches Feld, das den Einfluß magnetischer Streufelder eliminiert.

Die Anordnung befindet sich zusätzlich noch in einem Vakuumtank.

Tafel 13.7: Aufbau einer Cäsiumatomuhr

13.7 Treppenwitz der Meßtechnik

Halten wir fest: Das Längenmaß wird über eine Laufzeitmessung ermittelt und definiert. Als Begründung wird angeführt, daß mit der heutigen Uhrentechnik eine höhere Präzision und Reproduzierbarkeit erreichbar ist, als mit einem Meßstab oder Urmeter.
Die Ganggenauigkeit der Atomuhren ist wiederum von der freien Flugstrecke (L in Tafel 13.7) der Atome abhängig. Bei den Cäsiumuhren der Physikalisch-Technischen-Bundesanstalt in Braunschweig beträgt die Resonatorlänge mehrere Meter! Die Uhr wird weltweit als Standard verwendet.

Der Treppenwitz besteht also darin, daß eine geometrische Länge die Zeitmessung vorgibt und die Zeitmessung wiederum die Längenmessung bestimmt - arme Wissenschaft!

Wie befreit man sich aus einem kapitalen Ringschluß? Wieso und wie hängen Signallaufzeiten oder Uhren eigentlich von der Gravitation ab? Wer schon einmal in einer Sackgasse festsaß, weiß, daß er nur noch im Rückwärtsgang herauskommen kann.
Ein möglicher Weg geht zurück zu den Wurzeln der klassischen Physik und zu der, von den Einschränkungen eines subjektiven und relativistischen Beobachterstandpunkts befreiten Objektivitätstheorie, im 1. Teil des Buches. Sie ist auch keine Sackgasse und erklärt zudem, warum alle Atomuhren empfindlich auf Magnetfelder reagieren (Magnetostriktion) und was diese Felder mit der Schwerkraft zu tun haben (s. Kap. 6.9)!

Die heutigen Uhren sind derart genau, daß sogar Unterschiede zwischen einer auf einem Berg stationierten Uhr und einer auf Meereshöhe erfaßt werden können. Noch deutlicher wurde die Abhängigkeit von der Gravitation bei einer Atomuhr ermittelt, die in einer Rakete 10000 Kilometer hoch in den Weltraum geschossen wurde. Die Auswertung ergab zweifelsfrei, daß die Uhr dabei nicht mehr richtig „tickt".
Was aber sagt die theoretische Physik dazu? Sie behauptet, hier sei die „Rotverschiebung" gemessen worden; es handle sich also um eine Bestätigung der speziellen Relativitätstheorie. Da es sich aber um ein Uhrenexperiment handelt und nicht um ein Lichtsignal, widerspricht es eindeutig dieser Theorie, die bekanntermaßen keinerlei Gravitationseffekt zu beschreiben vermag. Für diesen Fall bedient man sich in Kreisen der theoretischen Physik der allgemeinen Relativitätstheorie, womit eigentlich nur bewiesen wäre, daß die beiden Theorien aus der Hinterlassenschaft von Einstein, sich völlig unvereinbar widersprechen.

Wir kommen zu folgendem Schluß:

Wer Längen- oder Zeitangaben macht, ist verpflichtet, auch das Bezugssystem anzugeben.

Er muß also mitteilen, wo sich sein Labor befindet und mit welchen Geräten er mißt!

Mit der Feststellung wäre auch bereits die Diskussion eröffnet. Durch die vier letzten Kapitel zieht sich ein roter Faden. Es sollte sich lohnen, nochmals über die vorgebrachten Argumente nachzudenken und mit Lehrbüchern eine Gegenüberstellung zu wagen.
In den Lehrbüchern gibt es so etwas wie eine schwingende Wechselwirkung nicht. Hier findet sich keine Antwort auf die Frage, warum das Sonnensystem als Folge der hohen Geschwindigkeit nicht aus der Galaxie herausgeschleudert wird, warum das Innere der Erde heiß ist, wie der Erdmagnetismus entsteht, warum die Kontinente wandern und der Meeresboden nirgends älter als 200 Millionen Jahre ist, wie Proben vom Ozeanboden beweisen[<i>]. Wie würden Sie diese zentralen Fragen beantworten?

<i>: Kendrick Frazier: Das Sonnensystem, Time-Life Bücher, Amsterdam (1991).

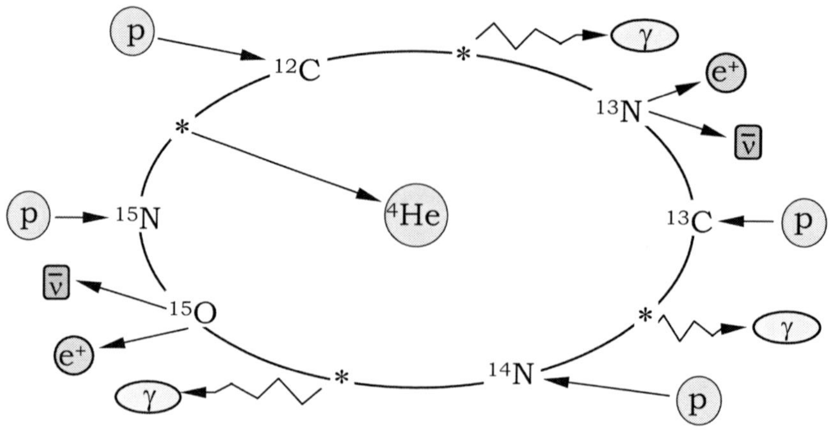

Tafel 13.8: Der Bethe-Weizsäcker-Zyklus (zum Sonnenfeuer)
(es bedeuten: ^{12}C = Kohlenstoffkern, ^{4}He = Heliumkern, γ = Gammaquant, ^{14}N = Stickstoffkern, e^{+} = Positron, p = Proton, $\overline{\nu}$ = Antineutrino, ^{16}O = Sauerstoffkern

Tafel 13.9: Die Spitze des unfertigen Obelisken in Assuan[i]

<i>: Hermann Wild: Technologien von gestern, Chancen für morgen, Jupiter-Verlag Bern (1996), ISBN 3-906571-13-0

13.8 Diskussion der kosmologischen Erkenntnisse

Die zahllosen Modelle, die angeboten werden von einem Geodynamo, einem Eisenkern, von angenommenen Subduktionszonen und einer Plattentektonik mögen zur Erklärung einzelner isolierter Phänomene hilfreich sein. Sie geben aber physikalisch kein einheitliches Bild und widersprechen sich zum Teil.

Lord Kelvin hatte noch auf der Grundlage einer aus Kohle bestehenden Sonne eine Leuchtdauer von 5000 Jahren errechnet[i]. Bei dem deutschen Physiker Hermann von Helmholtz kamen noch 15 Millionen Jahre heraus, wobei die Sonne jährlich 100 Meter schrumpfen soll. Er ging bereits von einer Temperatur von 15 Millionen Grad Celsius aus, wie sie auch der Bethe-Weizsäcker-Zyklus voraussetzt, der nach heutiger Vorstellung den im Innern der Sonne ablaufenden Kernumwandlungsprozess beschreiben soll (Tafel 13.8). Nur ist diese extreme Temperatur völlig unvereinbar mit der hohen Dichte im Kern der Sonne!
Es gibt mehr als gute Gründe, das Gegenteil der verbreiteten Lehrmeinung anzunehmen und davon auszugehen, daß der Sonnenkern in gleicher Weise wie der innere Kern der Erde von den eingefangenen Neutrinos gekühlt wird und sich supraleitende Bezirke ausbilden, deren mächtige Felder auch noch für die Protuberanzen auf der Oberfläche der Sonne sorgen.
Da in der Sonne keine Messung möglich ist, mit der ein Modell belegt oder widerlegt werden könnte, liegen uns naturgemäß irdische Argumente näher. Hier lassen sich die Beweisstücke für das Wachstum der Erde in die Hand nehmen und photographieren. Einige Fakten haben wir bereits besprochen. Es finden sich aber noch eine Vielzahl weiterer, beispielsweise aus dem Bereich der Archäologie, für die heutige Lehrbücher bislang ebenfalls keine Erklärung liefern.

Möglicherweise sind mit dem Wachstum der Erde die tonnenschweren Steine und Monolithen in Verbindung zu bringen, wie sie bei prähistorischen Bauten Verwendung fanden. War zur Zeit der Erbauung die Erde kleiner, dann waren sie gar nicht so schwer wie heute! Dann waren die Steine auf Grund der geringeren Dichte zudem weicher und damit leichter zu bearbeiten. Dr. Wild weist auf die bautechnische Besonderheit hin, daß die kissenförmigen Steine ursprünglich weich gewesen sein müssen. Er beweist mit dem Photo von der Spitze des unfertigen Obelisken in Assuan (Tafel 13.9), daß die Bearbeitungsspuren von einem Spachtel in einer plastischen Masse herrühren, was einen an unseren heutigen Beton erinnern könnte. Auch ist die perfekte Passung der beim Bau der Pyramiden verwendeten Steine nur so zu erklären. In die Fugen läßt sich nicht einmal eine Messerspitze hineinschieben!

Wenn sogar Steine im Laufe der Zeit an Dichte und Härte zunehmen, dann fällt es uns leichter, nachzuvollziehen, wie kleine Flüsse in früherer Zeit große tiefe Täler in die Erdkruste graben konnten, dann verstehen wir vielleicht auch, warum sehr alte Knochen heute versteinert sind[ii]. Es ist naheliegend, daß auch Knochen im Laufe der Zeit an Dichte und Härte zunehmen. Auch wenn es der Wissenschaft gelingen sollte, lebende Dinosaurier zu züchten, dann wäre deren Überlebenschance trotzdem gleich Null, denn die Dinos würden unter ihrem tonnenschweren Eigengewicht zusammenbrechen. Ihre Knochen wären für ihr heutiges Gewicht viel zu dünn und zu spröde!

<i>: Kendrick Frazier: Das Sonnensystem, Time-Life Bücher, Amsterdam (1991)
<ii>: Der Hinweis auf versteinerte Knochen stammt von einem Seminarteilnehmer.

25.07.1996:	**Ministerrat** Annahme des gemeinsamen Standpunktes.
11.12.1996:	**Europäisches Parlament** Beschluß der Richtlinie.
	Kommission Stellungnahme zu Änderungsvorschlägen des Europäischen Parlaments.
19.12.1996:	**Ministerrat** Beschluß der Richtlinie.
19.02.1997:	**Inkrafttreten der Richtlinie** Veröffentlichung im Amtsblatt der EG.
19.02.1999:	**Umsetzungsfrist zwei Jahre**
	Herabsetzung der Schwellenwerte für Stromverbraucher:
19.02.1997:	auf 40 Mio.kWh (Marktöffnung 23%)
19.02.2000:	auf 20 Mio.kWh (Marktöffnung 28%)
19.02.2003:	auf 9 Mio.kWh (Marktöffnung 33%)
bis 2006:	**„Anti-Ungleichgewichts-Klausel"** Neun Jahre Übergangsfrist zur Wahrung der Chancengleichheit im Wettbewerb. Bericht der Kommission.
19.02.2006:	**Weitere Stufe der Liberalisierung** Europäische Kommission prüft anhand der gemachten Erfahrungen, ob der Strommarkt weiter geöffnet werden soll.

Tafel 14.1: Zeitplan der EG-Binnenmarkt-Richtlinie Elektrizität<i>

<i>: Grawe, S. Thiele: Vorbereitung der Stromversorger auf den Wettbewerbsmarkt, ATW Atomwirtschaft-Atomtechnik 43. Jg. 1998, Heft 1, S. 10 - 13

14. Der Weg zur freien Energie

Läßt sich Energie überhaupt herstellen? Kein Energieversorgungsunternehmen ist dazu in der Lage. Tatsache ist, daß Energie nur gewandelt und nicht hergestellt wird. Dazu werden auf der Erde vorhandene Ressourcen angezapft und in eine nutzbare Energieform gebracht. So unterschiedlich die Umwandlungsprozesse sein können, letztendlich entsteht immer Wärme. Wir verheizen also allmählich den Globus, auf dem wir leben. Wie lange kann so etwas gut gehen?

Die Wissenschaft gibt Entwarnung: „Energievorrat reicht für die nächsten 100 Jahre. Neueste Berechnungen widerlegen die Furcht vor einer Energieknappheit auf der Erde. Es existieren große Vorräte an Kohle und Erdöl“[<i>].

Aber was sind schon 100 Jahre im Vergleich zum Alter der Erde? Wie werden unsere Nachfahren unser Denken und Handeln beurteilen? Sie werden es verurteilen und uns verfluchen, soviel ist heute schon sicher.
Wir haben eine moralische Verpflichtung zum Erhalt des Lebensraums, und wir werden sie nur erfüllen können, wenn wir der Natur abschauen, wie sie ihren Energiebedarf deckt, wenn wir die Natur endlich kapieren und sinnvoll kopieren.

Von dem Ziel sind wir noch meilenweit entfernt.

14.1 Die Liberalisierung der Energiemärkte

Im Eigeninteresse eines Vorstandsmitglieds ist wichtig, daß der Energievorrat nicht zur Neige geht, solange er für das Unternehmen der Energiewirtschaft Verantwortung trägt. Das Interesse an der Umwelt und den Umweltschützern ist aus naheliegenden Gründen weniger ausgeprägt. Die Probleme sind mehr kommerzieller Art. Dazu sei ein aktuelles Beispiel genannt.

Ein Problem der besonderen Art ist die inzwischen europaweit gültige Verordnung der EU zur Liberalisierung der Energiemärkte (Tafel 14.1). Die Liste der Folgen beginnt damit, daß die zwischen Energieversorgungsunternehmen und den Kommunen abgeschlossenen und bis 1997 gültigen Konzessionsverträge zur Stromlieferung nur noch Makulatur sind. Jeder Stromkunde kann ab sofort mit jedem „Stromerzeuger“ einen individuellen Vertrag abschließen.

Also beschließt ein umweltbewusster Schwarzwälder, seinen Strom von einer Windkraftanlage zu beziehen, die in Dänemark steht. Das klingt wirklich sehr liberal. Aber wie soll das funktionieren, wenn in Dänemark eine Woche lang Windstille herrscht, oder durch einen Blitzschlag die Verbindung unterbrochen ist? Die Windmühle liefert weiter Strom, und der Betreiber schreibt seine Rechnung im guten Glauben, sein Strom sei angekommen. Der Verbraucher liest die Rechnung dann bei Kerzenschein und stellt mit verständlichem Ärger seine Schadensersatzforderung zusammen.
Mit dem Hinweis darauf, daß sich derartige Schwierigkeiten buchhalterisch lösen lassen, wird der Verbraucher wieder beruhigt; daß der außervertraglich bezogene Strom ihn allerdings teuer zu stehen kommt, steht auf einem anderen Blatt.

<i>: Illustrierte Wissenschaft Nr. 6, Juni 1996, Seite 48 - 51.

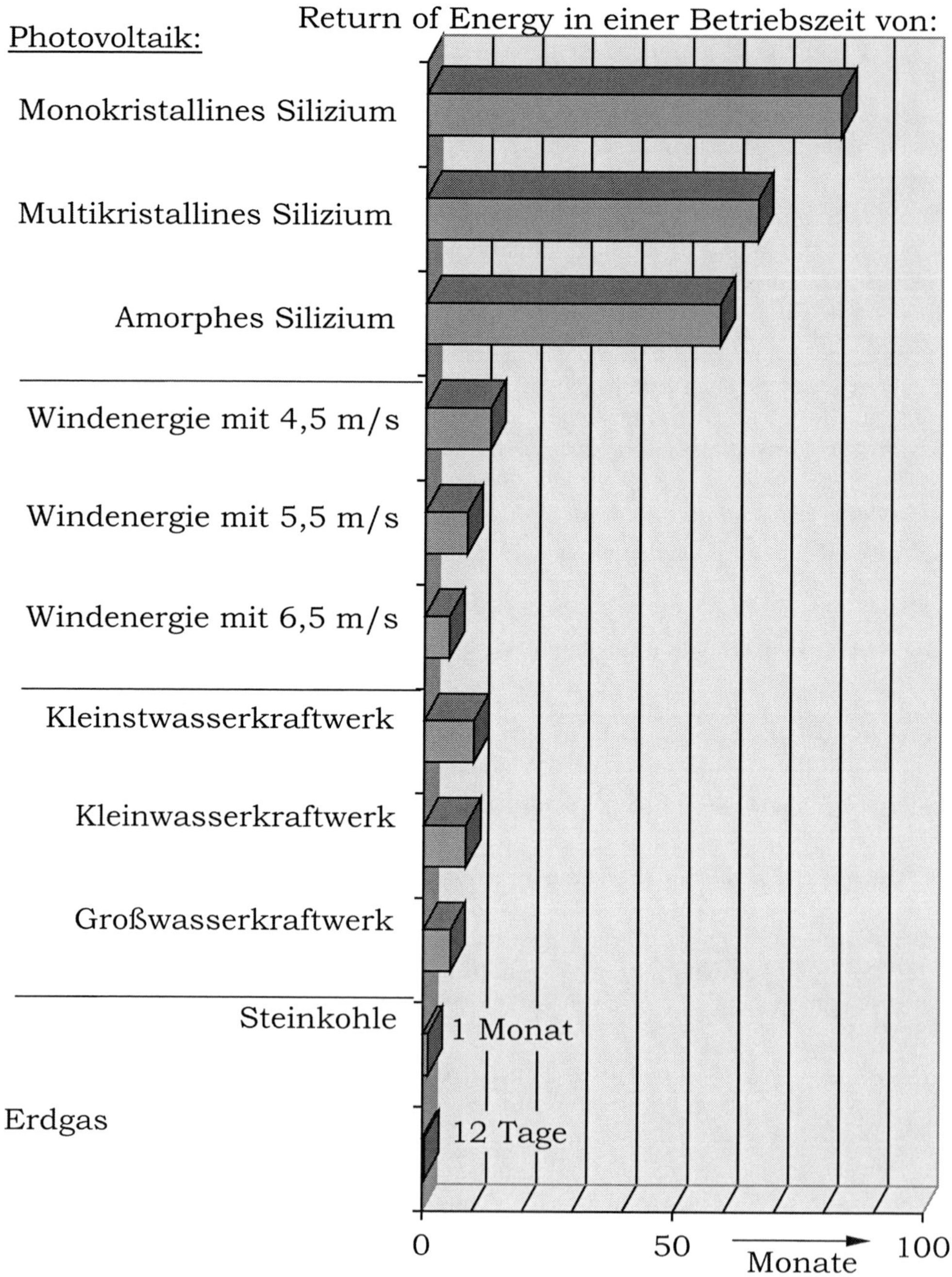

Tafel 14.2: gemittelte Amortisationszeit für die aufgewendete Energie (Return of Energy)<i>

<i>: Quelle: ZfE 2/96

14.2 Die Konsequenzen der Liberalisierung

Mit der EU-Verordnung hat sich die Monopolstellung nur in Richtung Betreiber der Verteilernetze verschoben, schließlich ist nur ein Netz vorhanden. Konkurrenz hingegen würde mindestens zwei Netze, also eine Verdopplung aller Hausanschlüsse und aller Hochspannungsmasten verlangen, was glücklicherweise aber unrealistisch ist.
Um ein Abzocken der Verbraucher über das ***Netzmonopol*** zu verhindern, führt die Politik an die Stelle der freien Marktwirtschaft Dirigismus und Planwirtschaft mit den bekannten Begleiterscheinungen ein: Keiner wird sich um die bestehenden Netze kümmern, keiner fühlt sich mehr verantwortlich, denn schließlich sind sie per Erlaß Allgemeingut geworden. Also lässt man die Strommasten langsam verrotten und repariert nur noch in Notfällen. Diese mögliche Entwicklung kann die gute Absicht der EU eigentlich nicht gewesen sein.
Bei den Energieerzeugern hingegen werden wir in den nächsten Jahren genau die Entwicklung beobachten können, die sich die EU-Kommissare auch so vorgestellt haben: Totaler Konkurrenzkampf, Preiskrieg und ein Machtkampf ums wirtschaftliche Überleben. Eine Chance hat nur noch das Atomkraftwerk, das seinen Müll billiger und gegebenenfalls auch illegal beseitigt oder das von indirekten staatlichen Subventionen lebt, oder das Braunkohlekraftwerk, das nachts, wenn keiner zuschaut, seine Effizienz steigert, indem es die unkostenträchtigen Filter abschaltet.
Die ersten Kraftwerke, die von dem liberalisierten Energiemarkt ausselektiert werden, sind die der Natur am nächsten stehenden ***Wasserkraftwerke***. Sie sind einfach zu klein und zu personalintensiv, um überleben zu können.
Gasturbinenkraftwerke, die den Strom zum halben Preis liefern, sind dann der Renner. Für regenerative Systeme ist da kein Platz mehr.

Solarenergie, wie viele Dächer ein Förderprogramm auch haben mag, bleibt ein staatlich gefördertes Spielzeug. Der „Return of Invest" liegt bei einer Photovoltaikanlage noch immer bei über 80 Jahren, während mit einer theoretischen Lebensdauer von 20 Jahren gerechnet wird. Im praktischen Einsatz dagegen sind PV-Anlagen vereinzelt schon nach sieben Jahren ausgefallen, nachdem die Photozellen erblindet waren. In diesem Fall kann nicht einmal von einer ökologischen Energie gesprochen werden, da der Return of Energy noch darüber liegt. Der vermeintliche Idealist, der sich zur Beruhigung seines ökologischen Gewissens sein Hausdach mit Photovoltaik verschandelt, hätte die Umwelt mehr geschont, wenn er seinen Strombedarf aus der Steckdose gedeckt hätte, weil bereits die Herstellung der Photovoltaikanlage mehr Energie verschlingt, als mit ihr produziert werden kann. In Hinblick auf die Umweltverträglichkeit kommt der Ökobilanz eines Kraftwerks eine zentrale Bedeutung zu (Tafel 14.2).

Mit dem Stromeinspeisegesetz greift der Staat dirigistisch ein, zum vermeintlichen Schutz der Verbraucher. Mit diesem Gesetz verfügt der Staat, daß nicht er, sondern die Energieversorgungsunternehmen die Subventionierung der regenerativen Energie vorzunehmen haben, daß sie den zur unpassenden Zeit in genau so wenig passenden Mengen gelieferten Strom zu einem Preis zu übernehmen haben, der den Marktwert um das Doppelte und bei sinkenden Strompreisen gar um ein Vierfaches übersteigt. Mit dem Gesetz haben die Politiker den „schwarzen Peter" ganz schnell und ohne Zustimmung der betroffenen Unternehmen an diese weitergeschoben, die mit der Subventionsverpflichtung im internationalen Vergleich Probleme bekommen werden, ihre Konkurrenzfähigkeit zu erhalten. Es kann die Absicht der EU-Kommissare nicht gewesen sein, daß auf nationaler Ebene der Strompreis steigt zur Finanzierung irgendeiner energietechnischen Spielwiese.

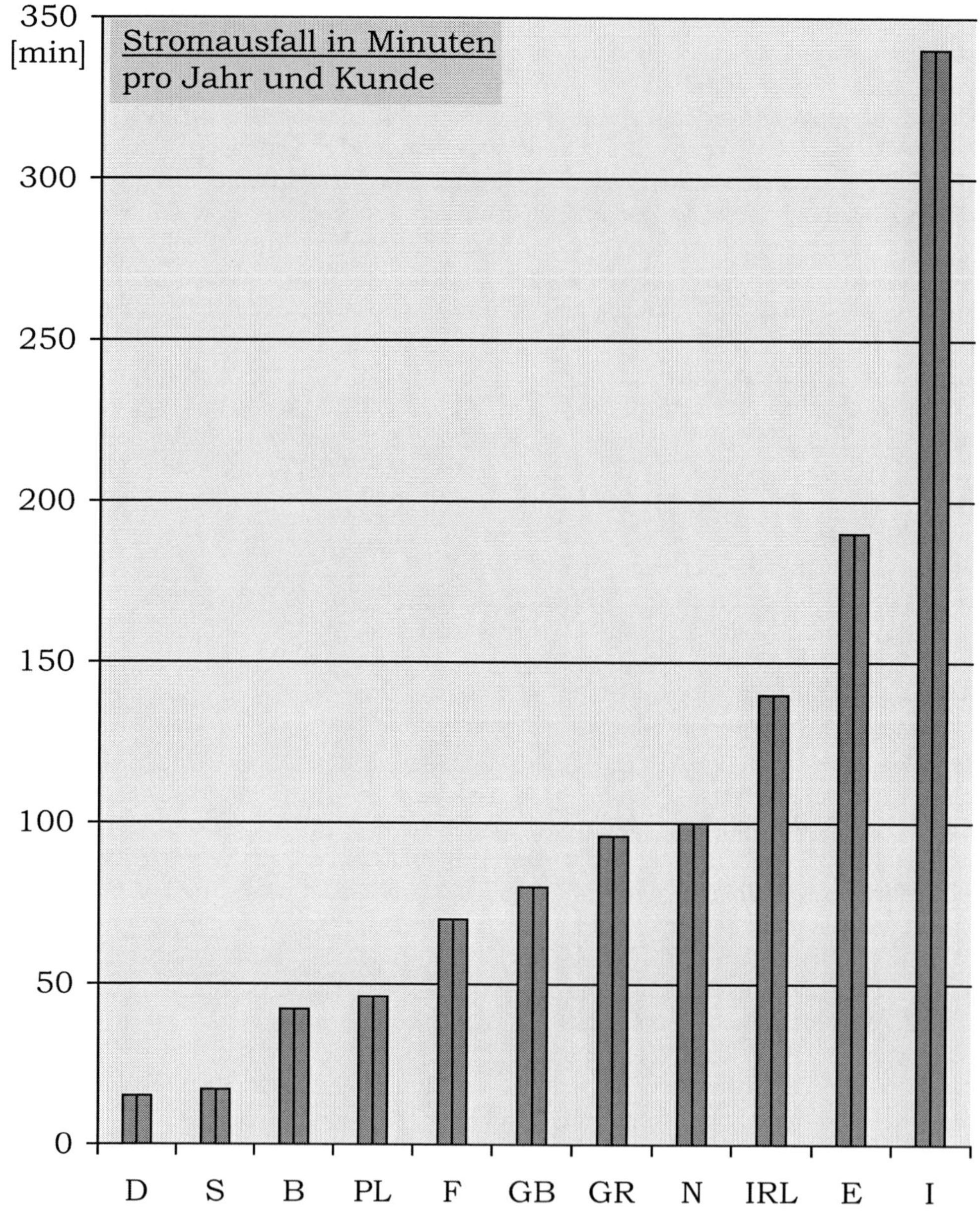

Tafel 14.3: Stromunterbrechung und Nichtverfügbarkeit<i>

<i>: ETG, Energietechnische Gesellschaft im VDE: Qualität der Stromversorgung, Dialog Nr. 1, Jan./Feb. 1998, S. 21

14.3 Die Chancen der Windenergie

Mittlerweile, als Folge des Stromeinspeisegesetzes, sind es nicht mehr die Politiker, sondern die Energieversorger, die rund um die Nordsee jeden Tag mit der Sorge aus dem Fenster schauen, es könnte ein Wind wehen und die Mühlen könnten sich drehen, denn jede Kilowattstunde einer Windmühle muß kräftig subventioniert werden. Jeder windstille Tag hingegen verringert die Stromrechnung, hilft damit dem Verbraucher und hebt die Wettbewerbschancen unserer Wirtschaft.
Sollte versäumt werden, das Stromeinspeisegesetz mit Hilfe der EU rechtzeitig zu kippen, dann werden die Verbraucher ihren Strom zukünftig im Ausland beziehen, dann gehen bei der Windenergie-geschädigten Preußen Elektra als erstes die Lichter aus, dann werden Wirtschaftskraft und Wohlstand in Deutschland zukünftig vom Ausland diktiert.
Fällt aber das Gesetz, dann fällt damit die Verpflichtung zur Subvention der regenerativen Energieträger auf den Staat zurück. Jetzt dürfen alle Steuerzahler die Zeche zahlen, auch die, die gar keinen Strom beziehen. Es greift die bekannte „Subventionsgerechtigkeit".

Ohne staatliche Stützung werden nur noch wenige Kraftwerkstypen übrigbleiben. Zudem werden Überkapazitäten zurückgefahren, weil sie nur Geld kosten. Beides aber geht zu Lasten der Zuverlässigkeit der Energiebereitstellung und der Sicherheit des Verbrauchers. Wir verdanken die hohe Stabilität unseres heutigen Netzes der großen Zahl verschiedenartigster Stromlieferanten, die entsprechend ihrer Eignung die Grundlast bis zur Spitzenlast abdecken (Tafel 14.3). Doch reden wir nicht von der goldenen Vergangenheit. Das Netz ist schließlich nicht in der Lage, Strom zu speichern. Daraus folgt, daß ohne Redundanz und ohne jederzeit aktivierbare freie Kraftwerks-Kapazitäten eine kurze Überlast ausreicht, um das Netz zusammenbrechen zu lassen.
Wenn die EU-Richtlinie zur Liberalisierung der Energiemärkte erst einmal greift, wenn Stromverkäufer von Haustür zu Haustür pilgern, um die Hausfrauen davon zu überzeugen, den Strom doch bei ihnen zu beziehen und nicht bei anderen Hausierern, wenn die Kraftwerke nur noch aus dem Bestand leben und die abgeschriebenen Überlandleitungen noch mit dem Schrottwert in den Büchern stehen, dann sollten wir uns warm anziehen und immer genügend Kerzen bereit halten[<i>].

14.4 Die Chancen energie-autarker Selbstversorger

Der einzige Ausweg ist die dezentrale Energieversorgung, das Ausscheren aus dem großen Energieverbund und der Weg zum autarken Selbstversorger. Das Argument klingt überzeugend angesichts fehlender Alternativen. Doch jetzt kann der Stecker nicht mehr in die Dose gesteckt und eingeschaltet werden, wann immer es uns beliebt. Zuerst muß ausgerechnet werden, ob die Windmühle oder die Solaranlage ausreichend Strom bereitstellt oder ob es kalte Küche gibt. Anstelle heutiger Verbrauchergewohnheiten werden die Betreiber solcher Anlagen ihren Energiebedarf an die jeweiligen Wetterbedingungen anpassen müssen.

<i>: Ein Baby-Boom, wie nach dem großen Stromausfall in New York, wäre noch das geringere Übel. An den wochenlangen Stromausfall in der neuseeländischen Millionenmetropole Auckland im Februar 1998 als Folge unterlassener Wartungsarbeiten an Hochspannungsmasten werden sich die Bewohner und Ladenbesitzer noch lange mit Schrecken zurückerinnern.

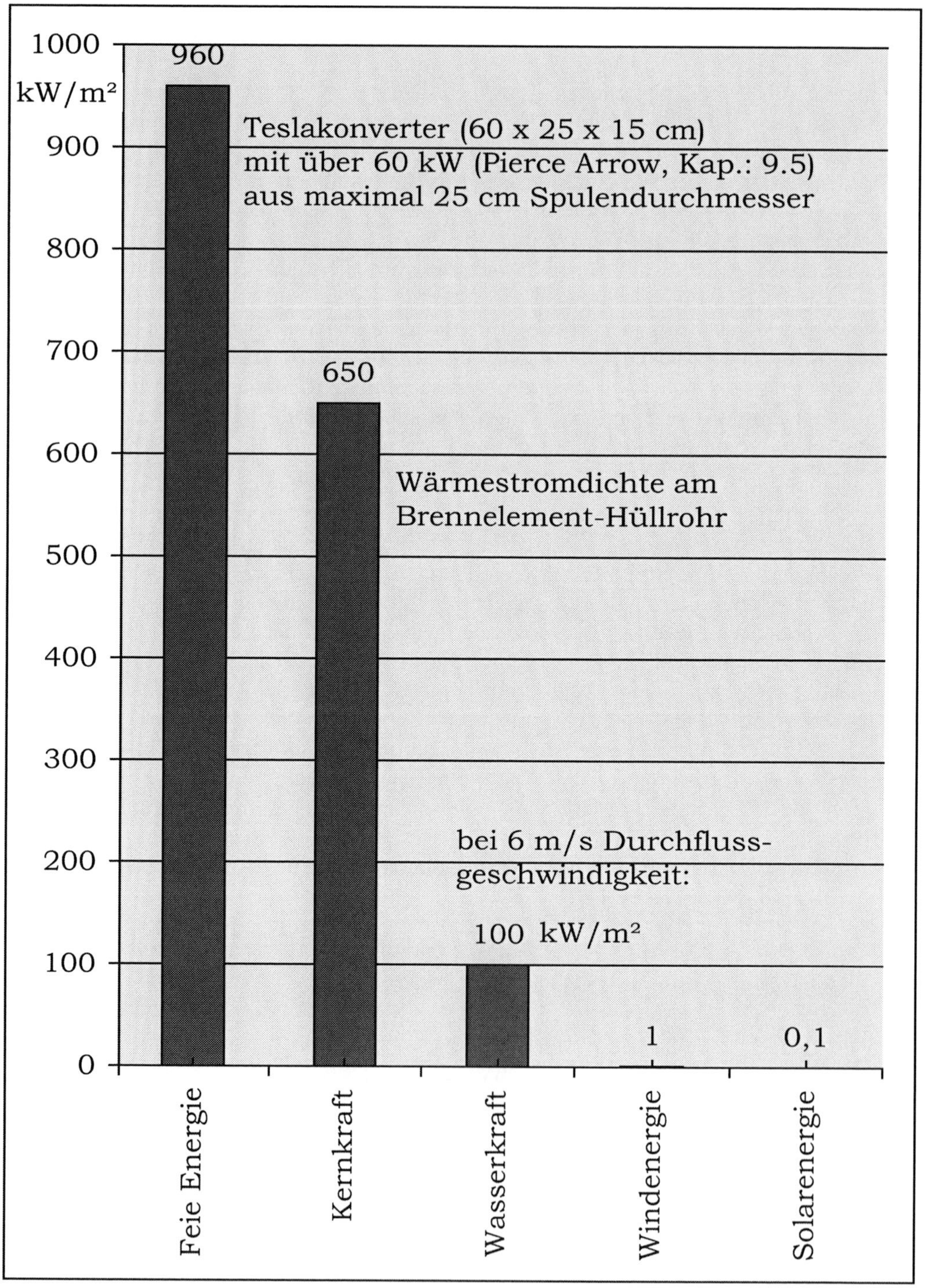

Tafel 14.4: Maximal erreichbare Leistungsdichte unterschiedlicher Energieträger<i>

<i>: ETZ, Heft 19/1995, S. 40

Blockheizkraftwerke, für Selbstversorger als Insellösung propagiert, liefern Strom und Wärme gleichzeitig. Brauche ich aber an einem heißen Sommertag keine Wärme, dann steht auch kein Strom zu Verfügung, oder ich heize sinnlos ins Freie. Dafür darf man im Winter alle elektrischen Verbraucher eingeschaltet lassen, auch wenn sie gar nicht gebraucht werden, nur damit die Bude warm wird. Sieht so eine Insellösung aus?

Die Situation ist wahrhaft demotivierend. Auch die Energieversorger dürften mittlerweile begriffen haben, daß der energiepolitische Weg eine Sackgasse ist. Aber für echte Alternativen in der Energietechnik scheint der Leidensdruck noch nicht groß genug zu sein.
Der Wille, von der Natur zu lernen, ist prinzipiell da. Das Sonnenfeuer will man auf der Erde in einem Fusionsofen entfachen, aber der Ofen tut nicht so, wie er soll.
Offensichtlich arbeitet die Sonne ganz anders, wie es sich die Physik heute (s. Tafel 13.8) vorstellt. Vor dem Kopieren steht das Kapieren, und daran scheint es noch zu hapern!

14.5 Die Raum-Energietechnik der Natur

Auch die Natur braucht Energie, sehr viel sogar. Sie hat aber keinen Tankstutzen und keine Ofenklappe zum Einfüllen des Brennstoffs, sie kennt unsere umweltfeindliche Verbrennungstechnik und umweltvernichtende Explosionstechnik überhaupt nicht. Die Natur arbeitet eher mit dem Gegenteil, mit Implosion und Fusion.
Die Sonne, so haben wir hergeleitet, materialisiert den Stoff, den sie zum Wachsen und zum Leuchten braucht, aus dem Neutrinofeld. Die Erde und andere Planeten machen es ihr nach.
Das Konzept ist einfach und überzeugend. Die Energiequelle liegt in der Luft und muß nicht in Tanks mit herumgeschleppt werden. Eingesammelt und materialisiert wird gerade soviel, wie zu dem Zeitpunkt auch benötigt wird. Dadurch wird die Energieressource geschont. Zudem kann auf jede Art der Speicherung verzichtet werden. Zudem hat sie eine wesentlich höhere Leistungsdichte vorzuweisen, als alle heute bekannten und genutzten Energieträger (Tafel 14.4).
Eine solche Energiequelle löst mit einem Schlag alle geschilderten Energieprobleme. Die Natur wäre nicht so, wie wir sie kennen, wenn sie diese ideale Energie, auch *„freie Energie"* genannt, nicht hätte. Allein die Energiebilanz bringt es an den Tag, denn sie geht bei biologischen Systemen in der Regel nicht auf. Es wird häufig mehr Energie abgegeben, als über die Nahrung aufgenommen wird.
So müßten sich einige Zugvögel noch vor dem Erreichen ihres Ziels vollständig materiell aufgebraucht haben, wenn die zum Flug erforderliche Energie rein stofflicher Natur wäre. Von einem anschaulichen Beispiel wird folgendes berichtet[<i>]: „Zugvögel haben - je nach Art - eine maximale Reichweitengeschwindigkeit zwischen 24 und 83 km/h und bei ihren Atlantikflügen auch keine Gelegenheit zur Zwischenlandung. Sie sind tausende Kilometer unterwegs und verlieren kaum Gewicht. Beispielsweise verbraucht ein Albatros mit einer Körperlänge bis zu 1,20 Meter und einer Flügelspanne bis zu 3,50 Meter bei einem Non-Stop-Flug pro Kilometer nur 8,5 Gramm Gewicht. Wie ist das möglich ohne zusätzliche Energiezufuhr?"

<i>: K. E. Rathgeb: Wie man die freie Energie anzapft: Vögel machen es uns vor, Raum & Zeit 79/96, S. 74

Tafel 14.6: Freiherr von Reichenbach (76 Jahre alt).

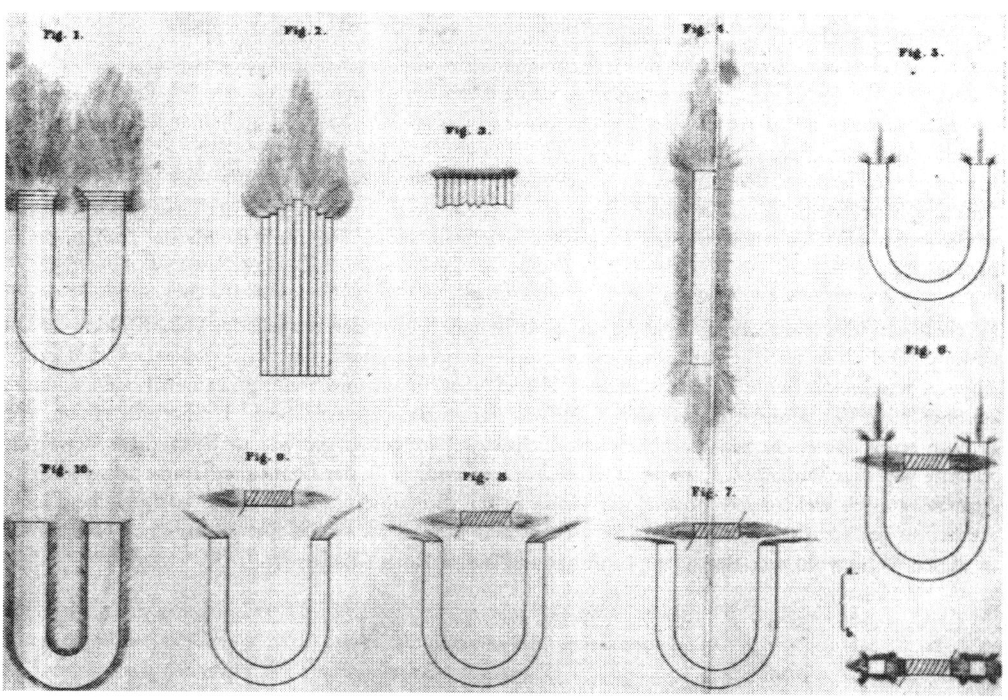

Tafel 14.7: Odische Emanationen von Magneten nach Zeichnungen von Sensitiven<i>

<i>: H.-P. Thietz: Tatort Erde, VAP (1996), ISBN 3-922367-62-3, Seite 13 und 15

14.6 Die Lücke in der Energiebilanz des Menschen

Auch der Mensch scheint eine zusätzliche Energiequelle anzuzapfen, da aufgrund wissenschaftlicher Untersuchungen mit Rekruten diese in der Lage sind, über längere Zeit mehr als doppelt so viel Energie körperlich abzugeben, als sie über die Nahrung an Kalorien zu sich nehmen. Offensichtlich verlassen sich Lebewesen nicht auf eine Energiequelle allein. Möglicherweise dient die Nahrungsaufnahme überwiegend dem Stoffwechsel, und spielt der Energieaspekt nur eine untergeordnete Rolle. Diese Interpretation wäre zumindest naheliegend, denn wir futtern mehrmals am Tag, sortieren die notwendigen und brauchbaren Baustoffe aus und übergeben den Rest dem Klärwerk und der Natur, wo irgendwelche Bakterien und Organismen das Ausgesuchte nochmals auf Brauchbares durchsuchen. *„Nahrungskette"* nennen wir diese Art von *Baustoffhandel.*
Hätte das Ganze irgend etwas mit Energie oder mit einem *„feuerlosen Verbrennungsprozeß"* zu tun, dann würde kein Tier und kein Menschen über längere Zeit ohne Nahrungsaufnahme auskommen. Franz von Assisi aber konnte 90 Tage fasten, wie uns überliefert ist[<ii>]. Beispiele, die bis in die heutige Zeit reichen, gibt es zahlreiche.

Die Mitochondrien, die Energiezentralen jeder Zelle, sind zu dem „Verbrennungsprozeß", den man ihnen andichtet, gar nicht fähig. Hier findet aller Wahrscheinlichkeit nach eine Nahrungsmittel-unabhängige Aufnahme von Raum-Energie statt.

Ein Forscher muß die Natur nur mit offenen Augen betrachten, was leider immer seltener geschieht, weil der Laborwissenschaftler stets bemüht ist, die *Störgröße „Natur"* von den Experimenten fern zu halten.

14.7 Carl Freiherr von Reichenbach

An zwei Naturforschern kommt in diesem Zusammenhang keiner vorbei: Carl Freiherr von Reichenbach (1780-1869) und Dr. Wilhelm Reich (1897-1957).

In Anlehnung an den germanischen Gott Odin nannte Reichenbach die von ihm untersuchte Lebensenergie *„Od-Energie"*. Er arbeitete mit Probanden, die eigentlich unsichtbare Lichterscheinungen wahrnehmen konnten und erarbeitete sich mit den „Sensitiven", wie er sie nannte, die besonderen Eigenschaften dieses Od-Energiefeldes.

Ein Zitat aus seiner Arbeit zeigt, daß das Wissen um die Lebensenergie aber viel älter sein muß[<iii>] als seine eigenen Entdeckungen: „Auf Gemälden sind Heilige doch oft mit einem ringförmigen *Heiligenschein* um den Kopf herum abgebildet, etwas, was ich zuvor als reine Phantasievorstellung abgetan hatte. Es zeigte sich aber, daß dieser leuchtende Ring tatsächlich als eine Od-Erscheinung von den Sensitiven wahrgenommen werden kann und so der Heiligenschein offenbar auf realen Eindrücken besonders sensitiver Personen zurückzuführen ist."

Reichenbach stellte auch fest, daß Wasser ein großes Bestreben hat, diese Od-Energie aufzunehmen oder im heutigen Sprachgebrauch, die Feldenergie zu absorbieren. Diesen Umstand finden wir in der Technik bestätigt, da Wasser hochfrequente Wellen absorbiert, während ein Isolator oder ein Vakuum sie durchgehen läßt. Ohne Wirbelphysik bleibt dabei jedoch völlig unklar, warum!

<ii>: H.-P. Thietz: Tatort Erde, VAP (1996), ISBN 3-922367-62-3, Seite 110
<iii>: H.-P. Thietz: Tatort Erde, VAP (1996), ISBN 3-922367-62-3, Seite 16

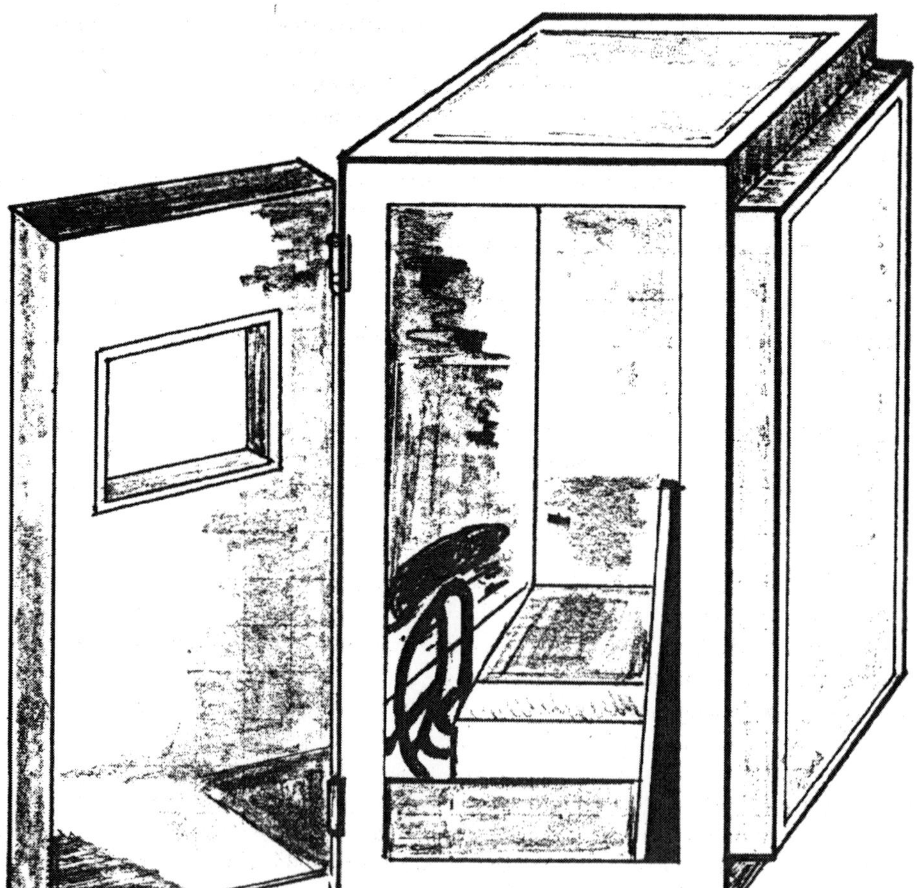

Tafel 14.8: Wilhelm Reich und das Modell eines Orgon-Akkumulators für ganzkörperliche Anwendungen<i>

<i>: entnommen aus: H.-P. Thietz: Tatort Erde, VAP (1996), ISBN 3-922367-62-3, Seite 38 und 89.

14.8 Kalte Fusion und Schöpfung

In der Chronologie trat der Arzt und Psychologe Wilhelm Reich in die Fußstapfen Reichenbachs. Er änderte lediglich den Namen für Od um und sprach von Orgon. Seine Spezialität war das Akkumulieren von Orgonstrahlung, ich würde sagen, das Bündeln von Neutrinostrahlung. Tatsächlich sind die Eigenschaften wie z. B. die fehlende Abschirmbarkeit von Od, von Orgon und von den Neutrinos identisch, so daß wir davon ausgehen können, daß es sich auch physikalisch um das Gleiche handelt.

Von Wilhelm Reich war bereits die Rede (Teil 1, Kap. 9.2). Er konnte zeigen, daß sich ohne Energiezufuhr von außen in einem geschlossenen Kasten, aufgebaut als *„Orgonakkumulator"*, die meßbare Temperatur auf rätselhafte Weise erhöht. Er konnte sogar beweisen, daß es sich bei dieser Energie tatsächlich um die gesuchte Lebensenergie handelt, indem er die Schöpfung von Leben im Labor unter dem Mikroskop beobachtete. Dazu kochte er Muskelfasern, Gemüse oder andere Zellen solange, bis die Zellstruktur restlos zerstört war. Doch aus den Zersetzungsprodukten bildeten sich ganz von alleine neue Lebewesen, wie Pantoffeltierchen oder Algen[<i>].

Reich verfolgte an seinem Mikroskop tatsächlich den Übergang von unbelebter zu lebender Materie. Was uns hier interessiert, ist zunächst nur der energietechnische Aspekt dieser Wandlung. Mit dem gleichsam auftretenden informationstechnischen Aspekt werden wir uns später noch beschäftigen.

Erwähnenswert erscheint mir noch das Experiment mit den „dummen" Hühnern, die neben dem Eierlegen über erstaunliche Fähigkeiten verfügen[<ii>].

Den Probanden wurde Hühnerfutter gereicht, aus dem weitgehend alles Kalzium entzogen worden war. Doch die Hühner zeigten sich unbeeindruckt und legten weiter fleißig ihre Eier. Die Experimentatoren wunderten sich, wo die Hühner den Kalk für die Eierschalen eigentlich hernehmen. Wie löst so ein Huhn das Rohstoffproblem?

Dazu wurden weitere Stoffe dem Futter entzogen und siehe da, beim Entfernen von Silizium war es mit dem Eierlegen vorbei. Das Experiment läßt eigentlich nur den Schluß zu, daß das „dumme" Huhn zu einer kalten Fusion fähig ist, daß es aus Silizium vermutlich unter Verwendung von Kohlenstoff das erforderliche Kalzium selber „herstellt". Jeder Alchemist muß hier vor Neid erblassen. Was aber sagt der Fusionsforscher dazu, der eigentlich wissen sollte, wie Fusion funktioniert? Schließlich wird er vom Steuerzahler dafür bezahlt! Das Huhn nutzt die Fusion heute schon und die anderen Lebewesen vermutlich auch, aber dazu ist Energie notwendig, und die Bilanz sollte aufgehen!

Die Neutrinostrahlung muß also in die Energiebilanz mit einbezogen werden. Geht die Bilanz dann auf, könnte damit bewiesen werden, daß hier Neutrinoenergie zum Einsatz kommt. Zudem ist der Vorgang der Neutrinowandlung zu untersuchen, der sicher etwas mit der Frequenz und der Wellenlänge der Strahlung zu tun hat. Schließlich hat ein Kind genau so große Zellen wie ein Erwachsener. Es hat nur weniger Zellen! Damit es zu einer Wechselwirkung kommen kann, hat sich die Zellgröße nach der Wellenlänge zu richten, und die ist offenbar sehr klein, vermutlich im Bereich der radioaktiven Strahlung, womit die biologische Unverträglichkeit mit dieser elektromagnetischen Welle erklärbar wäre.

<i>: H.-P. Thietz: Tatort Erde, VAP (1996), ISBN 3-922367-62-3, S. 39

<ii>: Louis Kervran: Biological Transmutations, s.a. J. Heinzerling: Energie, S.278

1. Primärreaktion
(Lichtreaktion im Reaktionszentrum):

Ringwirbel/Neutrinos werden eingefangen
Elektronen werden gebildet
Energie wird hergestellt
e^- wird vom Wasserdipol angezogen
Wassermolekül wird gespaltet (Photolyse):

2. Sekundärreaktion (Dunkelreaktion):

Kohlendioxid wird mit dem aus dem Wasser abgespaltenen Wasserstoff zu Kohlenhydrat reduziert

---

Reaktionsgleichung der Photosynthese:

	6 Mol CO_2	(Kohlendioxid)
+	12 Mol H_2O	(Wasser)
+	675 Kcal	(Wirbelenergie, Licht)

=	1 Mol $C_6H_{12}O_6$	(Traubenzucker)
+	6 Mol O_2	(Sauerstoff)
+	6 Mol H_2O	(Wasser)

Tafel 14.9: Zur Photosynthese

14.9 Photosynthese

Die Materialisation freier Elektronen ist eine Voraussetzung, um die ***Photosynthese*** zu starten. Die gängige Erklärung, das zur Spaltung des Wassermoleküls erforderliche freie Elektron würde durch Licht aus einem Atom herausgeschlagen, scheint nicht zuzutreffen, nachdem bisher alle Versuche einer technischen Realisierung nach dieser Modellvorstellung fehlgeschlagen sind. Bei der Photosynthese bedienen sich offensichtlich die Pflanzen an der Neutrinostrahlung, die nach heutiger Schätzung mit 66 Milliarden Teilchen pro Sekunde und pro Quadratzentimeter für eine grüne Erde mehr als ausreichen dürfte.

Legen wir ein Samenkorn in ein Wasserglas, so wächst eine Pflanze heraus, bildet kleine Blätter, die immer größer werden. Ein Wunder der Natur, sagen wir. Wo nimmt sie eigentlich ihre Baustoffe her? Aus dem Wasser oder aus der Luft? Notwendigerweise stellt die Pflanze einen Teil der Materie offenbar selber her!

Fachleute sind der Meinung, den Vorgang der Photosynthese verstanden zu haben: Man nehme Licht plus Wasser plus Kohlendioxid und bastele daraus Zucker und Sauerstoff. Aber woher nimmt die Pflanze die notwendige Energie für den Umbau und zur Spaltung der Wassermoleküle, der Photolyse? Die aufgenommene Sonnenenergie reicht dazu kaum aus, zumal von den Pflanzen nur etwa 1% der photosynthetisch nutzbaren, auf der Erde eintreffenden Sonnenstrahlung absorbiert wird[<i>].

Über Empfängermoleküle, die wie kleine Antennen aussehen, Pigmente mit weniger als 30 nm Durchmesser, so ist der Stand des Wissens, werden die Sonnenstrahlen eingefangen und in ein photochemisches Reaktionszentrum geleitet. Hier soll die Reaktion stattfinden, vorausgesetzt, daß ein vom Licht freigesetztes Elektron in die Mitte des Reaktionszentrums springt. Doch genau diesen Gefallen macht das Elektron den Forschern nicht, die den Prozeß nachbilden wollen. Es gelingt noch immer nicht, die Natur zu kopieren.

Der Irrtum besteht vermutlich darin, daß das Licht gar kein Elektron freisetzt. Das Elektron wird im Reaktionszentrum überhaupt erst hergestellt. Über die Antennen wird ein Neutrinowirbel eingefangen, der zunächst den ganzen Raum einnimmt, um anschließend zu einem Elektron zu kontrahieren, das als Folge automatisch im Reaktionszentrum zentriert ist.

Bei dem Vorgang der Materialisation entsteht gleichzeitig die erforderliche Prozessenergie. Die Reaktionsgleichung muß schließlich auch energetisch aufgehen, denn die Pflanzen werden dabei weder heiß noch kalt (Tafel 14.9).

Da z.B. beim Pilzwachstum kurioserweise eine vergleichbare Lichtreaktion auch im Dunkeln beobachtet werden kann[<ii>], könnte man geneigt sein, den Einfluß von Licht auf die Photosynthese prinzipiell in Frage zu stellen. Ein solcher scheint aber trotzdem vorhanden zu sein, schließlich reagiert eine Pflanze auf die Lichteinstrahlung und verändert ihr Absorptionsspektrum über ihre Farbe. Nur ist es sicher ein anderer Einfluß und nicht der, den man den grünen Pflanzen heute beimißt!

Es wäre schon wichtig, die Funktionsweise endlich zu verstehen. Mit der Photosynthese, der urtümlichsten Form einer Materie- und Energieproduktion sind es nun mal die Pflanzen und der gängigen Vorstellung folgend besonders die Algen, die Leben auf diesem Planeten überhaupt erst ermöglicht haben.

<i>: Lüttge,U. u.a.: Botanik, VCH, Weinheim (1994) ISBN 3-527-30031-7, S. 136
<ii>: Lüttge,U. u.a.: Botanik, VCH, Weinheim (1994) ISBN 3-527-30031-7, S. 126

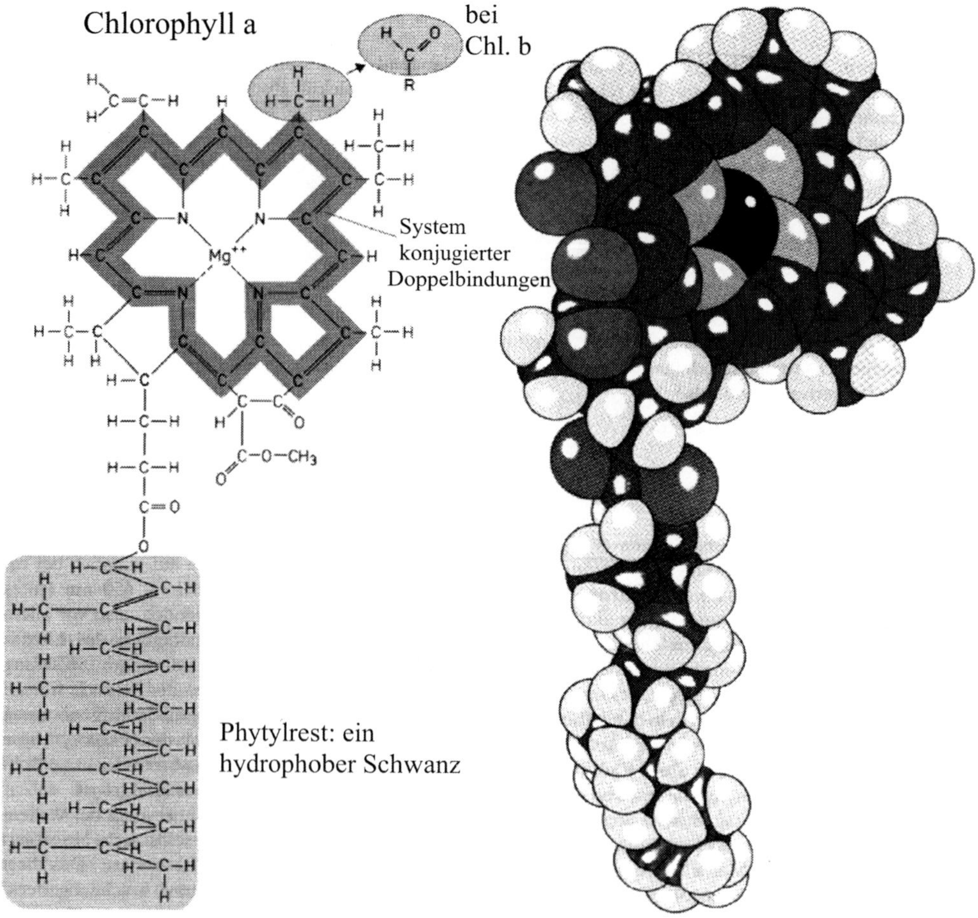

Tafel 14.10: Strukturformel und räumliches Modell des Photosynthesepigments Chlorophyll<i>

<i>: Lüttge,U. u.a.: Botanik, VCH, Weinheim (1994) ISBN 3-527-30031-7, S. 118

14.10 Wie die Natur materialisiert

Die Struktur der Empfangsantenne gewährt uns einen tieferen Einblick in die Art und Weise, wie bei der Photosynthese freie Energie angezapft wird. Bei den Frequenz bestimmenden Abmessungen der Photosynthesepigmente, wie die Antennen genannt werden, muß bis auf den molekularen Aufbau heruntergegangen werden. Tafel 14.10 zeigt die Strukturformel und daneben noch das räumliche Modell des Pigments Chlorophyll<i>.

Zwei Punkte deuten auf die Funktion zur freien Energiewandlung hin. Zum einen befindet sich im Zentrum des Moleküls ein zweifach positiv ionisiertes Mg-Atom, umgeben von vier Stickstoff-Atomen und einem aus 20 Atomen bestehenden Kohlenstoffring, von dem eine Polarisierung des ganzen Moleküls ausgeht. Diese ist zudem schwingend, da in Abhängigkeit von der Temperatur die Elektronenwolke der Hüllelektronen, die das Molekül zusammenhalten, Wirbelschwingungen vollführen. Damit ist Chlorophyll in der Lage, mit schwingenden Neutrinos in Resonanz zu gehen.
Eine Rolle als Folge der Polarisation spielt die entstehende unipolare Feldanordnung und der Resonanzeffekt der molekularen Eigenschwingung. Eine weitere Rolle scheint zudem die räumliche Struktur zu spielen.

Das aus einem Lehrbuch entnommene<i> und in Tafel 14.10 abgebildete Modell der „Empfangsantenne" Chlorophyll besteht aus einem Stiel und einem schneckenförmig gewundenen Kopf, der Ähnlichkeiten aufweist mit einem Lituus oder Krummstab, den etruskische und römische Auguren zur Landvermessung in die Hand genommen haben, einem Vorläufer des Bischofsstabes (s. Tafel 16.10).
Der wiederum hat die Form einer Teslaspule, und die vermag, wie bereits hergeleitet, den eingefangenen Neutrinos Rotationsenergie zu entziehen (Kap. 9.8). Dabei werden freie Elektronen materialisiert, und die starten dann den Prozeß der Photosynthese. Eine Erklärung zur Funktionsweise der Antennenpigmente wird hier zum ersten Mal greifbar.
Im Übrigen haben auch die Mitochondrien, die in jeder Zelle die Energiezentrale bilden, ebenfalls die Form einer Teslaspule. Wer den Energiehaushalt einer Zelle oder die Photosynthese verstehen will, sollte sich zuerst mit der Teslaspule beschäftigen (Kap. 9.8).

Die offene Frage, wie mit einer Teslaspule Landvermessung möglich sein soll, müssen wir zunächst noch zurückstellen, denn in diesem Kapitel geht es um den Weg zur freien Energie und die Chance, von der Natur zu lernen. Anschauungsbeispiele sind einerseits der Fusionskern im Innern der Erde und andererseits die Humusschicht auf der Erdoberfläche, die mit Hilfe der Photosynthese im Laufe der Zeit materialisiert worden ist.

Das Ziel erscheint erstrebenswert. Haben wir erst gelernt, genau wie die Natur Energie herzustellen, so werden wir weiter versuchen, Materie gezielt zu produzieren, womit uralte Alchemistenträume in Erfüllung gehen könnten. Wir bräuchten nicht mehr in irgendwelchen Bergwerken zu kratzen und zu suchen. Wir würden die Produkte ohne Abfälle naturgemäß und umweltgerecht direkt in der endgültigen Form materialisieren. Ich gebe zu, daß es gegenwärtig noch ziemlich futuristisch klingt.

Mit einem weiteren Beispiel, dem Blitz und speziell dem Kugelblitz, soll die Sammlung zur Nutzung der freien Energie in der Natur abgeschlossen werden.

<i>: U. Lüttge, M. Kluge, G. Bauer: Botanik, 2. Aufl.- Weinheim, VCH (1994) ISBN 3-527-30031-7, S. 118

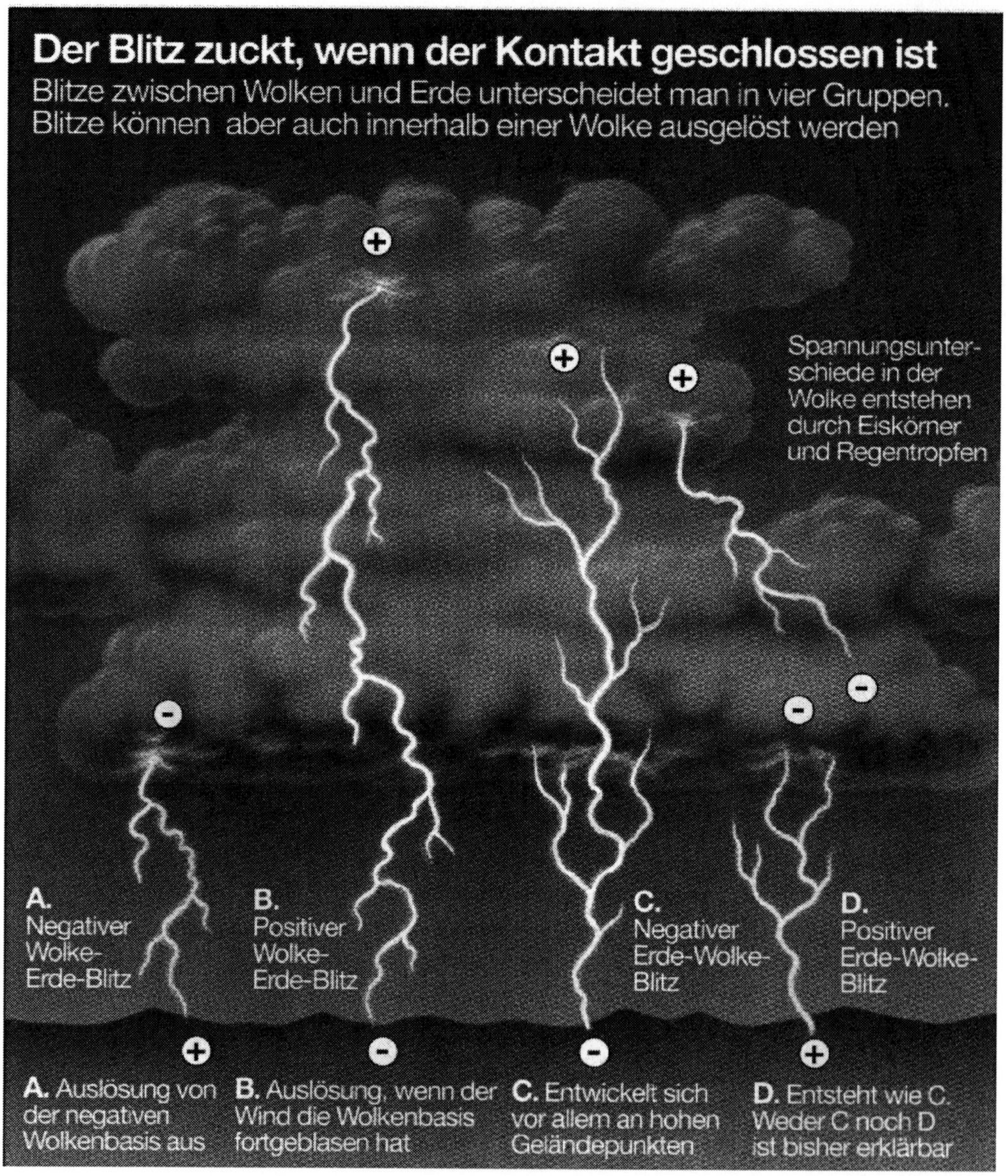

Tafel 14.11: Zum Blitz<i>

<i>: entnommen: Illustrierte Wissenschaft Nr. 8, August 1995, Das unverstandene Phänomen der Blitze, S. 13

14.11 Der Blitz

Der Blitz ist ein ebenso imposantes wie ungeklärtes Naturschauspiel. Es handelt sich um einen elektrischen Entladungsvorgang, bei dem zum Erstaunen aller Fachleute um mehrere Zehnerpotenzen mehr Ladungsträger auf der Erdoberfläche ankommen, als zuvor in der Wolke enthalten waren! Weiterhin ist ungeklärt, warum der Blitz leuchtet. Beginnen wir mit der offenen Frage nach der notwendigen Potentialdifferenz, damit die Luft ionisiert und ein Blitzkanal gebildet wird.

Zur Verfügung steht zunächst die elektrische Spannung von 200.000 Volt zwischen der Erdoberfläche und einer Höhe von 10 Kilometer, die unseren Berechnungen zufolge aus der Erddrehung und dem Erdmagnetismus resultiert (Tafel 11.8). Eine andere Spannungsquelle ist nicht bekannt. Durch Luftbewegung und vermutete Vorgänge innerhalb einer Wolke mag es lokal zu einer zusätzlichen Kumulation von Ladungsträgern kommen, so daß im Falle eines Gewitters der von Tesla angenommene, doppelt so große Wert nicht unrealistisch erscheint<i>.
Auf der anderen Seite ist für eine Luftstrecke von einem Zentimeter in Abhängigkeit von der Luftfeuchtigkeit eine Spannung zwischen 4.000 und 10.000 Volt erforderlich, damit es zu einem Überschlag kommen kann<ii>. Die Gewitterwolke sollte linear hochgerechnet theoretisch gerade mal einen Meter über dem Erdboden schweben, wenn es blitzt.
Irgendwie klafft hier doch eine gewaltige Lücke zwischen Theorie und Praxis!

Spätestens bei den Spikes, den rätselhaften Blitzen, die aus einer Gewitterwolke nach oben in Richtung Ionosphäre schlagen, und den noch rätselhafteren Kugelblitzen muß klar werden, daß die eigentliche Spannungsquelle eines Blitzes noch gar nicht bekannt ist. Ohne Wissen über die Ursache werden wir den Blitz niemals verstehen.

Einen brauchbaren Ansatz bietet die Potentialwirbeltheorie, nach der die notwendige Potentialdifferenz aus einer Wirbelbildung entsteht<iii>. Der Wirbel wiederum, als Dämpfungsterm in der Wellengleichung, tritt in der Folge intensiver Sonneneinstrahlung auf. Das erklärt, warum Blitze immer aus dem Teil einer Wolke schlagen, der am dunkelsten ist, wo das meiste Sonnenlicht absorbiert wird und die Dämpfung am größten ist.

Die mögliche Eisbildung in einem Blitzkanal ist eine weitere Bestätigung für die Richtigkeit der Wirbelerklärung. Schließlich ist hergeleitet worden, daß kontrahierende Potentialwirbel prinzipiell Wärme entziehen (Tafel 12.8).

Jetzt wollen wir von dieser leistungsfähigen Theorie aber auch wissen, warum Photonen und Elektronen während des Blitzes gebildet werden und wo sie herkommen. Hier entsteht offensichtlich über das Materialisieren von Wirbelteilchen Energie.

<i>: R. L. Clark: Tesla Scalar Wave Systems, The Earth as a Capacitor, The Fantastic Inventions of Nikola Tesla, ISBN 0-932813-19-4, S. 265

<ii>: Karl Küpfmüller: Einführung in die theoretische Elektrotechnik, Springer-Verlag Berlin, 12. Auflage 1988, ISBN 3-540-18403-1, S. 221

<iii>: K. Meyl: Potentialwirbel, Band 1: Diskussionsbeiträge zur naturwissenschaftlichen Deutung und zur physikalisch-technischen Nutzung, basierend auf einer mathematischen Berechnung neu entdeckter hydrotischer Wirbel, INDEL GmbH, Verlagsabteilung, Villingen-Schwenningen 1990.

Tafel 14.12: Zeitgenössische Darstellung, wie der Blitzforscher Prof. Richmann 1753 in seinem Labor vom Kugelblitz tödlich getroffen wird<i>

<i>: Illustrierte Wissenschaft Nr. 8, August 1995: Das unverstandene Phänomen der Blitze, S. 13

Ich gehe davon aus, daß der Blitz Neutrinos einsammelt und wandelt. Der Vorgang entspricht dem auf der Sonne, allerdings in kleinerem Maßstab und nur für sehr kurze Zeit. Der Blitzkanal wird von den Ladungsträgern polarisiert. Temperatur- und Feldänderung führen zu einer räumlichen Schwingung, die nebenbei auch als Schallquelle fungiert, wie jeder hören kann. Beides zusammengenommen wird der Blitz von außen gesehen zu einem unipolaren Resonator, der in der Lage ist, Neutrinos anzuziehen und mit ihnen in Resonanz zu gehen. Jetzt wird der überwiegende Teil in Elektronen gewandelt, da auch die Luftmoleküle und -ionen im Blitzkanal der Materiewelt angehören. Es läßt sich aber nicht vermeiden, daß ein geringer Teil Antiteilchen entsteht, der dann mit Materieteilchen zerstrahlt. Dabei werden Photonen emittiert, und der Blitz leuchtet, wie jeder sehen kann!

14.12 Der Kugelblitz

Existieren beim Blitz noch Ausreden, wird die Potentialdifferenz mit Vorliebe auf weder nachvollziehbare noch meßbare Vorgänge innerhalb einer Wolke zurückgeführt, so sind die meisten Experten spätestens beim Kugelblitz mit ihrem Latein am Ende. Nur für sehr simple Gemüter kursieren Erklärungen in der Richtung, daß hier beispielsweise die organischen Reste eines vom Blitz getroffenen Vogels abgefackelt werden.
Tatsächlich wird der Kugelblitz sehr selten beobachtet. Es ist eine mit rötlicher bis blauweißer Farbe vor sich hin blitzende Kugel. Ihr Durchmesser liegt zwischen 10 und 50 Zentimetern. Die Leuchterscheinung kann mehrere Sekunden bis Minuten andauern. Dabei rollt der Kugelblitz über eine Straße, schwebt zeitweilig in der Luft, geht scheinbar ungehindert durch jede Mauer hindurch und verschwindet mitunter spurlos oder entlädt sich mit starkem Krach und Funkenbildung. Manche stinken nach giftigen Gasen und manche verursachen auch Geräusche.
Berühmt geworden ist der Kugelblitz, der 1753 ausgerechnet den Blitzforscher Professor Georg Wilhelm Richmann in St. Petersburg erschlagen haben soll. In seinem Labor soll während eines Gewitters eine faustgroße Feuerkugel aus einem Eisenrohr auf seinen Kopf übergesprungen sein und ihn zur Strecke gebracht haben, so haben Augenzeugen berichtet (Tafel 14.12).

Da der Kugelblitz eine abgeschlossene Struktur hat, muß er seine Energiequelle mit sich herumschleppen. Besteht diese aber aus organischer oder sonstiger Materie, könnte die Kugel nicht schweben, schließlich ist die Leuchtkraft eines Kugelwirbels und damit der Energiebedarf enorm! Wir müssen davon ausgehen, daß gerade der Kugelblitz seinen Energiebedarf aus freier Energie deckt und sich am Neutrinofeld bedient.
Die Kugelform ist eine Konsequenz der strukturbildenden Eigenschaft des Potentialwirbels[<ii>]. Für dieses unverstandene Phänomen interessieren sich zunehmend Wissenschaftler. In ihren Experimenten versuchen sie, künstliche Kugelblitze mit mehr oder weniger großem Erfolg im Labor zu erzeugen. Über das Experiment wollen sie dann verstehen lernen, was die Lehrbücher nicht hergeben[<iii>].

Wenn wir von der Natur etwas über freie Energie lernen wollen, bietet uns der Blitz im Labor in Form eines Überschlages oder einer Funkenstrecke relative gute Möglichkeiten. Es ist sicher kein Zufall, daß der Vater der freien Energie, Nikola Tesla, bei seinen Experimenten fast immer mit Funkenstrecken gearbeitet hat!

<ii>: siehe dazu im 1. Teil die Kapitel 4.8 bis 4.10
<iii>: Geheimnis der Kugelblitze gelüftet, Bild der Wissenschaft 1/1999

Tafel 14.13: In „reiner Handarbeit“ verbogene Gabel<i>

<i>: Wer im Hotel Adler in Waldkatzenbach (Odenwald) mit verbogenem Besteck essen muß, darf nicht glauben, daß hier irgendeinem rauhen Gesellen das Essen nicht geschmeckt hat. Es ist der Wirt selber, der in geselliger Runde von Zeit zu Zeit seinen Gästen zeigt, daß er nicht nur gut kochen kann. Ich konnte mich persönlich davon überzeugen, daß Herr Robert Hartmann keinerlei Hilfsmittel benutzt.
Das Bild zeigt das Titelblatt der Zeitschrift „Wetter Boden Mensch“ 4/97. Kommentar dazu auf Seite 3: Roberts 50. Geburtstag.

14.13 Diskussion zur Neutrinowandlung

In der Natur lassen sich zwei unterschiedliche Prinzipien zur Nutzung der Neutrinostrahlung beobachten. Bei der einen Nutzung kommt es zu einer Leuchterscheinung, bei der anderen nicht.

Dem ersteren Fall ist der leuchtende Blitz zuzuordnen. Hier werden nicht nur den Blitzkanal kreuzende Neutrinos genutzt, sondern auch resonant schwingende aus der Umgebung mit eingefangen. Es bildet sich um den Blitzkanal herum eine Art Reaktionsradius aus, innerhalb dessen alle synchron schwingenden Neutrinos unter der resonanten Wechselwirkung angezogen werden. Der Radius kann während des Entladevorgangs lawinenartig ansteigen, um mit dem Übergang in den stationären Entladestrom wieder in sich zusammenzubrechen. Ein entsprechendes technisches Konzept, das im nächsten Kapitel (15.5) besprochen wird, ist sehr effizient, aber nahezu unkontrollierbar. Ein Charakteristikum ist das Entstehen von Antiteilchen, von Positronen im Zuge der Materialisation, die dann zerstrahlen und ein Leuchten bewirken. Auch Funkenstrecken und Leuchtstofflampen bedienen sich möglicherweise an dem Neutrinofeld, wie noch zu erarbeiten wäre.

Beim zweiten Fall arbeitet die Natur ohne jeden Lawineneffekt und ohne jede Leuchterscheinung. Hierzu zählt beispielsweise die Photosynthese oder die Arbeitsweise der Mitochondrien, der Energiezentralen einer Zelle. Alle Zellen, ob pflanzlich, tierisch oder menschlich, nutzen nur die Neutrinos, die gerade bei ihnen vorbeikommen und auch nur in den Mengen, wie sie gerade benötigt werden. Sie gehen also sehr schonend mit ihrer Energie um. Es werden ausnahmslos Elektronen materialisiert und keine Positronen.

Kommt es dennoch ungewollt zu einem Lawineneffekt, was glücklicherweise nur sehr selten passiert, dann kommt es zu einer Selbstentzündung und Selbstverbrennung. dann soll es schon vorgekommen sein, dass ein Mensch von innen heraus abfackelt[<ii>]. Auch von Heu ist uns diese Gefahr bekannt.

Es gibt auch seltene Begabungen, die können den Materialisationsvorgang durch Konzentration unter Kontrolle halten und steuern. Diese Leute können Löffel oder andere Gegenstände aus Metall verbiegen[<i>]. Sie konzentrieren sich dazu einige Zeit und schicken die materialisierten Ladungsträger in den Gegenstand, den sie in der Hand halten. Da das Metallgitter allein durch die Hüllelektronen der einzelnen Atome zusammengehalten wird, weichen die zusätzlichen Elektronen das Metallgefüge auf. Jetzt läßt sich für einen kurzen Augenblick das Metall nach Belieben verbiegen und verformen. Es entsteht dabei weder Wärme noch ändert sich die Farbe. Das Bearbeitungsergebnis ist weder durch Kaltverformung mit roher Kraft noch unter einer Esse möglich. Auch hier zeigt uns die Natur eine Technologie zu einer umweltverträglichen Metallbearbeitung (Tafel 14.13).

Der Weg von der konventionellen über die regenerative zur freien Energie ist vorgezeichnet. Er muß nur noch gegangen werden! Nachdem die Existenz der Neutrinostrahlung als bewiesen gilt, 1998 erstmals von einem internationalen Forscherteam konkrete Mengen gemessen und die Arbeiten 2002 mit dem Physik-Nobelpreis geehrt worden sind, ist damit auch die Frage nach einer energietechnischen Nutzbarkeit der Teilchenstrahlung klar beantwortet. Offen ist jetzt nur noch die Frage nach der Technologie. Im Übrigen haben die Forscher herausgefunden, dass von den solaren Neutrinos nachts nur halb so viele nachweisbar sind, wie am Tage. Die andere Hälfte wird demnach im Innern der Erde absorbiert. Dieses mittlerweile veröffentlichte Messergebnis bestätigt in glänzender Weise die Arbeitshypothese von einem wachsenden Erdball (Kapitel 11).

<ii>: Zu Asche pulverisiert, Illustrierte Wissenschaft 6/1997, S. 61

Ursache/ Feldlinien	Wechsel- wirkung	F = Kraftwirkung *Vermittlung:*	**siehe Kapitel:** Auswirkung/ *Anwendung*
1. offene **H**-Feldlinien	magnetisch (statisch)	F_{M0} = Magnetkraft (Dauermagnet)	**Kap. 15.4** *E.-Motor, Hubmagnet*
2. offene **H**-Feldlinien	resonant (schwingend)	F_{MS} = Magnetkraft (Wechselmagnet)	**15.4 + 15.5 - 15.7** Blitz, *Railgun*
3. offene **E**-Feldlinien	elektrisch (statisch)	F_{E0} = Coulombkraft *durch Ladungsträger*	**Kap. 15.9 + 15.10** Atombindung, *Testatika*
4. offene **E**-Feldlinien	resonant (schwingend)	F_{ES} = Coulombkraft *durch Neutrinos*	**Kap. 16 + Kap. 17** schwache WW Galaxiebindg. *Teslakonverter*
5. geschlossene **H**-Feldlinien	Gravitation (statisch)	F_{MG} = Schwerkraft *durch Masseteilchen*	**Kap. 6.9 + Kap. 7** Elementar- teilchenmasse
6. geschlossene **H**-Feldlinien	Levitation (dynamisch)	F_{ML} = verminderte Schwerkraft	**Kap. 18.3** Gravit.wellen *Casimireffekt*
7. geschlossene **E**-Feldlinien	Gravitation (statisch)	F_{EG} (Kraft kaum nachweisbar)	**Kap. 18.7** *supraleiten- der Ring*
8. geschlossene **E**-Feldlinien	Levitation (dynamisch)	F_{EL} (nicht mehr nachweisbar)	**Kap. 18.5 + 18.6** *Keely-/ Searl- Fluggeräte*

elektromagnetische und resonante Wechselwirkung		Gravitation und Levitation
$F_{M0} = 1{,}4 \cdot F_{MS} > F_{E0} = 1{,}4 \cdot F_{ES}$	»	$F_{MG} = 1{,}4 \cdot F_{ML} > F_{EG} = 1{,}4 \cdot F_{EL}$
auf Grund offener Feldlinien		bzw. geschlossener Feldlinien

Tafel 15.1: Die Kraftwirkung von Wechselwirkungen, der Größe nach geordnet, mit Beispielen

15. Funktionsprinzip der Raum-Energie

In diesem Kapitel wollen wir uns den technischen Konzepten und Verfahren zur „Raum-Energie“ zuwenden, die vereinzelt da und dort schon existieren sollen oder mit recht unterschiedlichem Erfolg betrieben worden sind. Nachdem Nikola Tesla vor über 100 Jahren die Richtung gewiesen hatte, scheint der Weg zur freien Energie vorgezeichnet.
Noch nie war das öffentliche Interesse an der Raumenergiethematik so groß wie heute. Leider betrifft dies mehr das Zusammentragen und Sammeln von Gerüchten und Spekulationen. Wie in jedem Wissenschaftszweig finden sich auch hier **Jäger und Sammler**. Nur haben die Jäger, die Erfinder und Theoretiker, offenbar die größeren Probleme, etwas Brauchbares auf den Tisch zu stellen. Sie haben mit eigenem Unwissen, mit unbrauchbaren Lehrbüchern, mit allgemeiner Ignoranz, Intoleranz und einer übermächtigen Energielobby zu kämpfen. Was die Sammler dagegen auftischen, macht Appetit, aber nicht satt.

Eine brauchbare und leistungsfähige Theorie dürfte die wichtigste Voraussetzung sein gerade im Hinblick auf die Reproduzierbarkeit eines Effekts und die Produkthaftung eines RET-Geräts. Es darf daher in diesem Kapitel keine vollständige Auflistung derartiger Geräte erwartet werden, denn im Vordergrund stehen die physikalischen und technischen Erklärungen zur Funktionsweise, das Verständnis für konstruktive und richtungsweisende Details und das Lernen aus den Irrwegen und Fehlern der Erfinder.
Zur besseren Übersicht werden die nach der Objektivitätstheorie im einzelnen möglichen Feldlinienverläufe aufgelistet (Tafel 15.1) und von oben der Reihe nach, beginnend mit der stärksten bekannten Wechselwirkung, besprochen. Ergänzend werden Beispiele und Konzepte vorgestellt.

Es gibt bekanntlich elektrische (**E**-) und magnetische (**H**-) Feldlinien. Weiter existieren offene und geschlossene Feldlinien und schließlich wird noch zwischen dem schwingenden und dem statischen Fall unterschieden. Das Ergebnis sind zwei hoch drei, also insgesamt acht Kombinationsmöglichkeiten. In Tafel 15.1 sind alle acht Versionen angegeben, auch wenn der ein oder andere Fall mehr theoretischen Charakter hat. Für das Ziel einer Systematisierung verschiedener Konzepte zur Raum-Energie-Technologie ist die Zerlegung jedenfalls hilfreich. Die nebenstehende Tafel ist für die folgenden Kapitel Übersicht und Gliederung zugleich.

15.1 Der Feldlinienverlauf

Im 6. Kapitel ist ein Zusammenhang zwischen dem Feldlinienverlauf eines Körpers und seiner beobachtbaren Wechselwirkung hergestellt worden (Teil 1, Kap. 6.7 bis 6.9). Hier bietet sich ein Ansatzpunkt.
Um beispielsweise die Kraftwirkung eines Magneten zu maximieren oder einen Elektromotor zu optimieren, bedienen sich die Konstrukteure heutzutage aufwendiger Programme nach der Methode finiter Elemente. Auf diesem Weg erhalten sie ein Bild der Feldlinien, aus deren Verlauf Rückschlüsse auf die Kraft- oder Drehmomenterzeugung möglich sind. Der Zusammenhang ist zweifellos gegeben, fraglich ist nur in welcher Größenordnung.

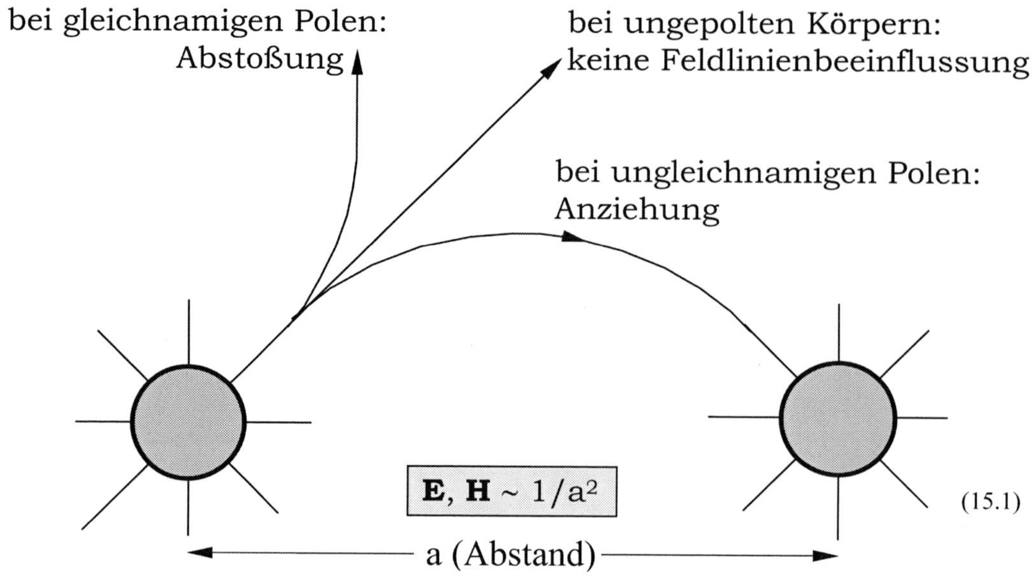

Tafel 15.2 A: Der Feldlinienverlauf führt zu einer Kraftwirkung (Abstoßung oder Anziehung)

Abstoßung gleichnamiger Pole | Anziehung ungleichnamiger Pole

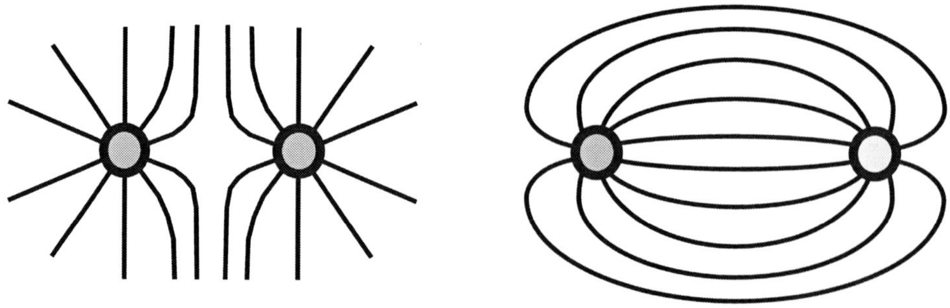

Tafel 15.2 B: Der Verlauf offener Feldlinien

$$\frac{F_{Coulombkraft}}{F_{Magnetkraft}} = \frac{Q \cdot E}{\phi \cdot H} = \frac{\mu \cdot Q^2}{\varepsilon \cdot \phi^2} \quad \text{mit} \quad E = Q/\varepsilon \cdot A \quad \text{und} \quad H = \phi/\mu \cdot A \qquad (15.2)$$

z.B. e^-: wobei $\phi^2 = m^2 \cdot G \cdot 4\pi \cdot \mu$ (Gl.13.20)

$$\frac{F_{el}}{F_{magn}} = \frac{e^2}{\varepsilon \cdot m_e^2 \cdot G \cdot 4 \cdot \pi} = 4{,}2 \cdot 10^{42} \qquad (15.3)$$

Tafel 15.2 C: Das Kräfteverhältnis am Beispiel des Elektrons

Die Objektivitätstheorie beantwortet die Frage aus den Transformationsgleichungen heraus mit der Proportionalität 13.23 (Tafel 13.4). Danach steht die elektrische oder die magnetische Feldstärke in umgekehrter Proportionalität zum Quadrat einer Länge oder eines Abstandes:

$$\mathbf{E}, \mathbf{H} \sim 1/a^2 \qquad (13.23) \text{ bzw. } (15.1)$$

Weniger mathematisch ausgedrückt heißt das für zwei Körper im Abstand a, wobei ein Körper sich im Feld des anderen befindet, nichts anderes, als dass sich der Abstand reduziert. In größerer Nähe zum Körper nimmt wiederum die Feldliniendichte zu, wodurch der Abstand weiter abnimmt und wir eine Annäherung beobachten.
Als Beschreibungsgröße ist es üblich, den Kraftbegriff einzuführen und von einer Anziehungskraft zu sprechen. Das ist aber nicht notwendigerweise erforderlich, da die Kraft nur eine Hilfsbeschreibung darstellt. Ursächlich für die beobachtete Anziehung ist vielmehr die Feldstärke in ihrer örtlichen Verteilung.
In diesem Fall kommen sich die beiden Körper näher und werden die gegenseitig wirksamen Felder immer größer, bis die Teile schließlich aufeinander treffen (Tafel 6.7 A). Da kommt doch der Gedanke auf, die Anziehungskraft durch eine künstliche Verdichtung der Feldlinien zu steigern. Im Falle der elektromagnetischen Wechselwirkung findet eine solche Verdichtung tatsächlich statt, da die Feldlinien von einem Pol ausgehen und bei einem ungleichnamig geladenen Pol enden, der die Feldlinien sozusagen einsammelt und bündelt (Tafel 6.8 A).
Endlich erfahren wir den Grund, warum elektromagnetische Anziehungskräfte um viele Zehnerpotenzen größer sind als Gravitationskräfte (zwischen 10^{30} und $4{,}2 \cdot 10^{42}$ beim Elektron, Herleitung s. Tafel 15.2 C)! Für Tafel 15.1 heißt das, oben müssen die offenen Feldlinien stehen, die sich an den Polen bündeln. Dann kommt sehr lange nichts, und danach finden sich die Wirkungen geschlossener Feldlinien.

Bei ***offenen Feldlinien*** ist aber auch das Gegenteil einer Bündelung möglich. Im Falle gleichnamiger Pole laufen die Felder vom anderen Pol weg (Tafel 6.8 B). Zwischen beiden bildet sich ein Raum aus, der frei von Feldlinien ist, wo also das Feld gegen null tendiert, während der Abstand zwischen den Polen nach der Proportionalität 15.1 gegen unendlich wächst. In diesem Fall beobachten wir, wie sich die Körper voneinander entfernen. Wir sprechen von einer Abstoßungskraft, die tatsächlich bis ins Unendliche reicht. Dies begründet, warum bei der elektromagnetischen Wechselwirkung sowohl Anziehungs- als auch Abstoßungskräfte auftreten.

15.2 Die Gravitation

Bei ***geschlossenen Feldlinien*** kann es prinzipiell zu keiner Abstoßung kommen, da kein Pol, weder Nord- noch Südpol, weder Plus- noch Minuspol die Lage einer solchen Feldlinie zu beeinflussen vermag. Dieser Umstand sowie die Größenordnung einer möglichen Anziehungskraft legen nahe, hier die Gravitation anzusiedeln.

Es wird gerne vergessen, dass die Feldzeiger von E- und H-Feld normalerweise gemeinsam auftreten und wie bei der elektromagnetischen Welle senkrecht aufeinander stehen. Es ist üblich, bei einem Ladungsträger nur die elektrischen Feldzeiger zu berechnen, ohne darauf zu achten, dass das H-Feld ebenfalls zugegen ist. Die Lehrbücher schweigen in der Regel zu diesem dunklen Kapitel oder sie bemerken lapidar, die dualen Feldlinien seien in sich geschlossen und daher sowieso unwirksam, was aber unzutreffend ist.

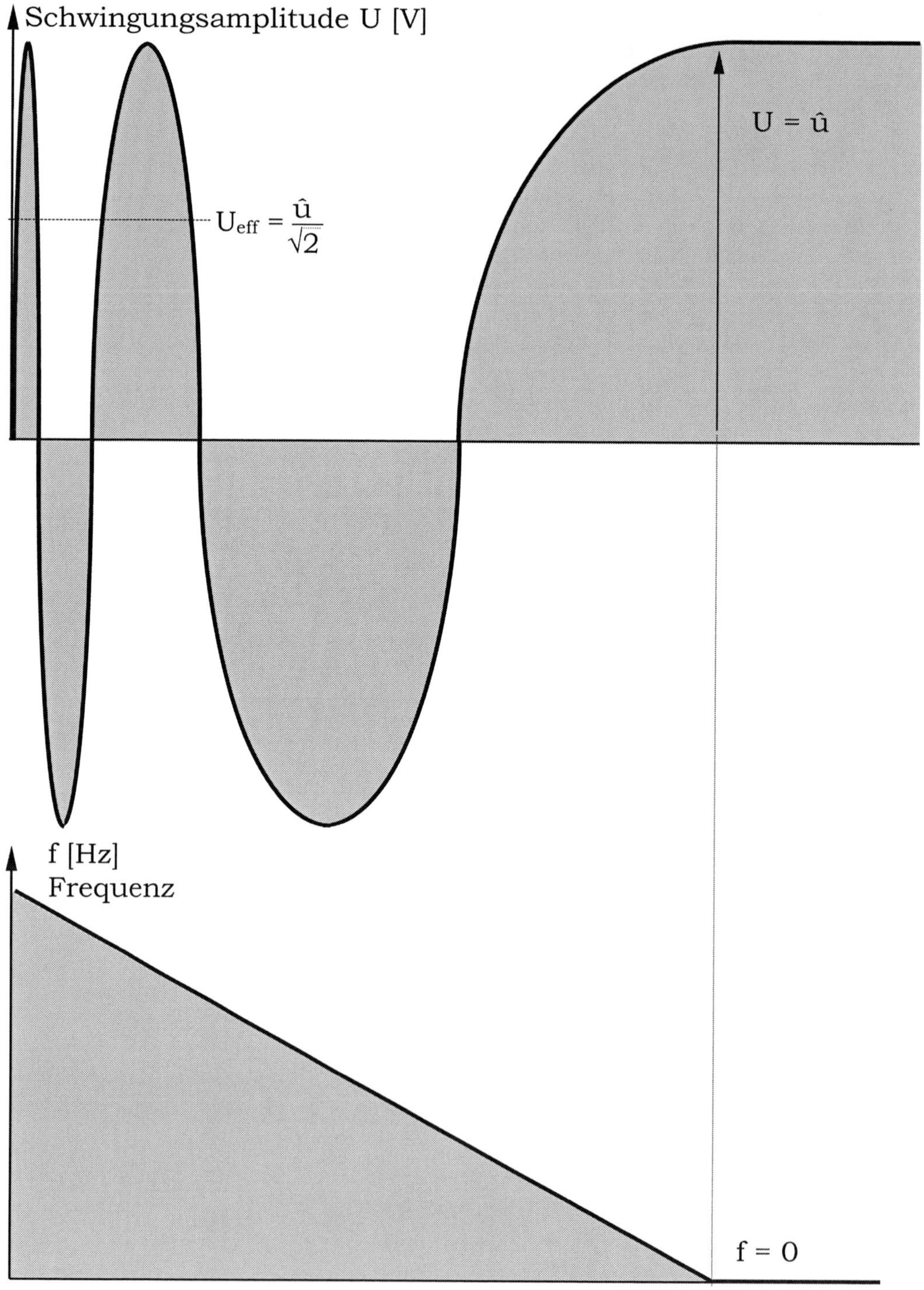

Tafel 15.3: Der Übergang von einer schwingenden in eine statische Wechselwirkung

Tatsächlich entwickeln sie aber nach der Proportionalität 15.1 eine Anziehungskraft, auch wenn diese relativ gering ist. Es braucht wirklich niemanden zu wundern, dass die Gravitation bis heute nicht verstanden ist, wenn eine ganze Gruppe von Feldern von der Wissenschaft einfach übersehen wird!

Wir können uns jetzt auch erklären, warum es keine masselosen Ladungsträger gibt. Es kann nämlich nur das E-Feld oder das H-Feld offene Feldlinien bilden und niemals beide gleichzeitig. Sonst könnten sie nicht mehr senkrecht zueinander stehen. Das jeweils andere Feld, bei elektrisch geladenen Körpern ist es das H-Feld, wickelt sich dann senkrecht um die E-Feldlinien herum, unabhängig davon, ob es elektrisch zu einer Anziehung oder zu einer Abstoßung kommt und bildet ausnahmslos eine schwache Anziehungskraft aus, die Gravitation.

15.3 Systematisierung der Wechselwirkungen

Als Nächstes sollten wir wissen, von welchem Feld eine größere Kraftwirkung zu erwarten ist: vom E- oder vom H-Feld? Am Beispiel eines elektromechanischen Wandlers ist diese Frage anschaulich zu beantworten.

Die in einem handelsüblichen Elektromotor auftretenden und das Drehmoment bildenden Kräfte werden von Magnetpolen in Ständer und Läufer hervorgerufen, die sich bei gleicher Ladung abstoßen und bei ungleicher Ladung anziehen. Jetzt besteht grundsätzlich die Möglichkeit, einen Motor zu bauen, der anstelle der Magnetkräfte mit Coulombkräften, also mit Plus- und Minuspolen arbeitet. Über solche Konstruktionen existieren zahlreiche Patentschriften, aber keine marktgängige Version.

Der Grund ist ganz einfach der, dass ein Magnetmotor bei gleichem Drehmoment um ein vielfaches kleiner und kostengünstiger ist. Hieraus lässt sich der Schluss ziehen, dass eine Magnetkraft F_M bei gleichem Bauvolumen wesentlich größer ist als eine Coulombkraft F_E, die beispielsweise Atomkern und Atomhülle aneinander bindet.

Also rangieren in Tafel 15.1 die Magnetkräfte vor den Coulombkräften.

Schließlich haben wir noch zwischen dem statischen und dem schwingenden Fall zu unterscheiden, die sich in der Frequenz unterscheiden. In Bild 15.3 ist eine Schwingung gezeigt, die zufällig gerade zum Zeitpunkt des Scheitelwertes in den stationären Zustand übergeht, also die Frequenz Null einnimmt. In diesem Fall unterscheiden sich die Effektivwerte zwischen statischer und mit einer Sinusform schwingender Wechselwirkung um den Faktor $\sqrt{2} = 1{,}4$.

Betreiben wir einen Universalmotor mit Gleichstrom, dann gibt dieser mehr Leistung ab, als bei einer entsprechenden Wechselstromspeisung. Auch eine Hochspannungsleitung, die maximal 511 kV verträgt, wird mit Wechselstrom bis 380 kV, mit Gleichstrom hingegen bis 500 kV betrieben. Folglich stehen in Tafel 15.1 die statischen vor den schwingenden Wechselwirkungen.

Die starke Wechselwirkung findet sich in der Auflistung natürlich nicht, nachdem hergeleitet worden ist, dass sie gar nicht existiert (s. Kap. 7.8), während sich die schwache Wechselwirkung hinter der schwingenden Wechselwirkung verbirgt. Sie rüttelt andere Teilchen solange, bis sie zerfallen (s. Kap. 7.13).

Wir wären jetzt also soweit, die in Tafel 15.1 aufgelisteten 8 Fälle der Reihe nach anhand praktischer Beispiele zu besprechen.

Das Prinzip der Schenkelpolmaschine

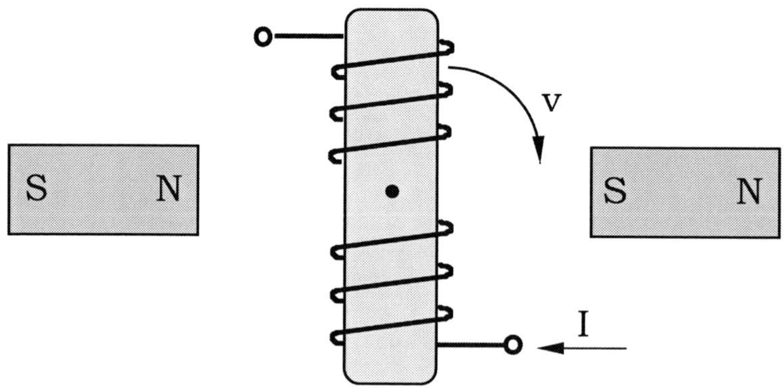

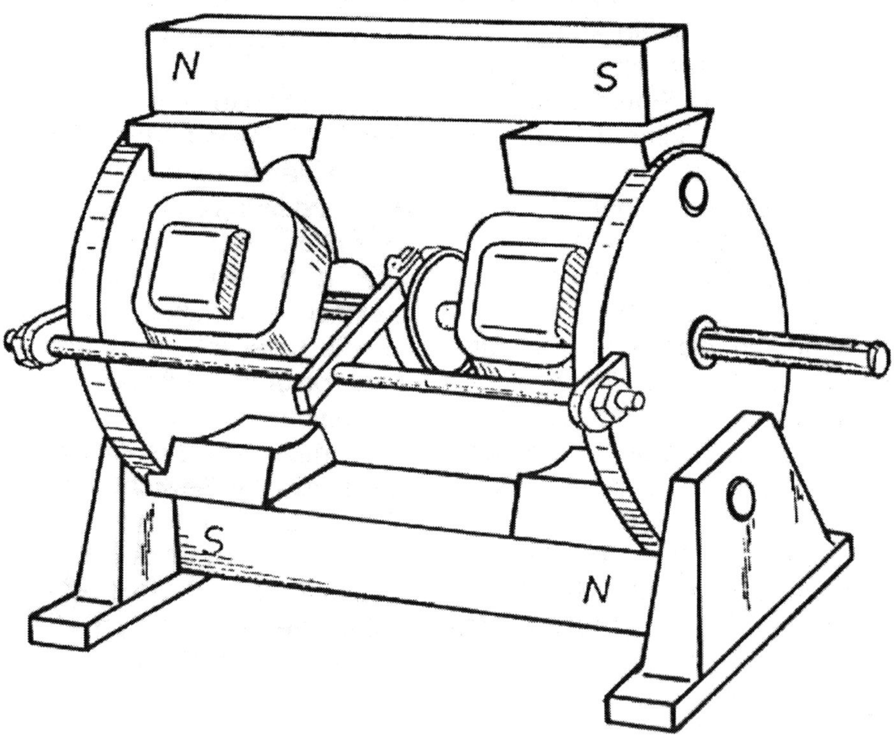

Tafel 15.4: Wechselstromdynamo, nach Aussage des Erfinders (Kromrey) ein Magnet-Konverter für freie Energie mit einem Wirkungsgrad über 100 % <i>

<i>: Raymond Kromreys Molekularstromrichter, NET-Journal 6/98, S. 5

15.4 Magnetkraftkonverter

Als Ergebnis der Systematisierung aller acht möglichen Wechselwirkungen sind die größten Kraftwirkungen als Folge statischer und offener magnetischer Feldlinien zu erwarten.
Es ist schon fraglich, ob diese Aussage generell gilt und überall im Weltraum zutrifft. Sie ist aber zumindest für ein irdisches Labor gültig und nur hier, auf der Erde, wird eine Lösung für das Energieproblem angestrebt. Kein Wunder also, wenn die elektrische Energietechnik sich fast ausnahmslos dieser Kraftwirkungen bedient. Wir finden sie bei einem Hubmagnet, bei einer Relaisspule, bei einem magnetischen Stellzylinder und gleichermaßen zwischen dem Ständer- und dem Läuferfeld eines Elektromotors.

Der Motor nimmt allerdings schon eine Sonderstellung ein, da sein Läufer sich dreht. Dadurch ist ein Umschalten der Wicklung und Kommutieren der Ströme erforderlich oder das Feld der Ständerwicklung wird gedreht, beispielsweise bei einem Drehstrommotor. Dies ist notwendig, damit sich im Luftspalt des Motors die Felder vom Ständer und vom Läufer immer in der Art des Hubmagneten gegenüberstehen und eine Antriebskraft sich ausbilden kann.
Für den Betrieb sind also schwingende Ströme, sogenannte Wechselströme erforderlich, die mit der richtigen Frequenz und Phasenlage in die Wicklung eingespeist werden. Es kann von einem resonanten Betrieb gesprochen werden. Sicher ist es kein Zufall, dass Nikola Tesla, der Begründer der Drehfeldtheorie und Erfinder des Drehstrommotors zugleich auch der Entdecker der Neutrinostrahlung ist!

Der Elektromotor rutscht in Tafel 15.1, wie wir sehen, bereits in die zweite Spalte von oben und ist dem Fall der schwingenden Wechselwirkung offener magnetischer Felder zuzuordnen. Die Frequenz ist bei Motoren gewöhnlich sehr gering.

Aber auch bei hohen Frequenzen ist nicht damit zu rechnen, dass sich irgendwelche freie Energie zeigt oder gar nutzen ließe, wie von den Erfindern zu hören ist, die mit Magneten, meistens mit Permanentmagneten, hantieren (Bild 15.4). Der Grund ist ganz einfach der, dass es keine physikalischen Teilchen gibt, die diese Wechselwirkung vermitteln könnten. Es wären magnetische Monopole nötig, also Nordpol- oder Südpolteilchen, damit es zu einer Wechselwirkung mit den offenen H-Feldlinien kommen kann.
Solche Teilchen könnten als Folge von Strömen und Wirbelströmen entstehen, aber dazu wäre eine gute Leitfähigkeit erforderlich, und die ist im Vakuum nicht vorhanden. Deshalb kann es magnetische Monopole gar nicht geben! Diesen Punkt hatten wir uns bereits erarbeitet (Tafel 4.4, Frage I). Die gleiche Aussage trifft dann auch auf den schwingenden Fall zu.

Sollte sich bei irgendwelchen Magnetfeldkonvertern dennoch so etwas wie freie Energie zeigen, dann treten für den Erfinder unbemerkt noch andere physikalische Effekte hinzu. Anhand von konkreten Konzepten kann dieser Umstand studiert und diskutiert werden.
Die unter dem Namen Railgun bekannt gewordene Schienenkanone ist ein entsprechendes Beispiel, bei dem neben der genutzten Magnetkraft unbeabsichtigt noch ein weiteres Prinzip genutzt wird. Eine nähere Beschäftigung mit diesem Gerät lohnt sich, denn hier werden einige grundlegende Konzepte der Raum-Energie deutlich.

A: Leuchtende Railgun in Aktion<i>

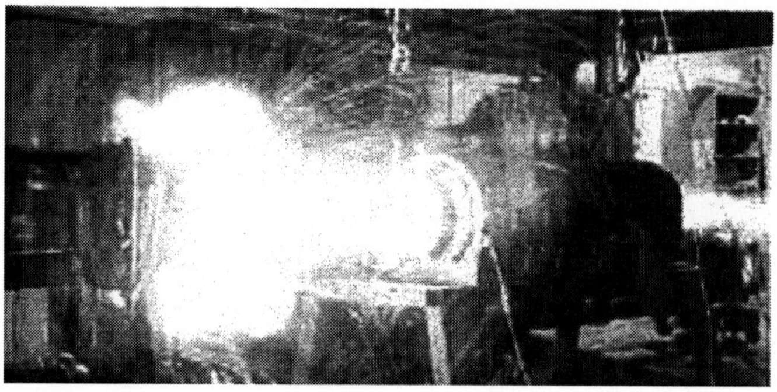

B: Aufbau<i>

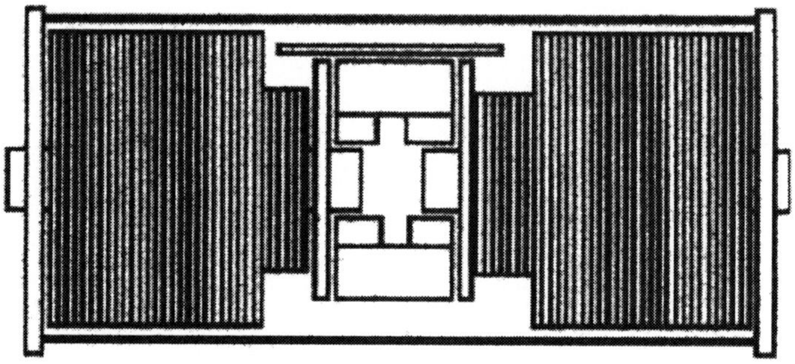

C: Zur Funktionsweise der Railgun

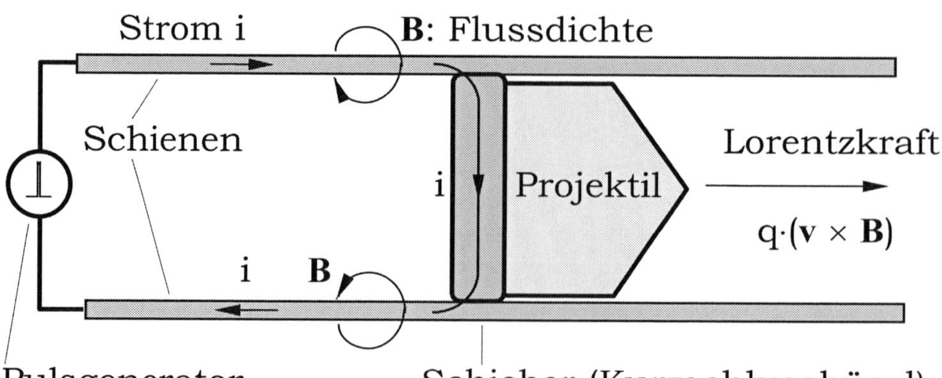

Tafel 15.5: Aufbau und Funktionsweise der Railgun

<i>: im Internet unter: www.glubco.com/weaponry/railgun.htm

15.5 Die Railgun

Die am SDI-Projekt beteiligten Ingenieure und Physiker staunten nicht schlecht, als sie die verbogenen Schienen ihrer Kanone in Augenschein nahmen. Beim Probebetrieb war ihnen die Apparatur förmlich um die Ohren geflogen.
Sie waren sich ganz sicher, aus der Rotation eines Homopolargenerators nur 16,7 MJ an Energie eingespeist zu haben, denn mehr stand für das Experiment gar nicht zu Verfügung. Das auf der Schiene liegende Geschoss der Masse m_o = 0,317 kg hätte dabei auf die Geschwindigkeit von 4200 m/s beschleunigt werden sollen. Stattdessen wirkten hier urgewaltige Kräfte, denen die Konstruktion nichts entgegen zu setzen hatte. Es ist sogar davon die Rede, dass die abgegebene Energie 399 GJ betragen haben soll, was einem Over-Unity-Effekt von 24000 entspricht[<ii>]. Dieser Faktor beschreibt das Verhältnis der abgegebenen zur aufgenommenen Leistung oder Energie.
Sollten diese Angeben zutreffen, wäre dies der leistungsfähigste Konverter für freie Energie, der bisher entwickelt worden ist.

Hinter dem Projektnamen SDI (Strategic Defense Initiative) verbirgt sich der von den Vereinigten Staaten vorbereitete "Krieg der Sterne". Doch wie führt man einen Krieg, den niemand mehr bezahlen kann und keiner will, ganz nach dem Motto: Es ist Krieg und keiner geht hin? Diesen Krieg haben zweifellos die Strategen und Initiatoren selber verloren, die sogar zusehen müssen, wie ihre Weltraumkanone mit Konstruktionszeichnungen und reichhaltigem Bildmaterial im Internet für jedermann abrufbar auftaucht[<i>].
Heute, wo wir von lauter Freunden umzingelt sind, wo in Russland und bei anderen potentiellen Gegenspielern mehr gegen innere Probleme gekämpft wird und man aus Geldmangel das teure Weltraumspielzeug verrotten lässt, ist der Mantel der militärischen Geheimhaltung offensichtlich nicht länger über ein derart brisantes Projekt, wie die Schienenkanone, zu halten.

Dabei sind aufschlussreiche Details an die Öffentlichkeit gelangt. Auf den Bildern ist ein heller Blitz zum Abschusszeitpunkt zu erkennen (Tafel 15.5 A). Hier wird vermutlich materialisiert, wobei der Anteil an Antimaterie mit den Materieteilchen zu Licht zerstrahlt. Es findet also der gleiche Vorgang statt wie beim Blitz oder beim Leuchten der Sonne.
Zudem wird davon berichtet, dass der Umgebung Wärmeenergie entzogen wird, ein Umstand, der für alle funktionierenden Konverter für Raumenergie charakteristisch ist. Wir werden dabei an die mögliche Eisbildung in einem Blitzkanal erinnert.

Wie bei einem Blitz wird auch bei der Railgun mit einer sehr hohen Erregerspannung und mit extremen Änderungsgeschwindigkeiten der Spannung (hohem du/dt) angeregt (Tafel 15.5 C). Vom Aufbau her handelt es sich um eine Ampère'sche Brücke, die den Raketentriebwerken in mancherlei Hinsicht überlegen scheint, nachdem der aufwendige Transport des Treibstoffs in den Weltraum entfällt, da sich die Kondensatorbatterien über Solarstrom nachladen lassen.

<i>: z.B.: www.glubco.com/weaponry/railgun.htm

<ii>: Galeczki, G., P. Marquardt: Requiem für die Relativität, Verlag Haag + Herchen (1997), S. 139

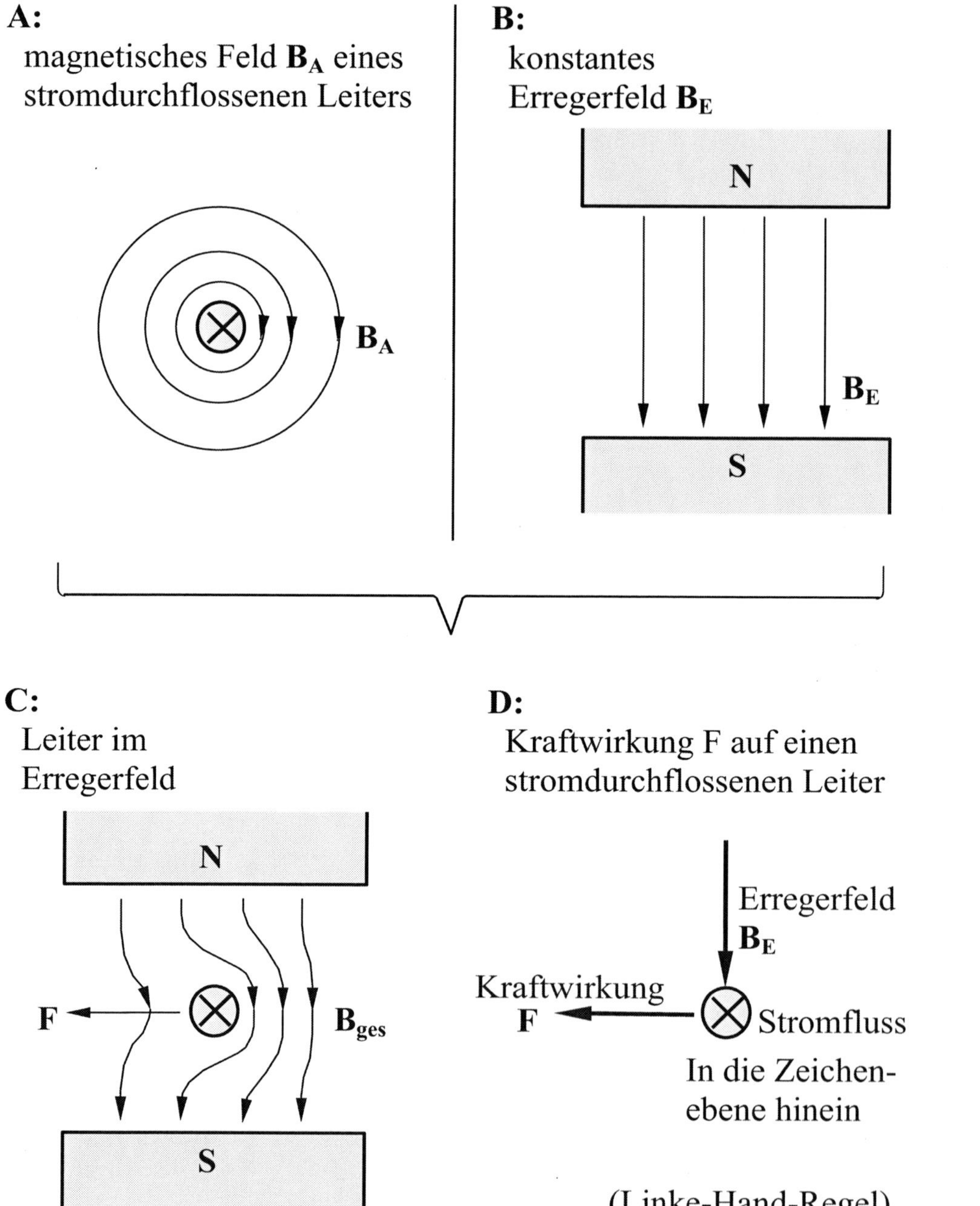

Tafel 15.6: Die Feldlinienverteilung und Kraftwirkung auf den stromdurchflossenen Schieber der Railgun in einem permanentmagnetischen Feld

Das Geschoss hat die Form und die Funktion eines Kurzschlussbügels und ist zwischen beiden Schienen der Railgun verschiebbar geführt. Die Hochspannungskondensatoren werden zum Zeitpunkt des Abschusses auf die beiden Schienen geschaltet, so dass über den Bügel in sehr kurzer Zeit ein extrem hoher Kurzschlussstrom von mehreren tausend Ampère fließt.
Da sich der Bügel zudem in einem statischen Magnetfeld befindet, wirkt auf ihn eine Beschleunigungskraft (Tafel 15.6 D). Es ist die Kraftwirkung eines stromdurchflossenen Leiters in einem magnetischen Feld, wie sie in jedem Elektromotor wirksam ist. Überlagern wir die Felder des Leiters (Tafel 15.6 A) und des Magnetfeldes (15.6 B), dann beobachten wir ein Verbiegen und Verlängern der Feldlinien (15.6 C). Es besteht das Bestreben zum Wiederherstellen des ursprünglichen Zustandes, der den geringsten magnetischen Widerstand repräsentiert, und dazu wird der Leiter mittels der entstehenden Kraft herausgeschoben. In der Zeichnung wird er nach links beschleunigt.
Soweit die Erklärung zur Ampère'schen Brücke. Mit freier Energie hat das nichts zu tun. Für den gigantischen Wirkungsgrad, wie er ermittelt wurde, müssen noch weitere Effekte hinzutreten.

15.6 Unipolare Induktion

Das Geschoss, oder sprechen wir von der Funktion her lieber von dem Kurzschlussbügel oder dem *Schieber*, wird zunächst ganz konventionell beschleunigt und erfährt, mathematisch ausgedrückt, ein $d\mathbf{v}/dt$. Das senkrecht zur Bewegung aufgespannte magnetische Feld $\mathbf{B}$ ist konstant, so dass nach der Faraday-Beziehung<i> $\mathbf{E} = \mathbf{v} \times \mathbf{B}$ aus der Geschwindigkeit $\mathbf{v}$ eine elektrische Feldstärke $\mathbf{E}$ und aus der Beschleunigung $d\mathbf{v}/dt$ eine Feldänderung $d\mathbf{E}/dt$ folgt.
Diese über die Länge des Schiebers geöffneten Feldlinien, insbesondere der schwingende Anteil, scheint mit schwingenden Teilchen eine Wechselwirkung einzugehen und diese Teilchen einzusammeln<ii>. Es handelt sich vermutlich um Neutrinos, die in erster Linie in Ladungsträger materialisieren. Diese tragen zum Stromfluss im Schieber bei und zur Beschleunigung, woraufhin noch mehr Neutrinos eingefangen werden.
Es entsteht ein kaum noch zu kontrollierender Lawineneffekt. Erst wenn die Spannungsänderung abgeklungen und der Kondensator vollständig entladen ist, wird auch die resonante Wechselwirkung wieder in sich zusammenbrechen.

Den Erfindern, die eine zivile Version der Railgun aufbauen wollen, sei eine ernstzunehmende Warnung mit auf den Weg gegeben. Zunächst gehört nicht besonders viel Phantasie dazu, sich eine rotierende Anordnung der Kanone vorzustellen, eine Konstruktion mit einer Achse, über die ein Generator angetrieben wird, der Strom erzeugt. Ein kleiner Teil wird dem System zur Eigenversorgung wieder zugeführt. Der Rest stünde den Verbrauchern als umweltfreundliche, regenerative Energie kostenlos zu Verfügung.
Das klingt wirklich gut, wenn da nicht noch dieses eine Hindernis wäre.

<i>: Die Transformationsgleichung zur unipolaren Induktion wurde in den Kapiteln 6.4 und 9.3 bereits näher behandelt

<ii>: Es ist die resonante Wechselwirkung nach Tafel 15.1, vierte Zeile

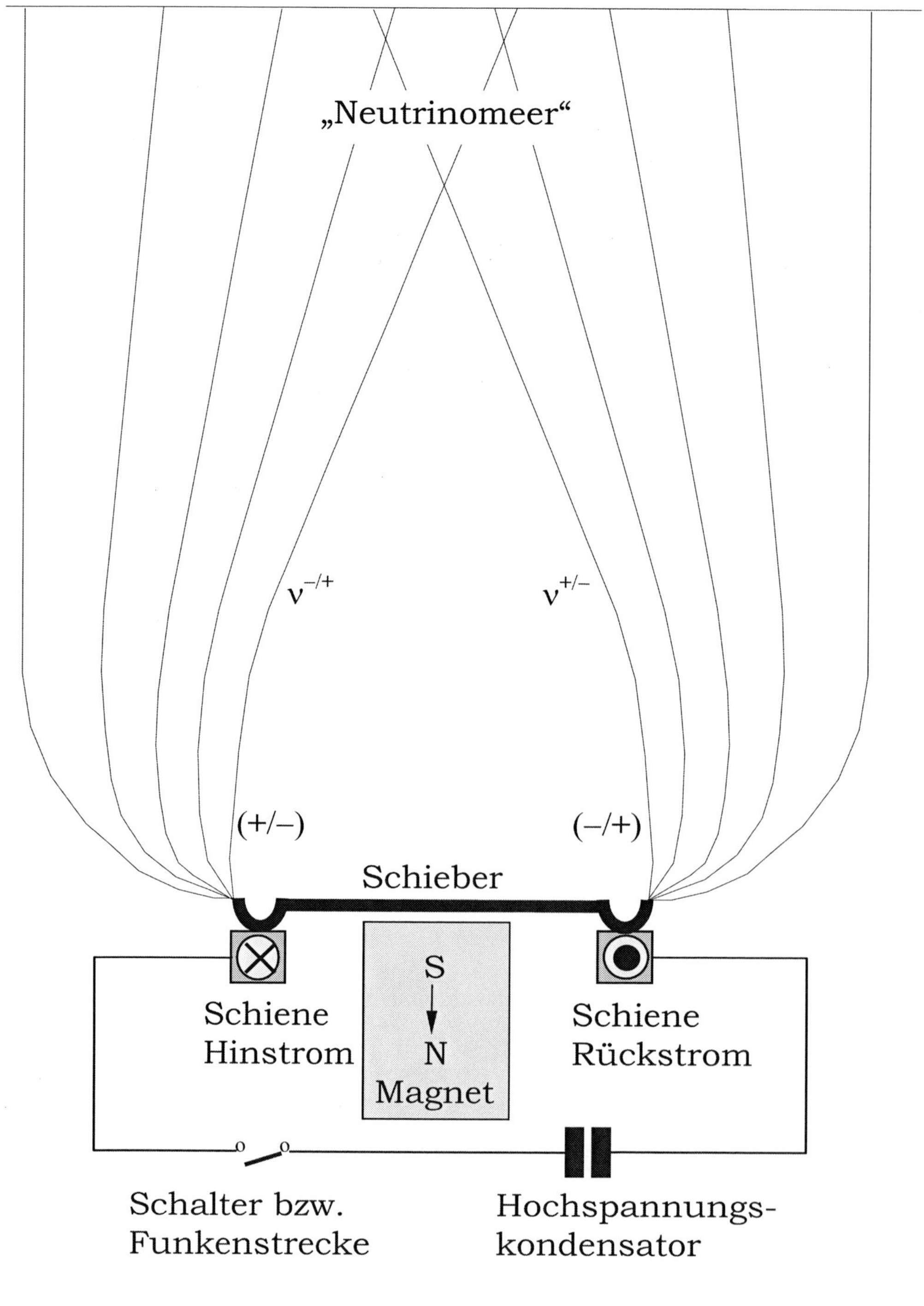

Tafel 15.7: Das Einsammeln von Neutrinos durch schwingende offene Feldlinien

15.7 Neigung zur Instabilität

Bei einer kontinuierlich arbeitenden Maschine kann das Entladen des Kondensators nicht ein einzelnes Ereignis bleiben wie bei der Kanone. Das Entladen und das Nachladen muss zyklisch in Abhängigkeit von der Drehzahl erfolgen. Zum Erreichen einer einigermaßen gleichmäßigen Drehbewegung muss Zündung auf Zündung folgen. Erfolgt aber die neue Zündung, obwohl der Lawineneffekt der letzten noch nicht abgeklungen ist, dann kommt es unweigerlich zur Katastrophe, dann zerlegt das Wunderwerk sich selbst unter den Augen seines Schöpfers.
Zahlreiche Erfinder haben bereits derart schmerzliche Erfahrungen sammeln müssen. Es wird vermutet, dass nicht einmal Nikola Tesla verschont worden war, als er sein stolzes Luxusgefährt mit Elektromotor und Energiekonverter bereits nach einer Woche Probebetrieb im Jahre 1931 in einer Scheune nahe Buffalo wieder abstellen musste<i>.
Natürlich bieten sich auch zu diesem Problem ingenieurmäßige Lösungen an. Sinnvoll wären eine Drehzahlbegrenzung und eine Leistungsregelung. Nur soweit denken die meisten Erfinder nicht. Zum einen, weil sie ohne ein brauchbares physikalisches Modell basteln und zum anderen glauben sie sich schon am Ziel, wenn sie das erste Mal so etwas wie freie Energie beobachten. Genauso schnell wie die Freude kommt dann die Ernüchterung, denn ein Konverter, der nicht läuft, vermag niemanden zu überzeugen.
Tesla war sich dieser Problematik bereits bewusst. Er befestigte seinen Konverter auf dem Armaturenbrett und nicht im Motorraum, um vermutlich während der Fahrt vom Fahrersitz aus über zwei Metallstäbe, die er in das Gehäuse hineinschob, die Kopplung der Spulen einzustellen. Doch irgendwann muss auch diese Handregelung schief gehen, denn die eingesammelten Neutrinos sammeln ihrerseits weitere ein (Tafel 15.7), so dass bei ungünstiger Zündfolge ein zusätzliches Aufschaukeln möglich ist. Für einen zuverlässigen Betrieb wäre demnach direkt oder indirekt die Phasenlage der Zündungen zueinander zu kontrollieren.

Am Beispiel der **Railgun** können Raum-Energie-Technologen und Erfinder die Zusammenhänge und die Funktionsweise sehr anschaulich studieren und sogar relativ einfach berechnen. Es ist eine große Erleichterung, dass alle drei Vektoren senkrecht aufeinander stehen: das **E**-Feld, das **B**-Feld und die Geschwindigkeit **v**. Ideale Verhältnisse sowohl in Hinblick auf eine Maximierung der gewünschten Beschleunigungskraft, als auch für die resonante Wechselwirkung steigern zugleich das Einsammeln der Raumquanten, die wohl mit den Neutrinos gleichgesetzt werden dürfen.
Möglich macht dies das **Faraday-Gesetz** zur unipolaren Induktion. Dadurch entstehen am rechten und linken Ende des Schiebers je ein Pluspol und ein Minuspol. Je weiter die beiden Pole voneinander entfernt werden, umso mehr öffnen sich die Feldlinien und umso mehr Neutrinos können in Resonanz gehen. An dieser Stelle sind noch erhebliche Verbesserungen und Optimierungen möglich.
Zusätzlich zu den zwei besprochenen kommt noch als drittes Phänomen das der **Elektrostriktion** hinzu, das an der Wandlung von Neutrinos in Elektronen maßgeblichen Anteil hat. Es ist eine feldabhängige Längenänderung, die beim Blitz für den Donner sorgt und in beiden Fällen, also auch hier, als Ladungsträger-Erzeuger in Aktion ist.

<i>: s. a. Kapitel 9.5 Freie Energie,
A. Schneider: Energien aus dem Kosmos, Jupiter-Verlag 1989, Kap.11, S. 20
und H. Nieper: Revolution, MIT-Verlag 1981, S. 194

A: elektrischer Dipol (z.B. Elektrostatik, s. a. Tafel 6.8)

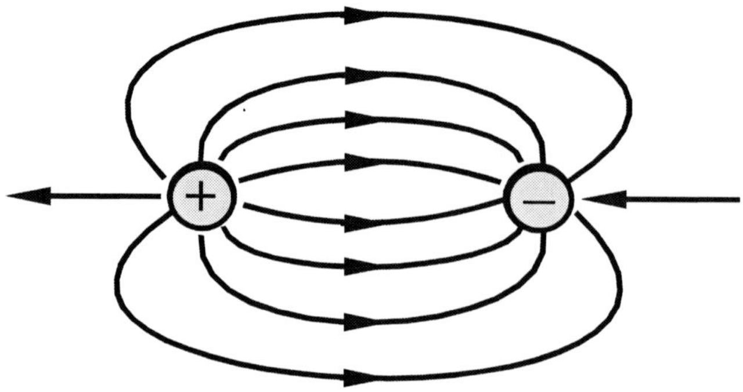

B: elektrischer Monopol (z.B. Elektron e^-, s. a. Tafel 4.3)

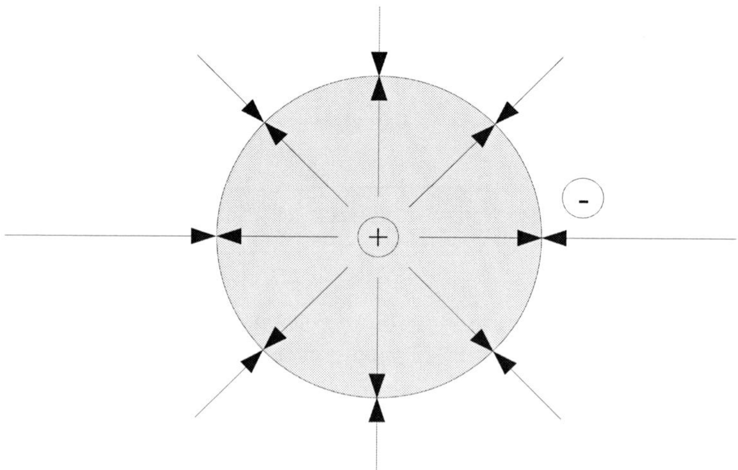

C: Mischform bei Zylindersymmetrie

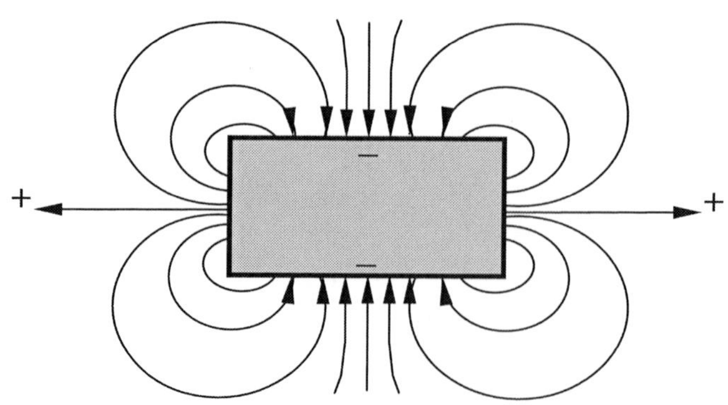

Tafel 15.8: Dipolfelder mit unipolaren Anteilen

15.8 Unipolare Feldanordnung

Gehen wir wieder zurück zu Bild 5.1 und setzen wir unsere Betrachtungen mit Beispielen zur 3. Zeile fort. Die erreichbare Kraftwirkung offener elektrischer Felder ist zwar um Zehnerpotenzen kleiner als die magnetischer Felder, aber dafür werden Teilchen vermittelt, ein unschätzbarer Vorteil und eine unabdingbare Voraussetzung im Hinblick auf die Gewinnung von Raumenergie. Solange die Teilchen in die Energiebilanz mit einbezogen werden, kann zudem keinesfalls behauptet werden, Raum-Energie-Konverter seien Perpetuum Mobiles.

In der Frage, warum nur elektrische Teilchen vermittelbar sind, muss auf den mehrfach erwähnten Umstand hingewiesen werden, dass nur elektrische Teilchen als Folge des Konzentrationseffekts von Potentialwirbeln entstehen können. Magnetische Teilchen hingegen kann es schlicht und einfach nicht geben, da bei fehlender Leitfähigkeit im Vakuum keine Wirbelströme möglich sind (s. Tafel 4.4).

Bei den entstehenden Coulombkräften wird wieder zwischen dem statischen und dem schwingenden Fall unterschieden. Wir wollen mit der Elektrostatik beginnen.

Die Palette an technischen Anwendungen der statischen Elektrizität ist groß. Sie reicht von Lackierverfahren und Filtertechniken bis zum Fliegengrill in der Gartenlaube. In allen Fällen wird das Feld durch Ladungstrennung aufgebaut. Über einen Hochspannungsgenerator werden ein Pluspol und ein Minuspol erzeugt, zwischen denen sich das Feld aufspannt. Die Feldlinien beginnen jetzt an dem einen Pol und enden an dem anderen, ungleichnamigen Pol (Tafel 15.8 A).
Auf diese Art und Weise stehen fast keine offenen Feldlinien zu Verfügung, die nach außen zeigen und mit freien Teilchen in eine Wechselbeziehung treten könnten. Beabsichtigt man beispielsweise, geladene Partikel aus dem Sonnenwind, aus der Höhenstrahlung oder aus der Luftelektrizität anzuziehen und einzusammeln, dann muss die Konstruktion in einem Punkt grundlegend geändert werden.
Erforderlich ist eine unipolare Feldanordnung. Was damit gemeint ist, beantwortet ein Blick auf das Kugelwirbelmodell des Elektrons (Tafel 15.8 B bzw. Tafel 6.2). Hier handelt es sich ebenfalls in Folge der Ladungstrennung um eine Dipolbildung, doch versteckt sich ein Pol im Innern des anderen Pols. Dadurch sind seine Feldlinien gefangen und haben keine Chance mehr, herauszukommen, um den anderen Pol zu erreichen.
Wenn der außen liegende Pol aber seinerseits seine Feldlinien nicht mehr schließen kann, dann weisen diese hilflos in den Raum und suchen sich in ihrer Umgebung, in der weiten Welt und notfalls sogar in der Unendlichkeit des Universums einen ungleichnamigen Gegenpol, der daraufhin wechselwirkt und angezogen wird.
Der Messtechniker analysiert diese offenen Feldlinien und bezeichnet das Gebilde dann fälschlicherweise als Monopol, nur weil er an den eingeschlossenen Pol nicht herankommt. Schuld ist die unipolare Feldanordnung, die damit wohl einigermaßen erklärt wäre.
Dem Konstrukteur und Erfinder dürfte ebenfalls klar geworden sein, wie er sein Gerät aufzubauen hat, mit dem er offene Feldlinien zum Einfangen von Raumquanten erzeugt. Er muss einen der beiden Pole so gut wie möglich einsperren. Optimal wäre natürlich ein kugelsymmetrischer Aufbau wie beim Elementarwirbel. Dagegen ist eine Zylindersymmetrie zwar weit weniger gut geeignet, sie bietet aber konstruktive Vorteile (Tafel 15.8 C). Von einem solchen funktionstüchtigen Gerät soll jetzt berichtet werden.

Tafel 15.9: Demonstrationskonverter „Testatika“<i>

<i>: A. Schneider: Energien aus dem Kosmos, Jupiter-Verlag 1989, S. 29,
I. Schneider: Neue Technologien zur Freien Energie, Jupiter-Verl. 1994, S.13
und im NET-Journal, Heft 8/9, 1997, S. 16 sowie Heft 12, 1997, S. 6.
D. Kelly: Der Schweizer ML-Konverter, Raum & Zeit Special 7, S. 164

15.9 Die Testatika

Ein elektrostatisches Gerät, das offene elektrische Feldlinien erzeugt, steht in Linden in der Schweiz. Es ist optisch sehr imposant und gehört einer Glaubensgemeinschaft, die es Testatika getauft hat und die der Meinung ist, es sei ein Freie-Energie-Konverter.

Unerklärlicher Weise dient die Testatika der Gemeinschaft, die ihren elektrischen Strom konventionell und weitgehend selber erzeugt, nicht als Energiequelle. Statt dessen wird das 2 kW-Gerät nur sehr selten zu besonderen Anlässen oder zur Demonstration ausgewählten Besuchergruppen vorgeführt. Die Glaubensgemeinschaft erklärt den staunenden Betrachtern daraufhin, die Menschheit sei für die Technik noch nicht reif.

Vielleicht ist gerade das Gegenteil zutreffend, und die Technik ist noch nicht reif. Nach meiner persönlichen Einschätzung ist ein solches elektrostatisches Gerät für den Dauerbetrieb vom Prinzip her völlig ungeeignet.

Es ist zu erwarten, dass die offenen Feldlinien über kurz oder lang mit der Luftelektrizität in Wechselbeziehung treten und Gewitter von der Höllenmaschine angezogen werden, solange bis der Blitz einschlägt und die Demonstration damit beendet ist. Daher darf die Testatika nur kurzzeitig, nur bei sicherer Wetterlage und nicht allzu feuchter Luft eingeschaltet werden, und so mancher angemeldeter Besucher ist schon weggeschickt worden, ohne die „Gewittermaschine“ zu Gesicht bekommen zu haben.

Als Demonstrations- und Studienobjekt ist die Testatika hingegen gut geeignet. Allein schon der Umstand, dass kein Kabel zu dem Gerät führt, und es dennoch Energie in der Größenordnung von 1 bis 2 kW abgibt, überrascht alle Besucher. Es wird jedenfalls der Eindruck vermittelt, als würde die Maschine gegen den Energieerhaltungssatz verstoßen, was nicht zutreffend ist.

Die Testatika ähnelt einer Influenzmaschine, die mit Reibungselektrizität arbeitet. Dabei müssen sich die ungleich geladenen Körper nicht unbedingt berühren und aneinander reiben, es reicht schon aus, wenn sie in die unmittelbare Nähe zueinander gebracht werden. Bei der Testatika wird die Elektrostatik zweier gegeneinander rotierender Scheiben über Bürsten abgegriffen.

Die Anregungsenergie wird vermutlich dem natürlichen E-Feld entnommen, das ohne weiteres 200 Volt pro Meter betragen kann (s. Kap. 2.9). Der große Durchmesser der Scheiben von 80 cm und deren schlechte Leitfähigkeit (Acrylglas) lassen diesen Schluss zu. Die über die Bürsten abgegriffene Ladung wird anschließend in zwei Kondensatoren von 2 Farad bei 300 Volt, sogenannten Leydener Flaschen, zwischengespeichert. In soweit fühlt man sich tatsächlich an einen Wimhurst-Generator erinnert, bei dem die Energie durch Drehen der Scheibe dem System zugeführt wird. Große Leistungen lassen sich damit nicht herausziehen. Pläne für den Selbstbau einer solchen Influenzmaschine sind veröffentlicht[<i>].

Bei der Testatika hingegen werden zwei Scheiben verwendet und gegenläufig von Hand in Rotation versetzt. Diese Rotationsenergie wird in dem Fall nicht zur Stromerzeugung genutzt, sonst würden die Scheiben schnell wieder stehen, was aber nicht passiert.

Bisher ist offensichtlich noch keiner hinter das Geheimnis gekommen, das von den Gemeindemitgliedern auch streng gehütet wird. Nur ist meiner Meinung nach die Energiesituation auf unserer Erde zu ernst, als dass wir uns Versteckspielchen und egoistische Geheimniskrämerei noch leisten könnten.

<i>: I. Schneider: Neue Technologien zur Freien Energie, Jupiter-Verl. 1994, S.14

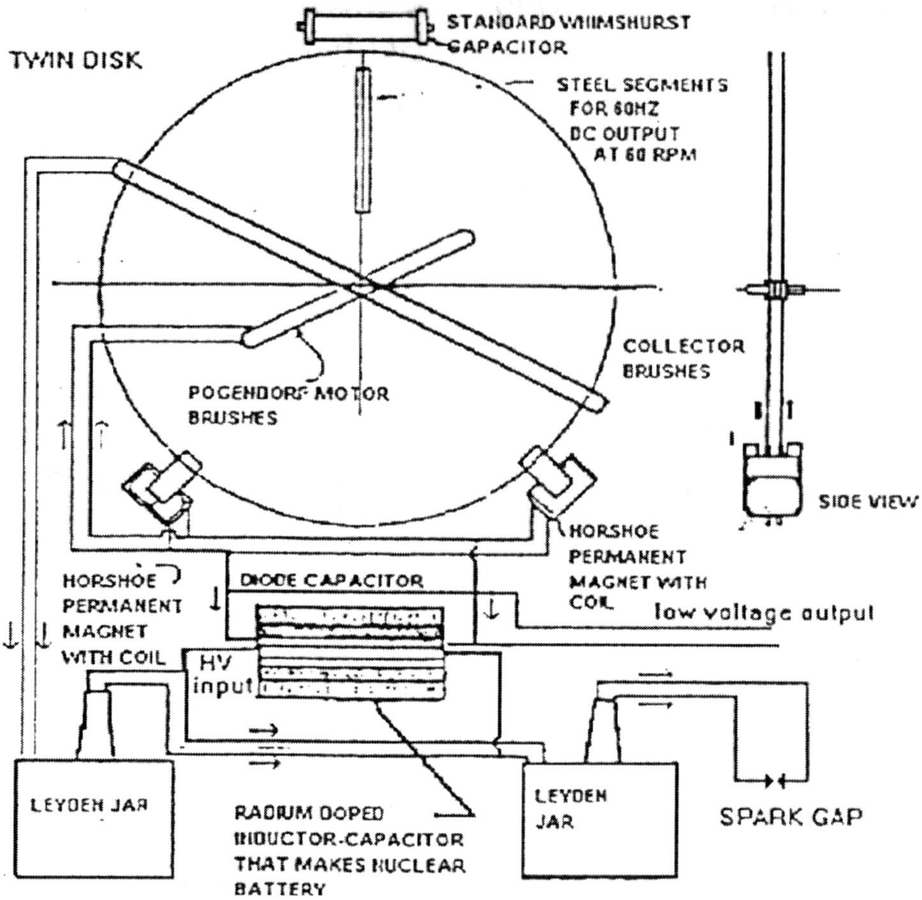

Tafel 15.10: Schnittzeichnung der Testatika nach Don Kelly, (Clearwater, Florida, USA)

<i>: Der Testatika-Generator, NET-Journal, Dezember 1997, Seite 6
ähnliche Abbildung findet sich in Raum & Zeit Spezial 7, Seite 164

15.10 Das Geheimnis der Testatika

Der entscheidende Punkt ist die entgegengesetzte Drehrichtung der beiden Scheiben. Nehmen wir an, das statische Erdfeld ist die Ursache und dient als Erregerfeld, dann tritt als Wirkung ein Feld auf, das darauf senkrecht steht. Die axiale Komponente zeigt jetzt aus dem Zentrum der Scheibe heraus.
Bei nur einer Scheibe schließen sich die Feldlinien vor und hinter der Scheibe wieder, so dass keine offenen entstehen können. Mit einer Scheibe oder mit zwei gleichlaufenden Scheiben können daher auch keine fremden Ladungen angezogen werden.
Bei ***zwei gegenläufigen Scheiben*** hingegen zeigt die eine Komponente längs der Drehachse zum Betrachter, die der anderen Scheibe genau in die entgegengesetzte Richtung. Dadurch wird zwischen beiden Scheiben ein Pol *„eingeklemmt"*, der nicht mehr alle Feldlinien außen um die Maschine herum schließen kann. Es entstehen also offene Feldlinien und eine, wenn auch unvollständige ***unipolare Anordnung***.
Die aus der Luftelektrizität abgesaugten Ladungsträger unterstützen daraufhin die natürliche Elektrostatik und laden die Kondensatoren rasch nach, auch wenn bis zu 10 Ampère von den Verbrauchern entnommen wird.

Das Geniale an der Maschine ist ihr extrem einfacher Aufbau und das simple Konzept. Schließt man die eingefangenen Teilchen in die Energiebilanz mit ein, dann wird dabei herauskommen, dass der Erhaltungssatz keinesfalls verletzt wird. Es kann auch nicht von freier Energie gesprochen werden. Die Testatika darf in diesem Zusammenhang eher als Gegenbeispiel zitiert werden. *Luftionen sind die Träger der Luftelektrizität* und nicht etwa Träger freier Energie.

Negative Luftionen sind für unser Wohlergehen unverzichtbar. Man erinnere sich nur an die ersten Menschen im All, die nach der Landung mehr tot als lebendig aus ihrer Kapsel gezogen wurden, nachdem sie sich längere Zeit in der ungesunden Atmosphäre der Kapsel aufhalten mussten. Erst die Installation von Ionisiergeräten für negative Luftionen haben längere Weltraumaufenthalte möglich gemacht.
Das Absaugen von negativen Ionen aus der Luft ist daher nicht unproblematisch und nicht besonders umweltverträglich. Es entsteht eine lebensfeindliche Atmosphäre, die Dr. Wilhelm Reich als DOR-Zustand bezeichnet hat. Er hat übrigens einen ***Cloud-Buster*** konstruiert, mit dem er die über Wüstensand entstehende statische Elektrizität aus der Luft absaugen konnte. Dadurch werden die negativ geladenen Regenwolken nicht länger abgestoßen und vertrieben. Getestet hat Reich seine Wettermaschine 1954 in der Wüste von Arizona. Nachdem er die Atmosphäre von der „DOR-Belastung" befreit hatte, wie er sich ausdrückte, stieg in der Wüstengegend die Luftfeuchtigkeit von 15% stetig an bis auf 95%, es wuchs Präriegras und alles fing an, grün zu werden, und schließlich fiel sogar nach vielen Jahren das erste Mal wieder Regen.

Statische Elektrizität, sofern die richtige Polarität gewählt wird, mag für die Technologie des Regenmachens bedingt einsetzbar sein. Für Freie-Energie-Konzepte eignet sie sich jedoch nicht. Schon Nikola Tesla hat darauf hingewiesen, dass unsere Hoffnungen vergeblich sein werden, wenn die freie Energie statischer Natur wäre (s. Tafel 9.5). Er hat bei seinem 1891 vor dem AIEE gehaltenen Vortrag keinen Zweifel daran gelassen, dass freie Energie, die kinetisch und damit für uns energietechnisch verwendbar ist, existiert.
Das 16. Kapitel wird sich nur mit diesem Fall beschäftigen[<i>].

<i>: entsprechend Punkt 4 in Tafel 15.1

Tafel 15.11: Der Cloud-Buster von Dr. Wilhelm Reich 1954[i]

<i>: H.-P. Thietz: Tatort Erde, VAP (1996), ISBN 3-922367-62-3, Seite 122

<ii>: Teil 1, Tafel 9.3; zur unipolaren Induktion s.a. Tafel 6.5 und 11.8

Tafel 15.11 zeigt die Reichsche Wettermaschine, den Cloud-Buster. Es ist nur schwer nachvollziehbar, warum Reich 3-4 m lange Metallrohre mit einem Durchmesser von 4 cm in den Himmel richtet und das hintere Ende mit einem tiefen Brunnen oder mit fließendem Gewässer verbindet. Die Wirkung soll mit weniger Milligramm Radium noch erheblich gesteigert worden sein. Einen Hinweis, daß er mit statischer Elektrizität gearbeitet haben muß, liefert jedoch ein tragischer Unfall, bei dem einer seiner Mitarbeiter halbseitig gelähmt wurde. Er hatte unvorsichtigerweise den aufgeladenen Apparat berührt und einen elektrischen Schlag erlitten[<i>].

15.11 Der Schlüssel zur freien Energie

Als Beitrag zur Diskussion werden nochmals die einzelnen Funktionsprinzipien der Raum-Energie zusammengetragen und der Versuch unternommen, sie zu bewerten.
Bei einer schwingenden Dipolanordnung, beispielsweise der Railgun, sind nur längs der gemeinsamen Verbindungslinie offene Feldlinien vorhanden (Tafel 15.8 A). Damit lassen sich nicht besonders viele Raumquanten erreichen. Sie muß daher mit riesigen Erregerleistungen im Bereich von vielen tausend Ampère gefahren werden, damit weitere Feldlinien aufreißen und wechselwirken. Der gewünschte Over-Unity-Effekt ist folglich nur mit einem enormen gerätetechnischen Aufwand zu erzielen.
Eine unipolare Anordnung ist hier wesentlich vorteilhafter, wobei gilt: je unipolarer, um so weniger Erregerleistung ist erforderlich. Allerdings kann es dadurch länger dauern, bis eine lawinenartige Neutrinosammlung wieder abgeklungen ist. Im Falle einer ideal-kugelförmigen Anordnung (Tafel 15.8 B), wie sie der Kugelblitz einnimmt, kann der Vorgang sogar minutenlang andauern. Dies erklärt, warum unipolare Systeme nur sehr schwer unter Kontrolle zu halten sind.
Rollt die Neutrinolawine, dann läßt sie sich rein theoretisch nur mit einer noch größeren Erregerleistung stoppen, beispielsweise durch Phasenschiebung, was in der Praxis kaum realisierbar ist. Die rollende Lawine ist mit normalen Mitteln nicht mehr zu stoppen. Ein Synchronbetrieb zwischen der Neutrinoschwingung und dem Konverter ist, abgesehen von der technologisch kaum realisierbar hohen Frequenz, auch gar nicht unbedingt zu empfehlen. Es reicht in der Regel eine einzelne steile Flanke der Erregerspannungsänderung, um die Lawine loszutreten. Über die Wiederholfrequenz oder über das Tastverhältnis der Erregerspannung lassen sich dann Resonanzen zu dem Neutrinofeld herstellen oder vermeiden. Andererseits kann auf den Lawineneffekt nicht verzichtet werden. Die nutzbare Leistung des Neutrinowandlers wäre sonst viel zu gering. Dieser Fall ist bei der Konstruktion eines Longitudinalwellen-Messgeräts weiter zu verfolgen.

Alle Konvertersysteme arbeiten zunächst auf einem bekannten und bewährten physikalischen Funktionsprinzip. Im Falle der Railgun ist es die Ampère´sche Brücke. Die dabei genutzte Kraftwirkung auf einen stromdurchflossenen Leiter ist wegen der erzielbaren Größenordnung vorteilhaft und als Grundkonzept überaus empfehlenswert. Es sind aber auch Coulomb´sche Kräfte oder andere physikalische Prinzipien nutzbar.
Ungeachtet dessen muß noch ein weiterer Zusammenhang hinzutreten, der die Wechselwirkung zu den Neutrinos herstellt. Eng verknüpft mit der unipolaren Anordnung ist es die unipolare Induktion, die bei praktisch allen Raum-Energie-Konzepten zum Einsatz kommt. Es konnte bereits gezeigt werden, daß die Railgun den Effekt genauso nutzt wie John Searl bei seiner fliegenden Scheibe[<ii>]. Das Faraday-Gesetz entpuppt sich als Schlüssel zur freien Energie.

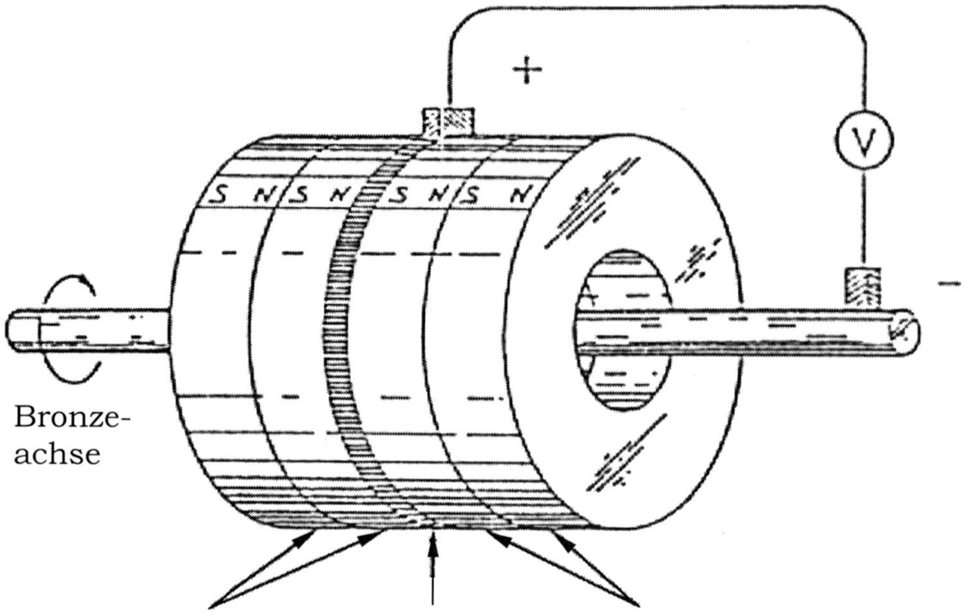

Tafel 16.1: Der Faraday-Generator, der mit rotierenden Magneten als N-Maschine bezeichnet wird<i>

Die Transformationsgleichungen nach Teil 1, Kap.6.5, Gl.60 sind:

$$\mathbf{E} = \mathbf{v} \times \mathbf{B} \quad \text{und} \quad \mathbf{H} = -\mathbf{v} \times \mathbf{D} \tag{16.1}$$

wobei: $\mathbf{v} = dx/dt = v \cdot \mathbf{e}_x$ = Bewegungsrichtungskomponente senkrecht zu der durch die Feldzeiger $\mathbf{H} = H \cdot \mathbf{e}_y$ und $\mathbf{E} = E \cdot \mathbf{e}_z$ aufgespannten Fläche. Also wird zusätzlich zum Grundfeld E und H (bei v = 0) ein bewegungsabhängiges Zusatzfeld E_z und H_z auftreten und das Gesamtfeld E_o und H_o gemessen:

(entspricht im Kap. 6.5 Gl. 63):

$$E_o = E + E_z \quad \text{und} \quad H_o = H + H_z \tag{16.2}$$

(entspricht im Kap. 6.5 Gl. 62):

mit: $$E_z = v \cdot B \quad \text{und} \quad H_z = -v \cdot D \tag{16.3}$$

Tafel 16.2 A: Die Transformationsgleichungen des elektromagnetischen Feldes<ii>

16. Raum-Energie-Technologie

Es geht ganz konkret um die Frage nach einer Technologie zur Nutzung der resonanten Wechselwirkung (nach Zeile 4 in Bild 15.1). Dazu werden offene und zugleich schwingende elektrische Feldlinien benötigt, die Neutrinos vermitteln und an einen resonant arbeitenden Empfänger weiterreichen. Die Sonne, einige Planeten und andere Himmelskörper, wie wir uns bereits erarbeitet haben, nutzen den Effekt. Es wird sogar eine ganze Galaxie auf diese Weise zusammengehalten. Für das Thema der Raum-Energie spielt diese Wechselwirkung die entscheidende Rolle, und es stellt sich die Frage, mit welcher Technik sie sich künstlich erzeugen läßt.

16. 1 Der Unipolargenerator

Der direkteste Weg führt offenbar über die Faradaybeziehung zur unipolaren Induktion. Mit dem klassischen Faraday-Generator, bei dem ein Permanentmagnet längs seiner Achse gedreht wird, ist zunächst ein statisches elektrisches Feld erzeugbar. Durch gegensinnig rotierende oder gegeneinander gepolte, gleichdrehende Magnete läßt sich relativ einfach ein Pol zwischen den Magneten „einklemmen" und ein unipolares Gebilde bauen. Zahlreiche Forscher haben auf dem Gebiet der Faraday-Maschine schon mehr oder weniger erfolgreich gearbeitet (Tafel 16.1)[<i>]. Es wird bei hohen Drehzahlen von Instabilitäten und von der Einkopplung fremder Energie berichtet. In der Mehrzahl der Fälle wird es sich im Sinne der Testatika um eingesammelte Luftelektrizität handeln.

Zudem scheint die Faraday-Beziehung auch physikalisch von kaum jemanden richtig verstanden zu sein. Ein Wissenschaftsmagazin vertritt in dem Zusammenhang die Auffassung: "Faraday widerlegt Einstein", und das Erzeugen von Elektrizität mit dem Faradayschen Unipolarinduktor verstoße gegen die Gesetze der Physik![<ii>]

<i>: A. Schneider: Energien aus dem Kosmos, Jupiter-Verlag 1989, S. 44

<ii>: „Faraday hatte bei seinem Versuch eine Kupferscheibe über einem ruhenden Stabmagneten rotieren lassen; wie erwartet, entstand in einer Drahtschleife eine Spannung (F-Maschine). Dann ließ er den Magneten rotieren, und die Scheibe stand still; jetzt hätte es wieder eine Spannung geben müssen - aber es gab keine. Im dritten Versuch rotierte der Magnet mit der Scheibe in der gleichen Richtung und im gleichen Tempo. Weil es keine Relativbewegung zwischen beiden gab, wäre eine Induktionsspannung nicht zu erwarten gewesen - aber sie war meßbar! (N-Maschine, s. Tafel 16.1).
Was bedeutet das? Wenn die relative Bewegung zwischen Magnet und Scheibe nicht immer für die Entstehung einer Induktionsspannung entscheidend ist, muß auch die absolute Bewegung eine Rolle spielen - denn bewegen muß sich etwas, damit Strom entsteht. Aber eine absolute Bewegung ist laut Relativitätstheorie nicht feststellbar - also widerlegt Faradays Experiment Einstein! Deswegen werden Sie über diesen Versuch in den Lehrbüchern nichts finden".
Entnommen dem Artikel: Faraday widerlegt Einstein, PM-Magazin 11/1998, S. 133

aus Tafel 16.2 A:

$$H - H_o \overset{(16.2)}{=} - H_z \overset{(16.3)}{=} v \cdot D \tag{16.4}$$

mit der Geschwindigkeit $v = dx/dt$,
unbeschleunigt $dv/dx = 0$ (Inertialsystem) und abgeleitet nach x:

$$\frac{dH}{dx} - \frac{dH_o}{dx} = \frac{dx}{dt} \cdot \frac{dD}{dx} = \frac{dD}{dt} \tag{16.5}$$

Die Rotation des H-Feldzeigers weist in z-Richtung:

$$\text{rot}\,\mathbf{H} = \frac{dH}{dx} \overset{(16.5)}{=} \frac{dH_o}{dx} + \frac{dD}{dt} \overset{!}{=} \mathbf{j} + \frac{d\mathbf{D}}{dt} \tag{16.6}$$

Koeffizientenvergleich mit dem Durchflutungsgesetz:

$$dH_o/dx = \mathbf{j} \quad , \tag{16.7}$$

Über dx und ds integriert und allgemeingültig formuliert:

$$\oint \mathbf{H_o}\, d\mathbf{s} = I_{ein} \tag{16.8}$$

so folgt daraus: Magnetisches Feld = Wirbelfeld!

Induktionsgesetz (analoge Herleitung):

$$\text{rot}\,\mathbf{E} = \frac{dE}{dx} = \frac{dE_o}{dx} - \frac{dB}{dt} \overset{!}{=} - \frac{d\mathbf{B}}{dt} \tag{16.9}$$

Ursache für meßbares elektrisches Feld E_o fehlt:

$$dE_o/dx = 0 \quad , \tag{16.10}$$

Über dx und ds integriert und allgemeingültig formuliert:

$$\oint \mathbf{E_o}\, d\mathbf{s} = 0 \tag{16.11}$$

so folgt daraus: Elektrisches Feld = wirbelfrei (nach Maxwell)!

Tafel 16.2 B: Die Herleitung der Maxwell´schen Feldgleichungen (Durchflutungs- und Induktionsgesetz) aus den Transformationsgleichungen des elektromagnetischen Feldes

Der Autor des Artikels geht von der Maxwell'schen Formulierung des Induktionsgesetzes aus, nach dem in einem Draht eine Spannung entsteht, wenn der Draht magnetische Kraftlinien schneidet, also relativ zu einem Magneten bewegt wird.
Hätte er meine Bücher gelesen, dann wüßte er, daß Faraday nicht nur das ältere, sondern auch das umfassendere Gesetz gefunden hat, während Maxwell nur einen Spezialfall beschreibt. Ausgangspunkt für die von mir entwickelte Objektivitätstheorie sind zum einen das Faraday-Gesetz und zum anderen die dazu duale Gesetzmäßigkeit, die beide gemeinsam als Transformationsgleichungen des Elektromagnetismus bezeichnet werden (Tafel 6.5, Gl. 60 und Tafel 16.2 A, Gl. 16.1).

16.2 Herleitung der Maxwell´schen Feldgleichungen

Für die Herleitung gehen wir, wie schon auf Tafel 6.5, der Einfachheit halber davon aus, daß die Bewegung $\mathbf{v} = v_x$ senkrecht zu der durch die Feldzeiger $\mathbf{H} = H_y$ und $\mathbf{E} = E_z$ aufgespannten Fläche erfolgt. Leiten wir unter Verwendung der Materialgleichungen die für eine bewegungsabhängige Feldkomponente angeschriebene Transformationsgleichung nach der Koordinate x ab und vergleichen das Ergebnis mit dem Durchflutungs- bzw. dem Induktionsgesetz, dann wird deutlich, daß der Vergleich nur unter bestimmten Voraussetzungen gelingt. Dieser Umstand beweist, daß die Maxwell-Gleichungen nur einen Sonderfall beschreiben, und daß die Transformationsgleichungen allgemeingültiger und ursächlich sind (Tafel 16.2 A und B).

Entscheidend an dieser Stelle ist jedoch, daß das Induktionsgesetz nach Maxwell nur eine Dipolbildung zu beschreiben vermag. Für die Entstehung unipolarer Feldstrukturen hingegen muß auf das Faraday-Gesetz zur unipolaren Induktion zurückgegriffen werden. Wer Konzepte zur Raum-Energie verstehen oder gar selber entwickeln will, muß zuerst das Faraday-Gesetz in seiner ganzen Tragweite verstanden haben.

Üblicherweise wird der Faraday-Generator wie in der ursprünglichen Bauform mit Permanentmagneten bestückt und in einem stationären Betriebszustand gefahren. Dabei entsteht folglich nur statische Elektrizität. Wir benötigen aber schwingende Felder, und dazu müßte entweder die Rotation, oder es müßte der Magnet mit hoher Frequenz umgepolt werden. Mit der Präzision der Mathematik ausgedrückt, wird der erste Fall beschrieben durch: $E(t) = v(t) \times B$ und der zweite Fall durch $E(t) = v \times B(t)$. Beide Fälle müssen untersucht und besprochen werden, denn sowohl v(t) als auch B(t) sind vom Prinzip her möglich. Hinzu kommt, daß in beiden Fällen mechanisch bewegte, in der Regel rotierende, aber genauso gut auch ruhende Konstruktionen denkbar sind, bei denen nur die bewegten Ladungsträger selber die Geschwindigkeitskomponente v realisieren.

Dieses Mal ist der entscheidende Punkt, daß in beiden Fällen gleichermaßen eine Änderung der elektrischen Feldstärke E(t) erzeugt wird, mit deren Hilfe Neutrinos eingesammelt werden sollen. Wegen der extrem hohen Schwingfrequenz der Neutrinos scheinen hohe Feldänderungen dE(t)/dt und damit verknüpft hohe Spannungsänderungen dU/dt die optimale, mit heutiger Technologie handhabbare Lösung zu sein. Daneben treten weitere Schwierigkeiten hinzu, die nach einer ingenieurmäßigen Bewältigung verlangen. Arbeiten wir nämlich mit einer hohen Beschleunigung dv(t)/dt, dann ist die Trägheit der beschleunigten Massen zu überwinden, dann lassen sich, wie bei der Railgun, nur sehr kleine und leichte Projektile abschießen. Arbeiten wir hingegen mit schnellen Änderungen des magnetischen Feldes dB(t)/dt, dann wirkt die Induktivität bremsend.

A: Vorschlag aus der Patentschrift von John W. Ecklin

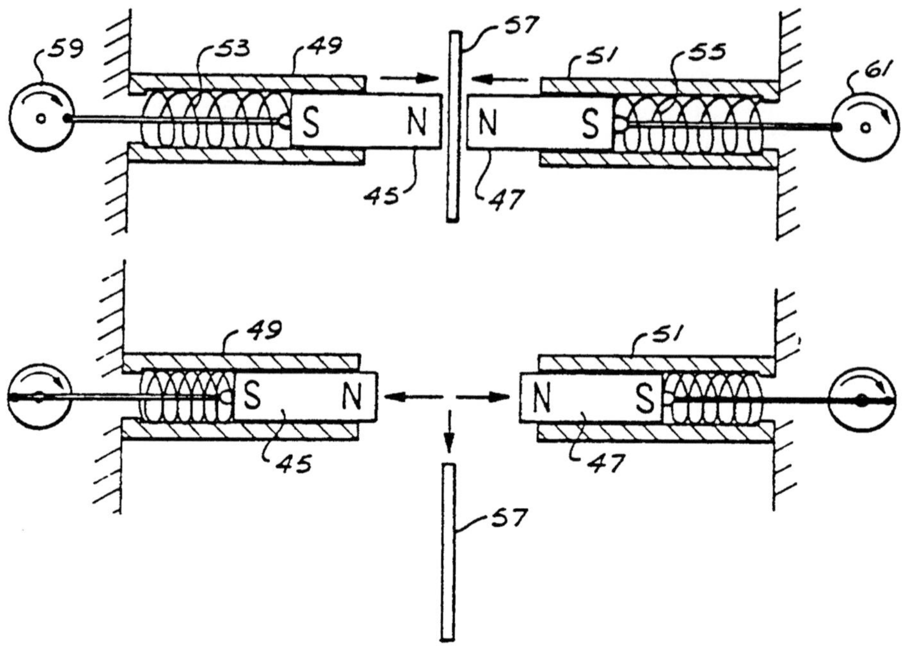

B: Beispielsweise der „Stationary Armature Generator"

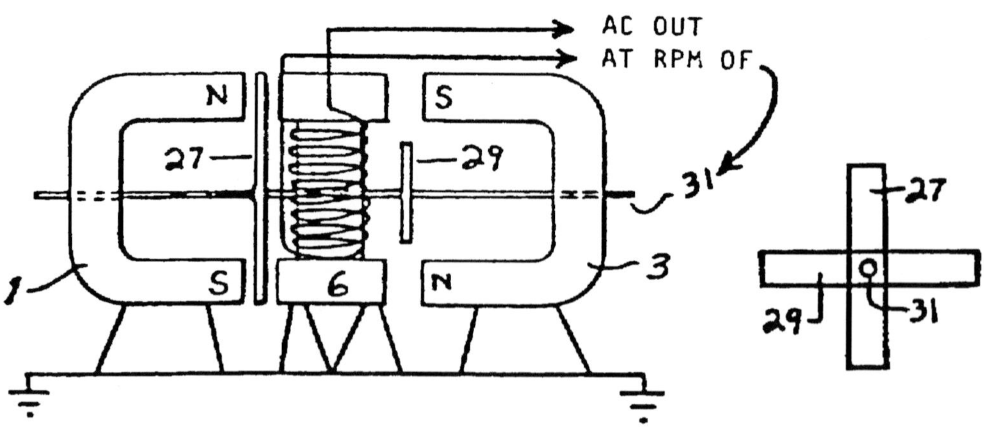

Tafel 16.3: Prinzip des Ecklin-Generators<i>

<i>: A. Schneider: Generatoren mit Ferritkernumpolung, NET-Journal 6/98, S. 9
Ecklin: Permanent Magnet Motion Conversion Device, U.S.Pat. 3´879,622

16.3 RET-Geräte mit rotierenden Magnetfeldern

Kommen wir nochmals auf den Faraday-Generator zu sprechen, der in zwei Varianten aufgebaut sein kann. Bei der F-Maschine ruhen die Magnete und nur die Scheibe dreht, während bei der N-Maschine die Magnete mitrotieren. In diesem Fall ist es unvermeidlich, daß einige der induzierten Ladungsträger in den Magneten umherwandern und das Materialgefüge empfindlich stören. Man denke nur an den Löffelbiegeeffekt!
Die Folgen reichen von einem Verlust des Permanentmagnetismus, über ein Zerspringen und Zerplatzen bis hin zu einem Pulverisieren der Magnete. Abenteuerliche Gerüchte und Schreckensmeldungen in dieser Richtung sind ausreichend vorhanden.
Eine Verbesserung könnte durch eine Isolierschicht zwischen der leitfähigen Scheibe und den Magneten erzielt werden, aber gegen induzierte Ladungsträger innerhalb der rotierenden Magnete vermag diese Maßnahme auch nichts auszurichten.
Am besten wird es sowieso sein, in Neutrinokonvertern auf Permanentmagnete ganz und gar zu verzichten! Ersetzen wir sie zumindest in Gedanken durch Elektromagnete, dann ist eine Wechselspannungsspeisung möglich. Das ist auch notwendig, wenn schwingende Neutrinos und keine Luftionen eingesammelt werden sollen.
Als Folge der Wechselspannung treten zunächst hohe Wirbelströme in der Scheibe auf. Die Verluste lassen sich durch radiale Schlitze in der Scheibe reduzieren. Die induzierten Ströme können dann nur noch, wie gewünscht, radial nach außen fließen.
Größere Kopfschmerzen bereitet uns dagegen die induktive und damit stromspeichernde Wirkung der Erregerspulen. Sollte eine zu große Erregerinduktivität einen schnellen Stromanstieg verhindern, dann wird auch das induzierte elektrische Feld entsprechend gemütlich ansteigen und kaum ein einziges Neutrino zum Verbleib überreden können.
Ein Spulenkern aus Eisen oder Dynamoblech scheidet damit von vornherein aus. Auch Ferrite wären allenfalls bedingt tauglich. Brauchbar sind Luftspulen mit möglichst wenig Windungen. Bei einer vorteilhaften Konstruktion dreht die geschlitzte Kupferscheibe zwischen zwei Luftspulen, ggf. Flachspulen nach Tesla'scher Bauart, die mit gepulster Spannung gespeist werden.
Die höchste Stromänderungsgeschwindigkeit ist sicher über eine Funkenstrecke erzielbar, wie sie schon Tesla verwendet hat (Tafel 9.1). Als Pulsansteuerung sind aber auch andere Verfahren vorstellbar. So lassen sich beispielsweise Halbleiterendstufen mit MOS-Transistoren nicht nur schnell und hart schalten, es sind zudem Frequenz und Tastverhältnis mit reproduzierbarer Genauigkeit frei einstellbar. Dies sind Feinheiten, die in Verbindung mit der Steuerung und Regelung eines Konverters an Bedeutung gewinnen werden.

Unter der Überschrift "Generatoren mit Magnetfluss-Variation" hat Herr Adolf Schneider einige Konzepte zusammengetragen und kommentiert<i>. Dabei steht der am 22.4.1975 zum Patent angemeldete Generator des amerikanischen Forschers John W. Ecklin für eine ganze Gruppe von Erfindungen Pate, bei denen die magnetische Leitfähigkeit im magnetischen Kreis und damit der Fluß sprungförmig geändert wird.
Tafel 16.3 B zeigt eine aus zwei Hufeisenmagneten (1, 3) zusammengesetzte Bauform mit einer ebenfalls ruhenden, dazwischengeschalteten Auskoppelspule (6). In der Ruhelage erfährt der magnetische Kreis keine Änderung und wird folglich auch keine Spannung in die Spule induziert. Der Trick besteht darin, daß mitten durch die Anordnung eine Achse (31) gesteckt und gedreht wird mit zwei Weicheisenankern, die abwechselnd den linken (27) und den rechten (29) Hufeisenmagneten magnetisch kurzschließen.

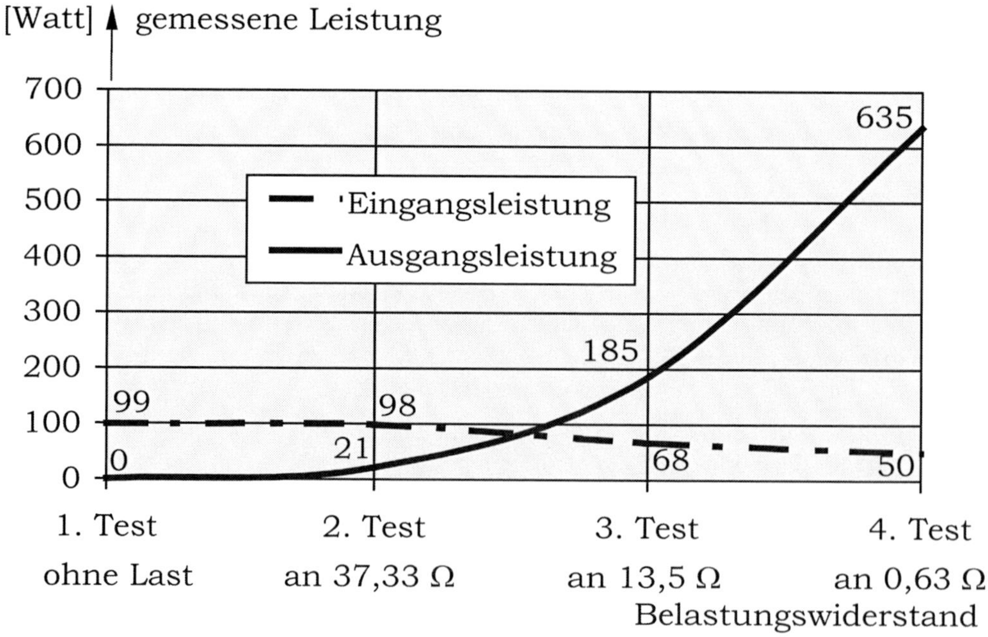

Tafel 16.4: Bedini-Magnetkonverter<i>

<i>: A. Schneider: Generatoren mit Ferritkernumpolung, NET-Journal 6/98, S.10

Neben dem Reluktanzmoment, das sich vom physikalischen Prinzip her kompensieren sollte, und der Lagerreibung kann eigentlich kein weiteres Reaktionsmoment auftreten, das zu überwinden wäre, auch dann nicht, wenn der Spule Strom entnommen wird. Ist die Flußänderung groß genug, müßte rein rechnerisch eine elektrische Leistung abgreifbar sein, die wesentlich größer ist als die Reibleistung. John Bedini hat an einem ähnlich aufgebauten Generator 1985 einen Over-Unity-Effekt von bis zu 12,6 gemessen, wobei mit zunehmender Belastung auch der Faktor sich steigern ließ (Tafel 16.4).

16.4 Kommentar zu magnetischen RET-Geräten

Ich stehe diesen Messungen eher skeptisch gegenüber, nachdem ich bereits in drei Fällen den Erfindern schonend beibringen mußte, daß ihr Gerät leider nicht mehr als eine Energievernichtungsmaschine war und sie lediglich falsch gemessen hatten, wobei das Messen gepulster Spannungen und Ströme zugegebenermaßen nicht ganz einfach ist. Damit sie nicht einer falschen Hoffnung und einem Selbstbetrug erliegen, empfehle ich allen RET-Erfindern, den "closed-loop", den geschlossenen Kreis zu realisieren. Wenn bei einer solchen Anordnung ohne Energiezufuhr von außen im Dauerbetrieb Leistung entnommen werden kann, und sei sie noch so klein, dann überzeugt das alle, auch jeden Journalisten und jeden Fachfremden.
Leider ist bei zahlreichen Konzepten an dieser Stelle bereits das Ende der Fahnenstange erreicht. So reizvoll die Variation des magnetischen Kreises auch sein mag, in den meisten Fällen vermisse ich die unipolare Anordnung der Felder. Vielleicht werden hier gar keine Neutrinos benötigt und lediglich der Umgebung Wärmeenergie entzogen? Ich vermag diese Frage nicht zu beantworten und brauche das auch sicher nicht, solange mir kein Magnetkonverter als closed-loop vorgeführt wird. Ein solcher, sollte er realisierbar sein, wird vermutlich doch einen seiner Pole zumindest teilweise verstecken und einige offene Feldlinien erzeugen; das wäre jedenfalls zu erwarten.

Ein noch größeres messtechnisches Problem stellen die leitungsgebundenen Neutrinos dar, die in der Form von Ringwirbeln um den Leiter herumschwingen. Wir haben diese bei der Eindraht-Übertragungstechnik von Tesla kennengelernt (Tafel 9.5). Sie entstehen, wenn Neutrinos abgebremst und eingefangen werden, aber noch nicht zu Ladungsträgern materialisieren. Tesla hatte sie für seine verlustlose Energieübertragungstechnik genutzt, aber er konnte die verlustbehaftete Drehstromtechnik, die auch von ihm stammte, die er aber als die schlechtere Technik bezeichnete, nicht vom Markt verdrängen, da für die Eindraht-Technik keine Stromzähler zu Verfügung standen.

Heute sind wir noch keinen Schritt weiter. Die Energieversorgungsunternehmen lehnen diese Technik noch immer ab, wie ich selber erfahren mußte, obwohl dies der einzige Weg wäre, um Solarenergie aus der Wüste oder Energie aus Erdwärme von Island über ein Seekabel nach Mitteleuropa zu transportieren, wo sie gebraucht wird.
Heute existieren noch immer keine Meßgeräte für solche leitungsgebundenen Neutrinos. Dafür erlebt jeder Meßtechniker bei RET-Geräten, in denen sie auftreten, sein Waterloo! Von einem solchen Konverter und den sonderbaren Meßproblemen will ich jetzt berichten.

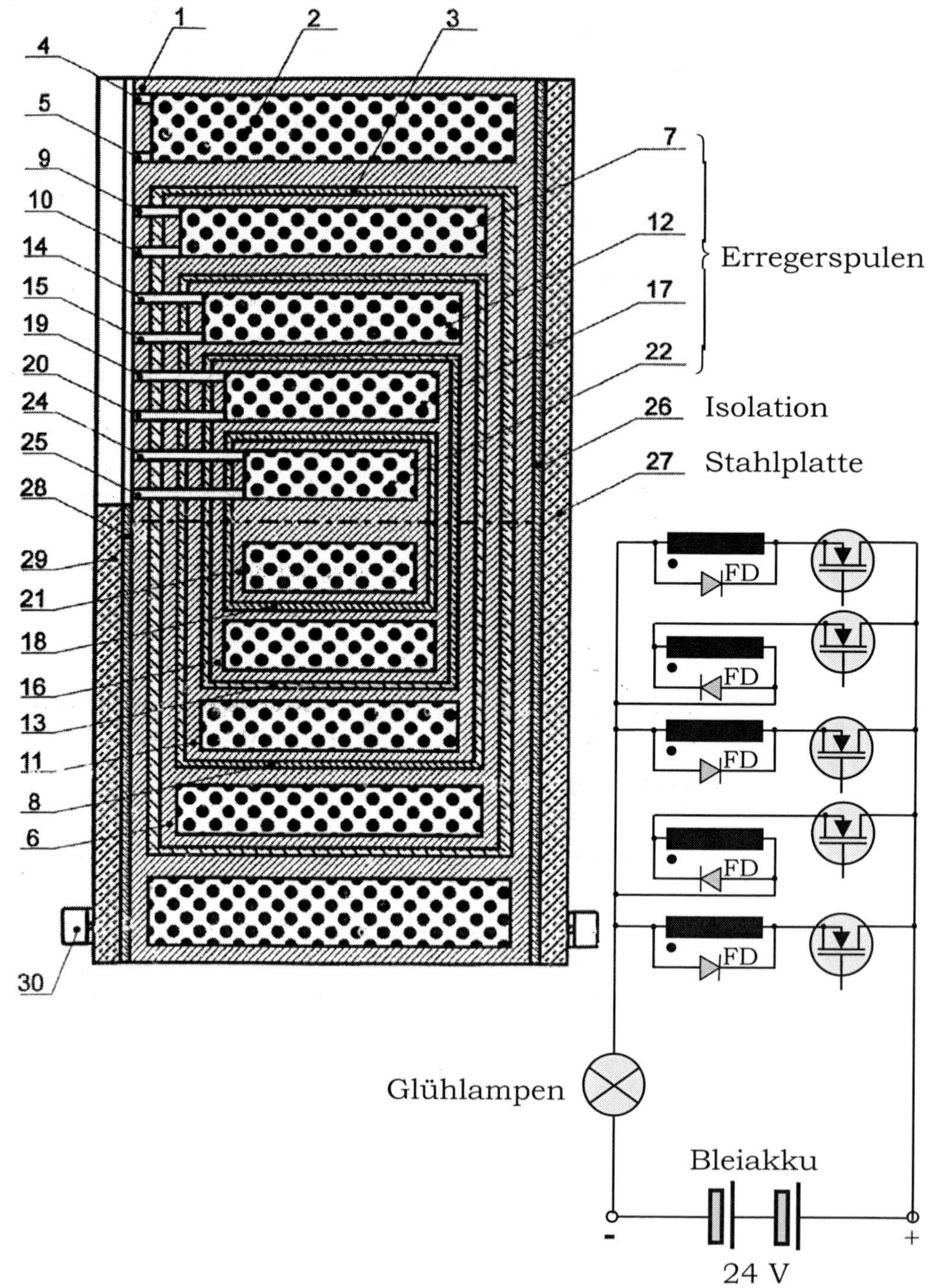

Tafel 16.5: Raum-Quanten-Manipulator der Firma RQM AG<i>

<i>: Gibas, Greilinger, Lehner, Rusterholz: Strom aus dem All, Mega Link, Fachzeitschrift für Elektronik, Nr. 6, März 1998, S. 18-23
bzw. Bau: Glaube kann Berge versetzen, Bulletin SEV/VSE 25/97, S. 31

16.5 RQM und der Raumquanten-Manipulator

Wenn ein Mitarbeiter oder einer der zahlreichen Aktionäre der Schweizer Firma RQM AG in Rapperswil von Raumquanten spricht, dann meint er damit vermutlich die *Neutrinos.* Eine *schwingende Neutrinoquelle* wird als zentraler Raum-Oszillator bezeichnet und ein *resonanter Betrieb* des Energieempfängers, des sogenannten Raumquanten-Manipulators, gefordert.
Herr Ludwig Sigrist, der Schöpfer dieser Begriffswelt, war kein Physiker, sondern Kranführer (Pseudonym Crane O.) und Erfinder, dem die Lehrbuchphysik bei seinen Überlegungen sowieso nicht weiterhelfen konnte. Sein Konzept, ob es sich nun in eine wissenschaftlich verständliche Sprache übersetzen läßt oder nicht, hat zumindest ihm persönlich geholfen und ihn in die Lage versetzt, den Raumquanten-Manipulator zu kreieren (T.16.5).

Es sind mehrere Topfspulensysteme, die nach dem Matrjoschka-Verkleinerungsprinzip aufgebaut und ineinander geschachtelt sind. Das ferromagnetische Kernmaterial der Topfkreise (1, 6, 11, 16, 21) soll möglichst ausgeprägte magnetostriktive Eigenschaften aufweisen. *Wie wir noch sehen werden, gewinnt diese Maßnahme ihre eigentliche Bedeutung erst in Zusammenhang mit der Wechselwirkung mit Neutrinos!*

Jeder Topfkreis trägt eine Erregerwicklung (2, 7, 12, 17, 22), die abwechselnd gegensinnig von Strom durchflossen wird. *Durch diese, nach klassischen Konstruktionsvorstellungen sinnlos erscheinende Maßnahme wird einer der beiden Feldpole im Zentrum eingeklemmt, werden also die erforderlichen offenen Feldlinien erzeugt.*

Die einzelnen Topfkreise sind untereinander isoliert, wobei die Isolationsschichten (3, 8, 13, 18, 26, 28) eine hohe Dielektrizität haben sollen. Die Topfkreise bilden also zusätzlich miteinander Kondensatoren aus; auch die Abschußplatten zu beiden Seiten (27, 29) fungieren als Kondensatorplatten.
Dieses Gebilde, das Herzstück des geplanten RQM-Konverters, wird über eine transistorisierte Leistungsendstufe mit möglichst steilflankigen Anregungsimpulsen angesteuert. Die Pulsbreiten sind laut Patentschrift[<i>] zwischen 200 Nanosekunden und einer Sekunde im Raster von 5 ns frei wählbar. Neben der Frequenz sind auch Polarität und Gleichspannungsoffset einstellbar.

Jeder Laborbesuch hinterläßt einen nachhaltigen Eindruck: Vorsichtig tasten sich die Ingenieure heran, drehen an der Frequenz und dem Tastverhältnis, bis der Effekt plötzlich auftritt und es zum Einsammeln von Neutrinos, den Raumquanten kommt. Man ist sich darüber im Klaren, daß Einstellparameter mit noch stärkeren Reaktionen möglich wären, aber ganz ohne jede Regelung und Leistungsbegrenzung ist das nicht mehr beherrschbar. Der Lawineneffekt würde alles zunichte machen, und so hangelt man sich in dem Entwicklungslabor der RQM weiter am Rand des Abgrunds entlang, immer bemüht, den kaum verstandenen Effekt in den Griff zu bekommen.
Zum Aufbau und der Arbeitsweise des Topfsystems hatte der Erfinder noch Erklärungen seiner Nachwelt überlassen, aber warum eine Freilaufdiode FD plötzlich ihre Gleichrichterfunktion verliert, darauf hatten im Labor weder die Mitarbeiter noch fachkundige Besucher von noch so hohem wissenschaftlichen Rang bislang eine Antwort parat.

<i>: Gibas, Lehner, Greilinger: Vorrichtung und Verfahren zur Erzeugung elektromagnetischer Pulse, Patentschrift CH 687 428 A5 vom 7.5.1996

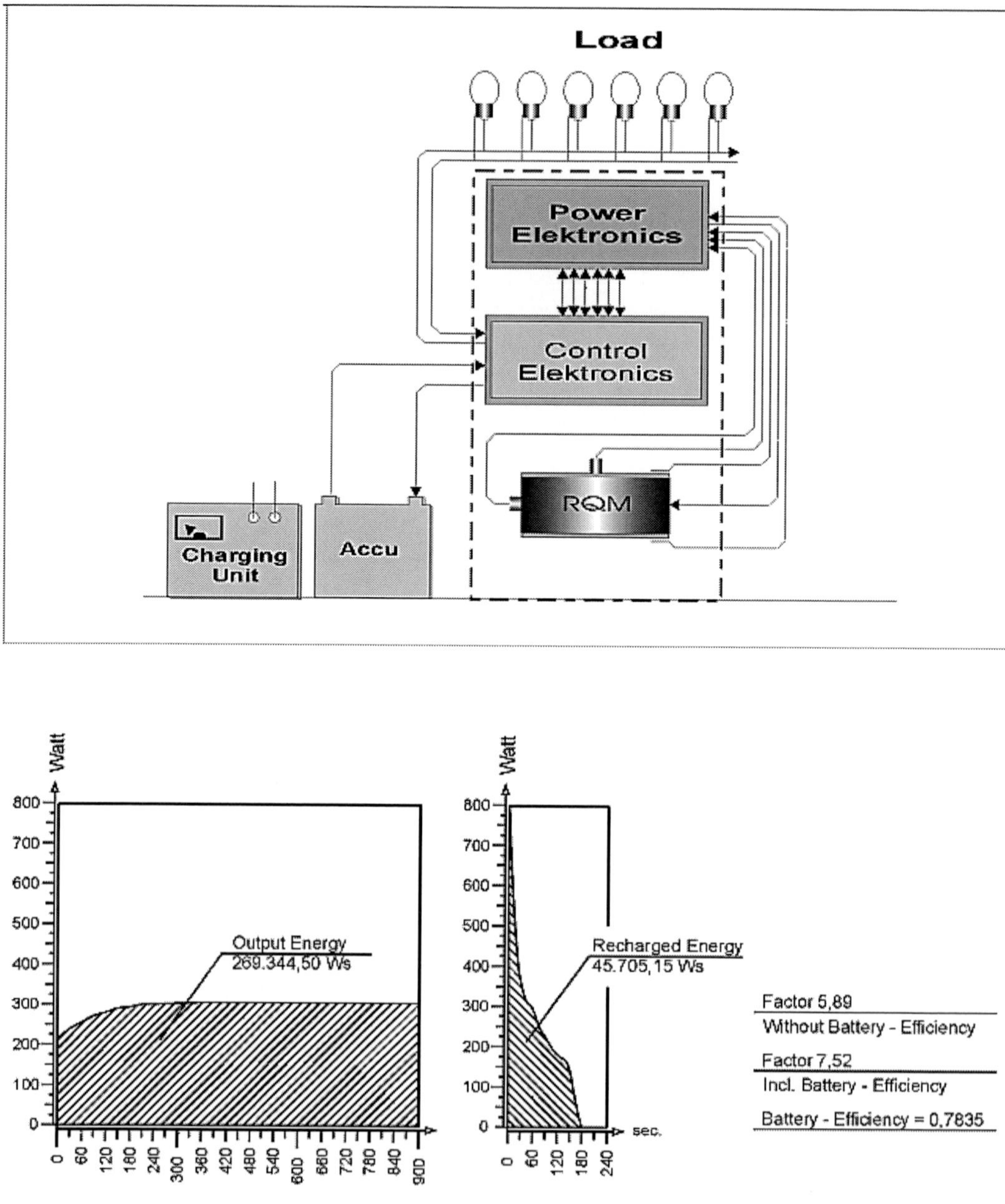

Tafel 16.6: Die RQM-Versuchsanlage am 23.9.96<i>

<i>: F. Greilinger: Der Weg zur erfolgreichen, stabilen Energieauskopplung, RQF Magnetik, Sonderausgabe 1996, Seite 10

Wie gesagt, die Neutrinos sind, wenn sie das Topfsystem verlassen, nicht mehr frei, sondern leitungsgebunden. Sie schwingen um den Draht, auch um jeden Halbleiter herum und vagabundieren durch den ganzen Schaltschrank hindurch. Dabei können sie einiges bewirken, auch einiges Unheil anrichten.
Bleibatterien werden nachgeladen, was zweifellos wünschenswert ist, aber im Dauerbetrieb werden sie von denselben Vagabunden zerstört. In normalen Glühlampen beispielsweise materialisieren einige von ihnen zu Ladungsträgern, so daß laut Messgerät mehr Strom die Glühlampe verlässt, als auf der anderen Seite hineinfließt. Sie leuchtet zwar ganz normal, aber messtechnisch ist bei der Anlage nichts mehr normal.
Daß die Topfspulen nicht nur elektrisch und magnetisch, sondern auch noch mechanisch schwingen, kann sich der Besucher anhand einer hochpräzisen Vibrationsmesseinrichtung vorführen lassen. Doch die Effekte allein machen noch keinen produzierbaren Konverter, auf den schon zahlreiche Käufer von Optionsscheinen und Lizenzen warten.
Zum einen fehlen hier noch Maßnahmen zur gezielten Wandlung der vagabundierenden Raumquanten in nutzbare Ladungsträger. Zum anderen fehlt jede Regeleinrichtung, um die aus dem Neutrinofeld aufgenommene Leistung an den momentanen Bedarf der Verbraucher anzupassen. Die mutigen Ingenieure der RQM haben noch einiges vor sich, aber die Marschrichtung stimmt und das Erreichte kann sich sehen lassen.

16.6 RET-Geräte mit gepulsten Magnetfeldern

Bei dem Raumquanten-Manipulator bewegt sich mechanisch nichts. In den Kupferspulen sind lediglich die Ladungsträger mit der Geschwindigkeit v unterwegs. Wir haben hier ein typisches Beispiel für ein RET-System mit gepulstem Magnetfeld vorliegen. Im Vergleich zu den zuvor besprochenen RET-Geräten mit rotierenden Magneten, beispielsweise der N-Maschine, hat der Raumquanten-Manipulator klar die Nase vorne. Ohne Bürsten, ohne Reibung und Verschleiß besitzt er theoretisch eine unbegrenzte Lebensdauer.
Zudem ist es einfacher, die erforderlichen hohen Flankensteilheiten auf elektronische Weise zu erzeugen als durch eine mechanische Magnetfeldvariation. Auch läßt sich der Prozeß über die elektronische Ansteuerung leichter kontrollieren, steuern und regeln.

Bleibt noch die Frage nach einer Optimierung des Konzepts. Derzeit kann man schon mit einer Machbarkeitsstudie zufrieden sein, aber irgendwann wird man die Konstruktion hinterfragen. Da werden als Beispiel die Wirbelstromverluste in den Eisentöpfen zur Diskussion stehen. Über geblechte oder gesinterte Materialien ließe sich noch nachdenken, wenn dadurch nicht gleichzeitig die Induktivität der Spule steigen würde, die den Stromanstieg bremst.
Ferritmaterialien wiederum sind sehr spröde und würden unter den mechanischen Größenschwingungen zu Staub zerbröseln. Ich gehe davon aus, daß sich auch hier eine Anordnung mit Luftspulen als Optimum herausstellen könnte. Es macht schon Sinn, wenn Tesla bei höheren Frequenzen immer mit Luftspulen experimentiert hat.
Jetzt kommt es noch auf die Wickeltechnik an. Eine einzelne Leiterschleife liefert keine offene Feldlinie. Zu diesem Zweck müssen gegebenenfalls zwei Schleifen gegensinnig bestromt werden, wie dies bei einer sogenannten Möbiuswicklung der Fall ist. Auf diese Weise wechselwirken möglicherweise genauso viele Neutrinos wie bei den abwechselnd gegenphasig mit Strom beaufschlagten Topfspulen des Raumquanten-Manipulators.
Zur Klärung des Sachverhalts sollten wir uns jetzt mit der Wickeltechnik beschäftigen.

Tafel 16.7 A: Das Möbiusband

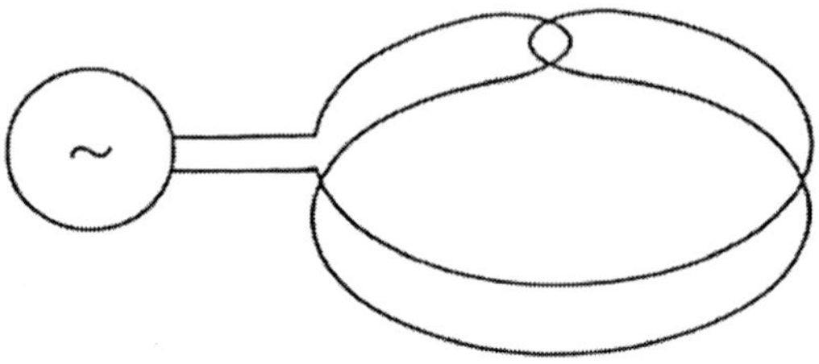

Tafel 16.7 B: Die Möbiusschleife

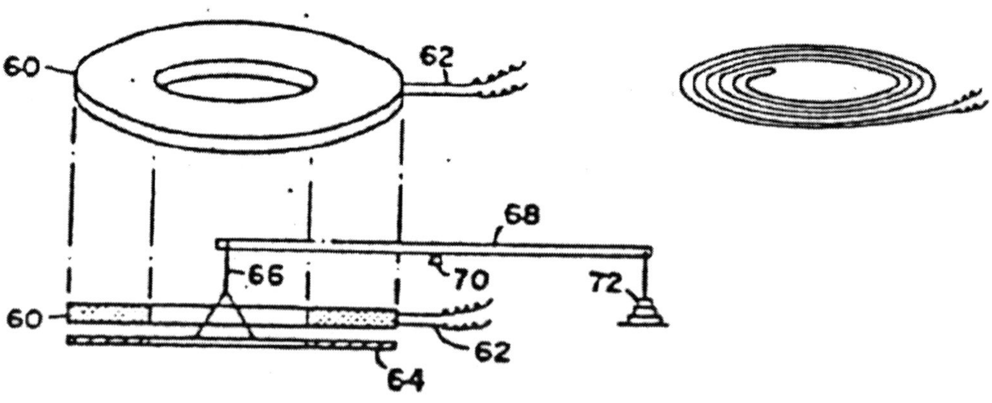

Tafel 16.7 C: Bifilar gewickelte Flachspule

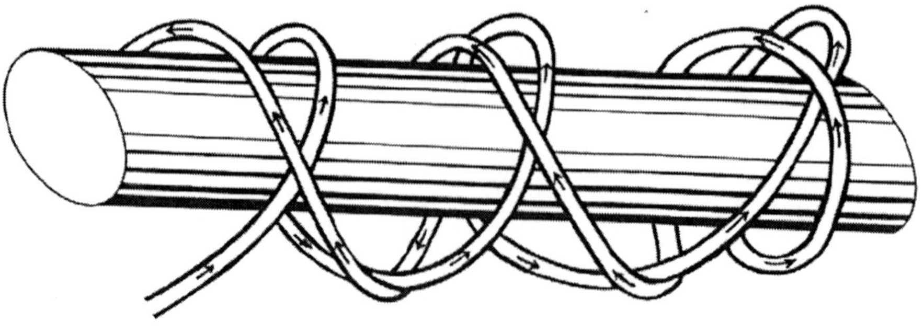

Tafel 16.7 D: Kreuzförmig angeordnete Möbiuswicklung

16.7 RET-Geräte mit Möbiuswicklung

In Verbindung mit Raum-Energie-Geräten ist häufig von der Verwendung einer Möbiuswicklung die Rede. Die wird zurückgeführt auf das Möbiusband, das man erhält, wenn man zum Beispiel das eine Ende von einem langen Papierstreifen nach einer Halbdrehung mit dem anderen Ende zusammenklebt. Das Ergebnis ist ein Streifen, der weder Ober- noch Unterseite besitzt und weder rechten noch linken Rand hat. Dieses Gebilde mit nur einer Seite und einem einzigen Rand ist eine Schöpfung des deutschen Mathematikers August Ferdinand Möbius (1790 - 1868), Tafel 16.7 A.

Ein entfernter Verwandter des Möbiusbandes ist die gleichnamige Schleife, bei der sich die magnetischen Feldlinien gegenseitig aufheben. Es ist dieselbe Kompensation, wie wir sie von einem zweiadrigen Elektrokabel kennen, bei dem Hin- und Rückleiter dicht nebeneinander geführt werden. Dazu wird der Wicklungssinn einer Leiterschleife einfach umgekehrt (Tafel 16.7 B).
Wickelt sich der magnetische Feldvektor um den Hinleiter rechtsherum und um den Rückleiter linksherum, dann addieren sich beide zu Null, so daß in einiger Entfernung messtechnisch kein Restfeld mehr nachweisbar ist.
Der Zeiger des elektrischen Feldes steht darauf senkrecht und weist in Richtung des Leiters und der Bewegung der Ladungsträger. Aus der Verkopplung von magnetischem und elektrischem Feld folgt, daß die Kompensation des einen auch die des anderen nach sich zieht. Ist aber das elektrische Feld tatsächlich kompensiert, dann darf in der Wicklung auch kein Strom fließen!
Es fließt jedoch ein Strom, wenn eine elektrische Spannung an die Möbiuswicklung angelegt wird. Als Folge dieses erzwungenen Stromflusses müssen sowohl elektrische als auch magnetische Felder auftreten, die nicht kompensiert sind! Es werden einige Feldlinien aus der erwarteten Richtung herausklappen und als offene Feldlinien in den Raum stehen. Denen verdanken wir im schwingenden Fall die Wechselwirkung mit den Neutrinos.

Eine perfekte Kompensation wäre bei einer zweiadrigen, bifilaren Wicklung zu erwarten. Der amerikanische Physiker William Hooper hat mit einer bifilar gewickelten Flachspule interessante Effekte erzielen können. Mit Hilfe einer Waage konnte er anziehende oder abstoßende Kraftwirkungen auf verschiedene, elektrisch oder magnetisch neutrale Scheiben nachweisen (Tafel 16.7 C)[<i>].
Er speist die Flachspule allerdings mit Gleichstrom, so daß eine Beteiligung von Neutrinos nicht zu erwarten ist. Solche Effekte werden erst auftreten, wenn mit gepulsten Signalen gearbeitet wird, da die bifilar gewickelte Flachspule ganz offensichtlich gewünschte, offene Feldlinien auszubilden vermag.

<i>: Schneider, Adolf: Energien aus dem Kosmos, Jupiter-Verlag 1994, Seite 28, entnommen aus:
Mielordt, Sven: Tachyonenenergie, Hyperenergie, Antigravitation, Raum & Zeit Verlag 1984

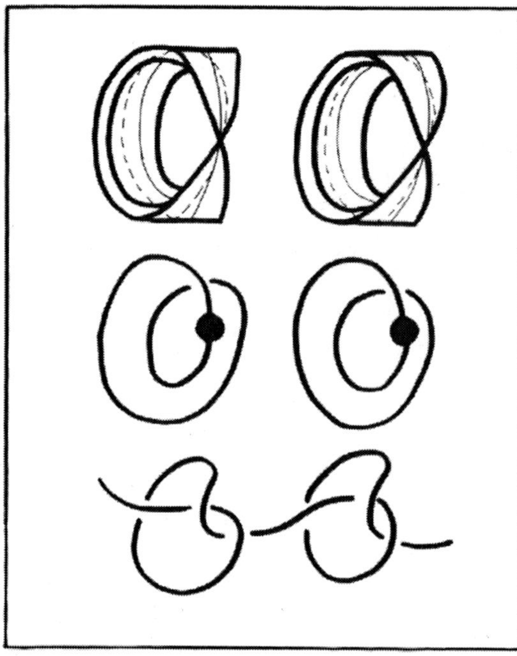

Herleitung:

Das Möbiusband hat nur eine Kante.

Lässt man ein Elektron die Kante entlang laufen

und verbindet die Kurven miteinander, dann kommt die Möbiusschleife nach Seike dabei heraus.

（第93図

Tafel 16.8 A: Herleitung der Möbiusschleife nach Prof. Seike<i>

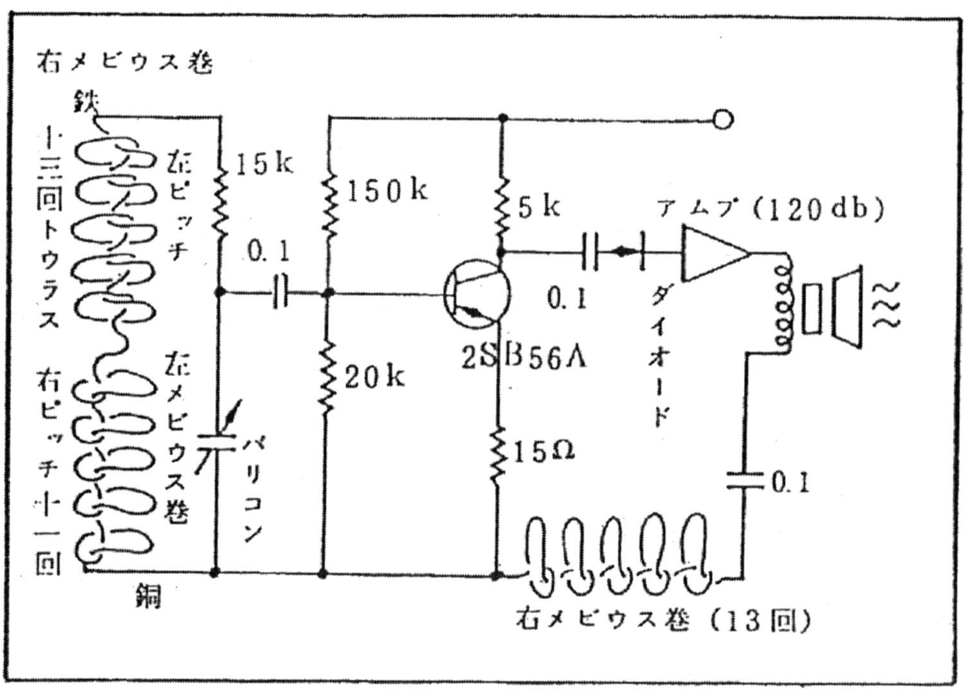

Tafel 16.8 B: Skalarwellenradio nach Prof. Seike<i>

<i>: Seike, Shinchi: The Principles of Ultra Relativity, Space Research Institute, 1990, ISBN 915517-1

16.8 Möbius-Konverter von Seike und Coler

Konstruktiv kann es von Vorteil sein, eine Möbiusspule nicht rein bifilar zu wickeln und dadurch auf eine perfekte Kompensation zu verzichten. Es reicht häufig schon aus, wenn zwei Leiter sich kreuzen und nur einzelne Komponenten der Feldvektoren sich teilweise aufheben.
Bei der auf Tafel 16.7 D gezeichneten auseinandergezogenen und kreuzförmig gewickelten Spule stehen der Leiterstrom und die dazugehörigen Felder von Hin- und Rückleiter unter einem Winkel von nahezu 90°. Dies soll in einzelnen Fällen die Entstehung offener Feldlinien bereits bewirken können.

Ähnliche Feldverhältnisse entstehen, wenn nach jeder Windung der Draht unter der letzten Windung durchgeschleift wird. An den Verknotungen treten wieder die Winkelverhältnisse von ca. 90° auf. Der japanische Professor Shinichi Seike arbeitet vorzugsweise mit dieser Wicklungsart, die er direkt aus dem Möbiusband ableitet (Tafel 16.8 A)[i]. Auf diesem Prinzip aufbauend hat er einen Elektro-Gravitations-Motor konstruiert. Auch er spricht von Gewichtsabnahme und von künstlichem Anti-Schwerkraftfeld. Es konnte experimentell bestätigt werden, daß sich sein Aufbau während des Versuchsbetriebs langsam abkühlte, trotz der zu erwartenden Stromerwärmung durch die Kupferverluste[ii, S.29].
Genaueres ist mir leider nicht bekannt.
In seinem Buch findet sich ferner das Schaltbild eines Radios zum Empfang von Skalarwellen (Tafel 16.8 B). Dabei tauscht er ganz einfach alle Spulen im Hochfrequenzteil gegen seine Möbiusspulen aus. Ob mit der einfachen Maßnahme bereits Longitudinalwellen meßbar und empfangbar sind, muß erst noch geprüft werden.

Einen anderen Möbius-Konverter hatte vor mehr als 50 Jahren der deutsche Kapitän Coler entwickelt. Sein "Magnetstromapparat", mit etwa 6 kW Leistung und einem mindestens vierfachen Over-Unity-Effekt verwendet sechs Spulen mit permanentmagnetischem Kern. Als Besonderheit leitet er den Spulenstrom auch noch durch den Kern hindurch unter einem Winkel von 90° gegenüber dem Wicklungsstrom (Tafel 16.8 C).

Nähere Einzelheiten können in der Fußnote nachgelesen werden[ii, S.22].

<ii>: Adolf Schneider: Energien aus dem Kosmos, Jupiter-Verlag 1994

S.22: "Wissenschaftler der Technischen Universität Charlottenburg in Berlin und München bestätigten, daß das Gerät einwandfrei funktionierte, fanden jedoch keine theoretische Erklärung für die Energieerzeugung. Die Professoren Kloss und Franke der Technischen Universität Berlin stellten einen Wirkungsgrad von 450% fest. Prof. Schumann bestätigte, daß 4,8 bis 6,7 mal mehr Energie herauskam, als in das Gerät hineingesteckt wurde. Eine Täuschung schloß Prof. Schumann völlig aus, wie die Protokolle belegen.
Allerdings war das Gerät nicht einfach in Gang zu setzen, und die Stabilität für längere Zeit war nicht sichergestellt. Die Kriegswirren setzten weiteren Forschungen ein Ende. Nach Kriegsende beschlagnahmte der britische Geheimdienst sämtliche greifbaren Unterlagen und Gerätschaften. Ein Teil des Berichts wurde 1962 deklassifiziert".

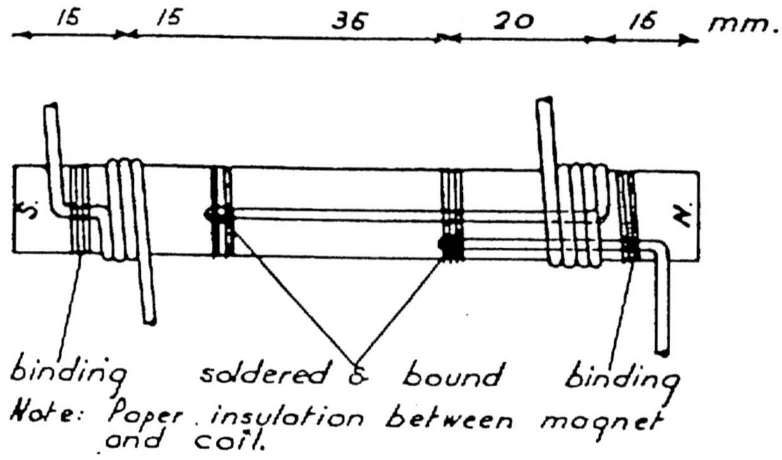

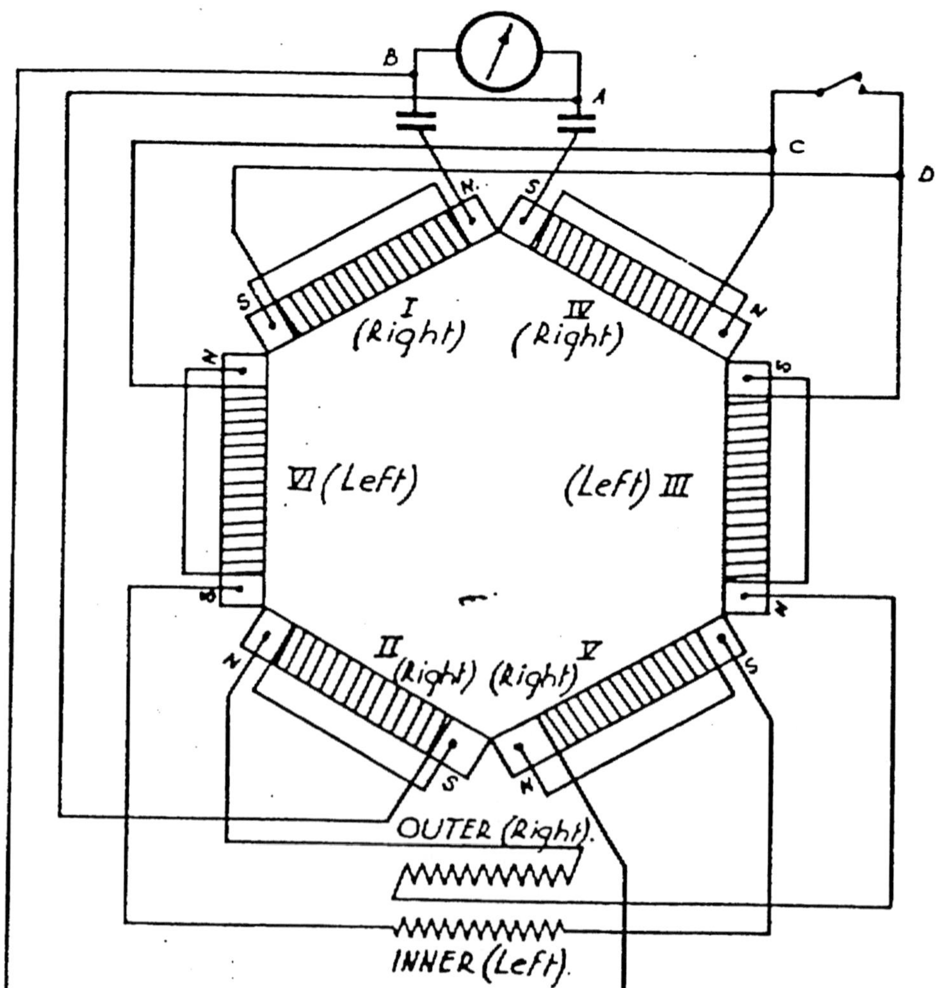

Tafel 16.8 C: Der Coler-Konverter

16.9 Teslas Flachspule

In der Kategorie der eigenwilligen Wickeltechniken darf zweifellos die Teslaspule nicht fehlen. Wenn in Schulen und Hochschulen solche zu Lehrzwecken in Labors stehen, dann sind es in der Regel Zylinderspulen. In Wirklichkeit hat Tesla mit Flachspulen gearbeitet, aber das, so sagt man, ist heute nicht mehr notwendig, da wir über bessere Isolierstoffe verfügen als vor 100 Jahren. Tatsächlich hatte Tesla mit Isolationsproblemen zu kämpfen, die er mit Hilfe der Flachspule lösen konnte, aber es sollte sich herausstellen, daß der Spulengeometrie eine entscheidende Bedeutung zukommt.

Angefangen hatte alles damit, daß Tesla die Technische Hochschule in Graz ohne Abschluß verlassen mußte. Ihm war das Geld ausgegangen, und er hatte es gewagt, den ehrwürdigen Professor Poeschel und seinen funkensprühenden Grammschen Dynamo zu kritisieren. Damit hatte er sich selber unter Erfolgszwang gestellt. Zwei Jahre später hat er die Lösung parat. Im Jahre 1882 entdeckt er in Budapest das Drehfeld.
In der Folgezeit konstruiert und baut er einen Drehstrommotor, den aber keiner und schon gar nicht Thomas Alva Edison haben will. Tesla gibt nach dieser Meinungsverschiedenheit seinen Job bei der Edison Company sehr schnell wieder auf und steht schon wieder unter Erfolgsdruck. Damit treibt sich der ewige Junggeselle Tesla selber zu immer höheren Anstrengungen an. Er will sich und dem Rest der Welt beweisen, daß sein Drehstromsystem dem Gleichstrom überlegen ist.
Gleichstrom ist bekanntlich nicht transformierbar, und so liegt der Vorteil von Teslas Drehstrom in der Möglichkeit des Stromtransports per Hochspannungskabel über große Entfernungen. Dazu aber mußten die Hochspannungstransformatoren erst noch entwickelt werden und dabei traten die besagten Isolationsprobleme auf.
Mit jeder Windung steigt bei der Trafowicklung die Spannung an. Der Abstand zum außen liegenden Erdungspunkt muß mit jeder Windung größer gewählt werden, damit es zu keinem Überschlag innerhalb der Hochspannungswicklung kommt. Eine konsequente ingenieurmäßige Lösung des Problems ist die von Tesla genutzte, spiralförmig von innen nach außen gewickelte Flachspule (Tafel 16.9 A)[<i>].

Es ist also zutreffend, daß isolationstechnische Gründe zur Flachspule geführt haben, denn Tesla selbst war völlig überrascht, als er feststellen mußte, daß diese Spule ihre Selbstinduktion verlieren kann, daß mit ihr Skalarwellen nachweisbar sind und daß sie sich im Betrieb in unerklärlicher Weise abkühlt.

Diesen Abkühleffekt hat Tesla näher untersucht und schließlich sogar genutzt. In seiner Patentschrift zur **Supraleitfähigkeit** beschreibt er, daß die Flachspule auch noch ihren Ohmschen Widerstand verliert, wenn er sie zusätzlich mit flüssiger Luft vorkühlt. Die restliche Kühlung herab bis zum absoluten Nullpunkt hat seine Flachspule mit Hilfe der Neutrinos offenbar von ganz von alleine erledigt (Tafel 16.9 B)[<ii>].

<i>: Nikola Tesla: Coil for Electro-Magnets, Patent No. 512,340 (1894)

<ii>: Nikola Tesla: Means for Increasing the Intensity of Electrical Oscillations, Patent No. 685,012 (1901)

einfach gewickelte Flachspule (Teslaspule)

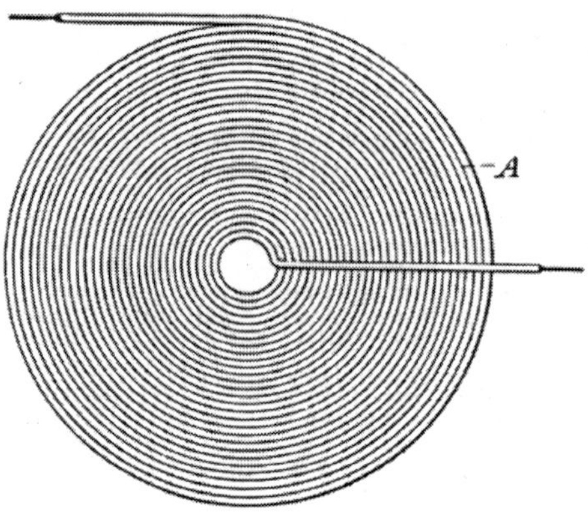

bifilar gewickelte Flachspule (aus der Patentschrift von Tesla)

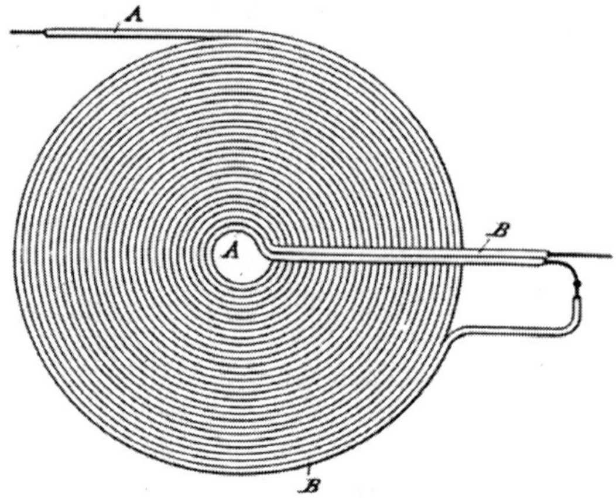

Tafel 16.9 A: Wickeltechniken der Tesla´schen Flachspule<i>

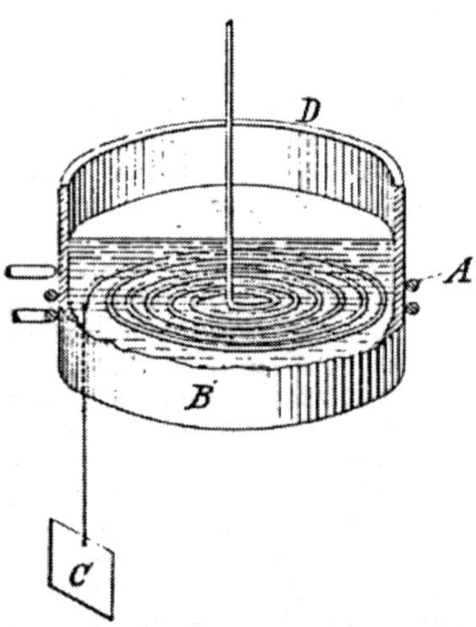

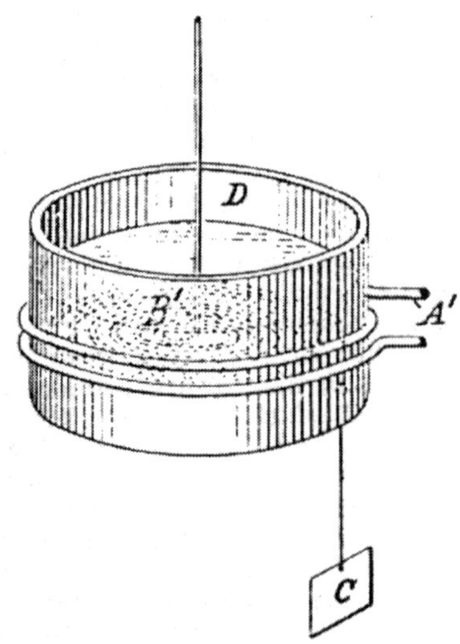

Tafel 16.9 B: Patentschrift von Tesla zur Supraleitung<ii>

<i>: Nikola Tesla: Coil for Electro-Magnets, Patent No. 512,340 (1894)

<ii>: Nikola Tesla: Means for Increasing the Intensity of Electrical Oscillations, Patent No. 685,012 (1901)

16.10 Das Geheimnis der Flachspule

Die technische Funktion könnte in der Weise erklärt werden, daß bei Anregung von außen durch Induktion die Ladungsträger einer Flachspule in Bewegung gesetzt werden. Die übertragene Energie äußert sich in Form von kinetischer Energie. Jetzt wird die spiralförmige Flachspule nach innen zu immer enger, die Drahtlänge jeder Windung immer kürzer, so daß die kinetische Energie zwangsläufig zu Gunsten einer Rotationsenergie abnehmen muß. Durch Fliehkraft werden die immer schneller rotierenden Kugelwirbel zu flachen Scheiben und schließlich zu Ringwirbeln auseinandergezogen. Aus den Elektronen werden zunächst leitungsgebundene und schließlich freie Neutrinos. Erstere hat Tesla bei der Eindraht-Übertragungstechnik (Tafel 9.5) und letztere bei seiner drahtlosen Energieübertragung (Tafel 9.7) technisch genutzt.

Auch die Erfindungen, die Tesla zu seinen größten zählt, wie die Rundfunktechnik und der Magnifying Transmitter, verdankt Tesla, wie viele andere Erfinder auch, in erster Linie seinem Fleiß, seiner Ausdauer und einer großen Portion Erfinderglück. Ein Magier jedenfalls, wie er in seiner bedeutendsten Biographie bezeichnet wird, war er nie[<i>]. Die Flachspule, zu der ihn der Zufall führte und die bei all diesen Erfindungen eine zentrale Rolle spielt, versetzte ihn in die glückliche Lage, Neutrinos einzufangen und in Ladungsträger zu materialisieren oder in umgekehrter Richtung Elektronen zu Neutrinos zu dematerialisieren.

Dabei ist die Technik alles andere als neu. Schon der Lituus der etruskischen und römischen Auguren und der Krummstab der Priester hatten dieselbe spiralförmige Struktur (Tafel 16.10). Es handelte sich bei den Geräten, die den Auguren beispielsweise bei der Landvermessung dienten, eindeutig um Tesla'sche Flachspulen. Wir werden im 3. Teil des Buches noch näher auf dieses sonderbare „Messgerät“ eingehen[<ii>].

Der Trick besteht wohl darin, daß eine Komponente des elektrischen Feldzeigers in Richtung Mittelpunkt der Spule gerichtet ist und als Folge einige offene Feldlinien generiert werden, die dann Neutrinos aus dem Weltraum einsammeln.
Bei diesem Vorgang werden die Neutrinos dank der resonanten Wechselwirkung auf Lichtgeschwindigkeit abgebremst und anschließend über die Flachspule, wie besprochen, materialisiert, indem den Neutrinos auch noch Rotationsenergie entzogen wird. Da der Empfänger gegenphasig resonant schwingt, reduzieren sich zudem die thermischen Schwingungen und der Empfänger wird kalt!

Vergleicht man die Möbiusspule mit der Teslaspule, dann liegt neben zahlreichen Gemeinsamkeiten die Stärke der ersten Spule beim Erzeugen offener Feldlinien und beim Neutrinoeinfang, während die besondere und zusätzliche Eigenschaft der Flachspule in der Materialisation, in der Umwandlung von Neutrinos in Ladungsträger liegt. Allerdings müssen die Vorteile der Flachspule dadurch erkauft werden, daß mit sehr hohen Spannungen (oberhalb 511 kV) und mit hohen Spannungsänderungen (du/dt) gearbeitet werden muß. Mit dieser Problematik müssen wir uns noch näher befassen.

<i>: Margaret Cheney: Nikola Tesla, Erfinder, Magier, Prophet (Orig.: Man Out Of Time, 1981), Omega-Verlag Düsseldorf 1995

<ii>: K. Meyl: Elektromagnetische Umweltverträglichkeit, Teil 3, Umdruck zum informationstechnischen Seminar, INDEL Verlagsabteilung 2003.

Der etruskische Lituus Der römische Lituus

Tafel 16.10: Der Lituus oder Krummstab der Auguren im alten Rom

16.11 Diskussion zur Technologie der Neutrinosammler

Tragen wir für die Diskussion nochmals die Fakten zusammen: Ein RET-Gerät zeichnet sich durch eine mehr oder weniger unipolare Konstruktion und offene Feldlinien aus, mit denen resonant schwingende Neutrinos wechselwirken, abgebremst und eingefangen werden. Für den transienten Vorgang ist eine hohe Spannungsänderung ($d\mathbf{E}/dt$) erforderlich, die direkt, beispielsweise über eine Funkenstrecke, oder indirekt über das Faraday-Gesetz zur unipolaren Induktion ($\mathbf{E} = \mathbf{v} \times \mathbf{B}$) erreichbar ist.
Die besprochenen Möglichkeiten betreffen die Beschleunigung eines Maschinenteils ($d\mathbf{v}/dt$), die Variation des Magnetfeldes ($d\mathbf{B}/dt$) durch pulsförmige Erregersignale (16.5) oder durch Magnetflussvariation (16.3) und die Railgun, die auch ohne fremdes Magnetfeld betrieben werden kann (Tafel 15.5 C) und bei der in diesem Fall sowohl ein $d\mathbf{v}/dt$ als auch gleichzeitig ein $d\mathbf{B}/dt$ auftreten.
Bei ruhenden Anordnungen ist die Geschwindigkeit v die der im Leiter bewegten Ladungsträger. Damit das Faraday-Gesetz dabei seinen Einfluß nicht verliert, dürfen die Zeiger von **E** und **v** nicht in dieselbe Richtung zeigen, wie bei "normalen" Spulen. Abhilfe schaffen unkonventionelle Wicklungen, die beispielsweise wie Möbiusschleifen verknotet sein können (16.7). Auch der als Flachspule von Tesla wiederentdeckte antike Krummstab (Tafel 16.10) erweist sich als prinzipiell geeignet. Hier weist eine Komponente des elektrischen Feldzeigers in Richtung Mittelpunkt, so daß die gewünschte, mindestens teilweise unipolare Anordnung sich ausbilden kann.

Der erste Schritt, das Einsammeln der Raumquanten, sollte in Anbetracht der zahlreichen Möglichkeiten und der ausführlichen Darlegungen kein unüberwindbares Hindernis mehr darstellen. Eine echte Schwierigkeit haben wir noch vor uns, denn in den meisten Fällen entstehen irgendwelche leitungsgebundene Ringwirbel, für die kein elektronisches Bauelement existiert und kaum funktionierende Wandler bekannt sind.
Da verbiegen sich Löffel, fliegen irgendwelche Brocken durch den Raum, verschwindet Radioaktivität spurlos, entstehen Leuchterscheinungen und wird das Gerät plötzlich kalt. Fast alle Erfinder, die an dieser Stelle angekommen sind, sind von den unverstandenen Effekten begeistert oder machen sich damit wichtig, aber kaum einer fängt wirklich etwas damit an. Es fehlte bisher an der notwendigen Systematik und an einer brauchbaren Theorie.

Nur allzu häufig wird nicht bedacht, daß nur eine indirekte Wandlung in Ladungsträger möglich ist, daß bei der Materialisation von Neutrinos ein Zwischenprodukt entsteht, das sich mit der Modellvorstellung eines leitungsgebundenen Neutrinos oder eines schwingenden Ringwirbels beschreiben läßt. Die in diesem Kapitel zusammengetragenen Technologien zum Neutrinosammeln bilden nur den ersten Schritt vom freien zum gebundenen Ringwirbel. Dem zweiten Schritt ist das kommende Kapitel gewidmet. Hier sollten wir versuchen, die Eigenschaften der leitungsgebundenen Raumquanten zu verstehen und laut darüber nachdenken, zu welchem Zweck wir sie praktisch nutzen könnten [<i>].

<i>: Hinweis: Sowohl Kapitel 16 als auch Kapitel 17 behandeln den 4. Punkt nach Tafel 15.1 zur resonanten Wechselwirkung (Seite 86).

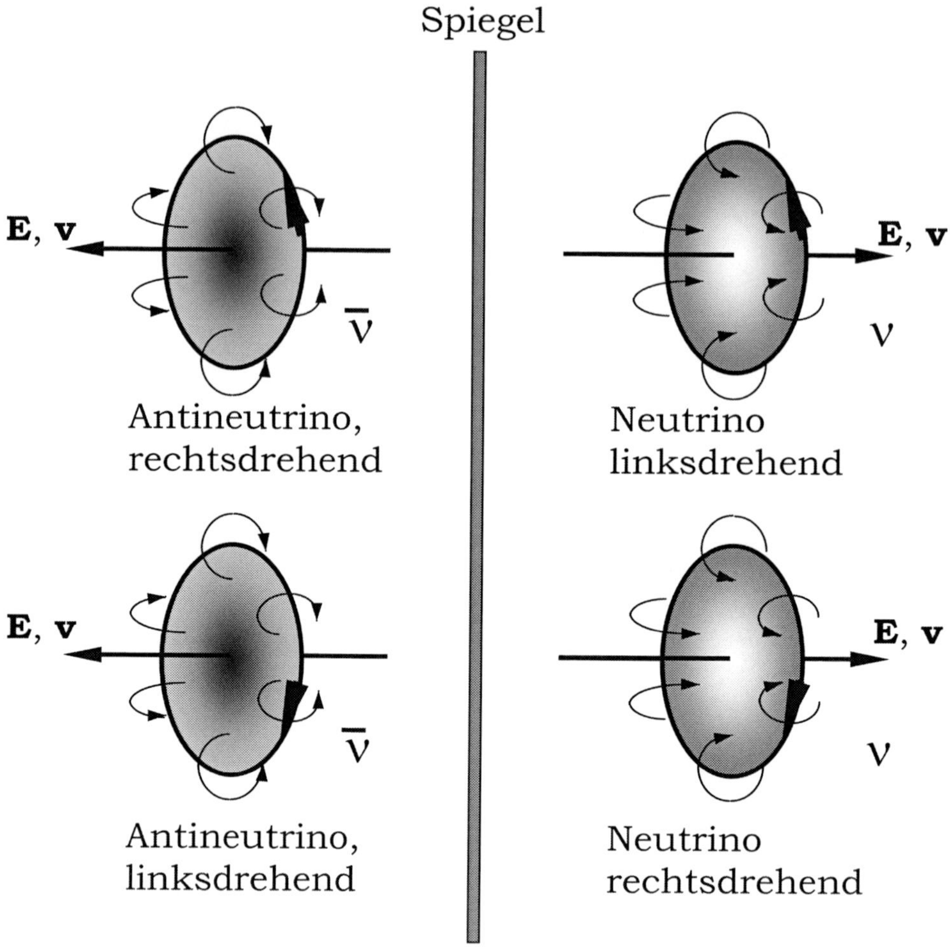

Tafel 17.1: Anwendung der Spiegelungstransformation auf die Neutrinos

<i>: Kleine Enzyklopädie Atom, Verlag Chemie GmbH, Weinheim 1970, S. 119: *„Für die Neutrinos ist die Quantenzahl Parität nicht definiert, da sie eine feste Verknüpfung von Impuls- und Spinrichtung haben; Drehsinn des Spins und Impulsrichtung bilden bei ihnen eine Linksschraube, bei Antineutrinos eine Rechtsschraube. Durch die dargestellte Spiegelung kehrt sich die Impulsrichtung um, aber der Drehsinn bleibt unverändert; d.h. Reaktionen, in denen Neutrinos vorkommen, sind nicht spiegelungsinvariant, sie verletzen den Erhaltungssatz der Parität".*

Anmerkung des Autors: Ein Antineutrino ist keinesfalls der Antimaterie zuzuordnen, da es genauso wie jedes Neutrino abwechselnd den Materie- und den Antimaterie-Zustand einnimmt, indem es um sich herumschwingt (s. Tafel 7.12). Die Bezeichnung folgt lediglich einer in der Zweckmäßigkeit begründeten Definition.

17. Technische Nutzung der schwachen Wechselwirkung

17.1 Von Neutrinos verursachte Radioaktivität

Neutrinos stehen zu anderen Elementarteilchen in einer schwachen Wechselwirkung. Der Umstand ist allgemein bekannt. Den im Buch vorgebrachten Überlegungen und Herleitungen zufolge vermitteln die Neutrinos die resonante Wechselwirkung, woraus der Schluß zu ziehen wäre, daß die schwache ein Teilaspekt der resonanten Wechselwirkung darstellt, bei der es lediglich um den Nahbereich geht.
Ferner werden Anstrengungen unternommen, die schwache Wechselwirkung mit der elektromagnetischen zu einer elektroschwachen Wechselwirkung zusammenzufassen, nachdem aufgefallen war, daß eine bestimmte Kopplungskonstante in beiden Fällen übereinstimmt. Uns kann das natürlich nicht überraschen, da die elektromagnetische sowieso nur den Sonderfall der resonanten Wechselwirkung mit der Frequenz null beschreibt.
Die schwache Wechselwirkung betrifft mit der sehr geringen Reichweite von gerade mal 10^{-16} Metern nur den Nahwirkungsbereich der Neutrinos, beispielsweise den ß-Zerfall, bei dem Neutrinos auf Grund ihrer schwingenden Ladung ein freies Neutron so lange rütteln und schütteln, bis es im Mittel nach ungefähr einer Viertelstunde schließlich zerfällt.

Dem österreichischen Physiker Wolfgang Pauli war aufgefallen, daß die halbe Zerfallsenergie nach einem ß-Zerfall fehlt und die Energiebilanz nicht aufgeht. Zudem geht auch die Drehimpulsbilanz nicht auf, da sich der Kernspin um eine ganze Einheit ändert. Pauli hat daraufhin 1930 ein massefreies und ladungsloses hypothetisches Teilchen mit den entsprechenden Eigenschaften eingeführt, das er ***Neutrino*** genannt hat.
Damit sind Pauli und sein mitwirkender italienischer Kollege Fermi zwar die Namensgeber der Neutrinos, aber noch lange nicht die Entdecker. Wenn Cowan und Reines diese Teilchen mit großem apparativem Aufwand 1956 nachgewiesen haben, dann war auch dies keineswegs eine Premiere, wie fälschlicherweise in Lehrbüchern und Lexika zu lesen ist. Schließlich hatte Nikola Tesla schon Jahrzehnte zuvor demonstriert, daß die Neutrinostrahlung nicht nur existiert, sondern sogar energietechnisch nutzbar ist.

Jetzt kommt es beim radioaktiven Zerfall zu einer ß-Strahlung, ausgelöst durch die Wandlung von Neutronen in Protonen oder umgekehrt. Diese findet offenbar unter dem Einfluß und unter Beteiligung von Neutrinos im Atomkern statt. In besonderem Maße ist die aus Elektronen und Positronen bestehende ß-Strahlung, wie sie bei der Kernspaltung auftritt, ziemlich ungesund und ganz und gar nicht umweltverträglich. Unter dem Einfluß freier Ladungsträger werden nicht nur Metallgitter weich und lassen sich Löffel verbiegen, es findet auch eine Elektrolyse statt, bei der Wassermoleküle in ihre Bestandteile gespalten werden. Das ist keine gute Voraussetzung für die Flora und Fauna auf unserem Planeten, die überwiegend aus Wasserstrukturen aufgebaut ist.

Tafel 17.2: Einstein, Tesla und Steinmetz<i>
(von links nach rechts)

<i>: Franz Ferzak: Nikola Tesla, Eigenverlag, S. 103

17.2 Nikola Tesla, der Entdecker der Neutrinostrahlung

Am besten wird der Entdecker der Neutrinostrahlung den Zusammenhang selber erklären können. In der New York Times schreibt Tesla, daß er das Phänomen der kosmischen Strahlen entdeckt und untersucht hat, noch lange bevor andere ihre Forschungen begannen<i>: *„Laut meiner Theorie ist ein radioaktiver Körper nur eine Zielscheibe, die ständig von unendlich kleinen Kugeln (Neutrinos), die aus allen Teilen des Universums projiziert werden, bombardiert wird. Wenn diese, derzeit unbekannte, kosmische Strahlung völlig unterbrochen werden könnte, dann gäbe es keine Radioaktivität mehr.*
Ich machte einige Fortschritte in Bezug auf die Lösung des Rätsels, bis ich im Jahre 1898 mathematische und experimentelle Beweise erlangte, daß die Sonne und ähnliche Himmelskörper energiereiche Strahlen aussenden, die aus unvorstellbar kleinen Teilchen bestehen und Geschwindigkeiten besitzen, die wesentlich höher sind als die Lichtgeschwindigkeit. Die Durchdringungskraft dieser Strahlen ist so groß, daß sie Tausende Kilometer fester Materie durchdringen, ohne daß sich ihre Geschwindigkeit merklich verringert."
Wie Tesla von experimentellen Beobachtungen und einem sicheren Instinkt geführt zu dem richtigen Ergebnis kommt, ist bewundernswert. Er liegt lediglich mit der Schlußfolgerung, wegen der fehlenden Wechselwirkung müssen die Neutrinos unvorstellbar klein sein, nicht ganz richtig. Ihre Größe ist vielmehr von der Geschwindigkeit abhängig, da die überschnellen Neutrinos stärker längenkontrahiert werden. Tesla trifft aber genau den Nagel auf den Kopf, wenn er anläßlich der Pressekonferenz zu seinem 81. Geburtstag erklärt, die Radioaktivität sei ein eindeutiger Beweis der Existenz einer äußeren Strahlung kosmischen Ursprungs<ii>. *„Falls Radium in effektiver Weise gegen diese Strahlung abgeschirmt werden könnte"*, so schreibt Tesla in einem Aufsatz von 1934, *„dann wäre es nicht mehr radioaktiv"*. Bei der Gelegenheit widerspricht er Albert Einstein, ohne dabei den Namen auszusprechen, und empört sich über die falsche Arbeitsweise der Wissenschaftler<iii>.

Mich persönlich fasziniert, wie hier bislang ignorierte Resultate präsentiert worden sind, die ich mir selber erst mühsam theoretisch erarbeiten mußte. Theoretische Herleitungen hat Tesla meines Wissens nach nicht vorgenommen, jedenfalls sind keine überliefert. Als brillanter Experimentalphysiker muss er über die Meßtechnik zu seiner Vorstellungswelt gelangt sein. Die perfekte Übereinstimmung seiner experimentell ermittelten mit den von mir theoretisch gewonnenen Erkenntnissen wäre als Beweis für die Richtigkeit dieser Anschauung zu werten.

<i>: Dr. Tesla Writes of Various Phases of his Discovery, New York Times, Feb. 6, 1932, P. 16, col. 8

<ii>: Tesla Said (J. T. Ratzlaff), Tesla Book Company, ISBN 0-914119-00-1, P.272

<iii>: *"Die Wissenschaftler von heute denken tiefgründig anstatt klar. Man muß geistig gesund sein, um klar denken zu können, aber man kann tiefgründig denken und trotzdem vollkommen geisteskrank sein. Die heutigen Wissenschaftler haben Experimente durch Mathematik ersetzt, und sie wandern von einer Gleichung zur anderen und bauen schließlich ein Gebäude auf, das absolut keine Beziehung zur Realität hat"...*

entnommen aus N. Tesla: Radio Power will Revolutionize the World, Modern Mechanix and Inventions, 7/1934, (Tesla Said, P. 264)

Tafel 17.3: Der Magnifying Transmitter von Nikola Tesla
Wäre die Forschungsstation in Colorado Springs (1899 - 1900) für Transmutation geeignet gewesen?

17.3 Transmutation und Radioaktivitätsverminderung

Sind wir in der Lage, Neutrinos zu sammeln und zu bündeln, dann sollte damit eine Beeinflussung des radioaktiven Zerfalls möglich werden, dann sollte auch eine Entstrahlung radioaktiv verseuchten Materials und eine sogenannte Transmutation möglich sein. Wir haben hier eine konkrete Möglichkeit vor uns, die erzeugten Ringwirbel unmittelbar zum Wohle der Menschheit zu nutzen. Gefährliche Castortransporte, End- und Zwischenlager und die Verstrahlung ganzer Landstriche, wie um das außer Kontrolle geratene Atomkraftwerk Tschernobyl herum, müßten überhaupt nicht sein.
Werden ausgebrannte Brennstäbe und verstrahlte Gegenstände nämlich einer konzentrierten Neutrinodusche unterzogen, findet der radioaktive Zerfall beschleunigt statt, so daß die Halbwertszeit drastisch herabgesetzt werden kann. Nach der Behandlung wäre der gefährliche Sondermüll zu harmlosem Hausmüll mutiert. Auch Recycling oder Wiederverwendung sind sogar denkbar.

Die Thematik ist mindestens so brisant wie die Energiefrage und ebenfalls völlig ungelöst. Daher wird an verschiedenen Stellen und in einigen Firmen bereits fieberhaft über Technologien zur Transmutation geforscht. Häufig sind es dieselben, die auch am Thema der Raum-Energie arbeiten. Der Grund ist ganz einfach der, daß in beiden Fällen Neutrinos eingesammelt und gebündelt werden müssen. Bei der Transmutation entfällt allerdings die Notwendigkeit zur Materialisation, so daß das Ziel schneller und einfacher erreichbar ist. Es wird folgerichtig von mehr Fällen einer geglückten Entstrahlung und Transmutation berichtet, als von funktionierenden Energiekonvertern. Bislang sind die meisten Verfahren jedoch für den großtechnischen Einsatz noch kaum geeignet, aber sie tragen Hinweise einer Problemlösung schon in sich.
Auf dem Kongreß "Neue Energietechnologien aus USA" am 6.12.1997 in Zürich habe ich zu dem Thema vorgetragen[<i>]: „Vermutlich hat als erster der Arzt Dr. Wilhelm Reich entsprechende Versuche mit seinem ***„Orgonakkumulator“*** durchgeführt (Tafel 9.2). Von ihm stammen auch ernst zu nehmende Warnungen vor biologischen Auswirkungen, wenn radioaktives Material unter seinen Orgonakkumulator gelegt wird und der Zerfallsprozeß beschleunigt stattfindet“.
Wagt man sich an eine Interpretation seiner Experimente mit nur 1 mg Radium heran, dann haben sich beim Auftreffen der gebündelten Neutrinostrahlen auf seine Probe zahlreiche Ladungsträger materialisiert mit der Konsequenz einer hohen Elektrostatik in der Umgebung, die Reich als DOR-Zustand (Deadly ORgone) bezeichnet hat (Kap.15.11).

Ein anderer Weg wäre der Nachbau eines Neutrinosenders nach den Plänen und Patentschriften des Experimentalphysikers Nikola Tesla (Tafel 9.11). Er hatte vor 100 Jahren einen regelrechten Neutrino-Rundfunk realisiert und eine eigenwillige Schaltungstechnik dazu entwickelt. Tesla bezeichnete seinen Sender als ***„Magnifying Transmitter“*** (Tafel 17.3). Er wählte den Namen eines *„Verstärkersenders“*, nachdem er bei Experimenten mehr Energie empfangen als gesendet hatte und dieser Effekt mit zunehmender Entfernung zum Sender noch zunahm. Er hatte offensichtlich freie und synchron schwingende Neutrinos mit eingesammelt, und das wäre die beste Voraussetzung für eine erfolgreiche Transmutation und Entstrahlung radioaktiven Materials!

<i>: Konstantin Meyl: Die Wechselwirkung der Neutrinos; über Maßnahmen, die Halbwertszeit beim radioaktiven Zerfall herabzusetzen.
NET-Journal Jg. Nr. 3, Jan./Feb. 1998, S. 14-20

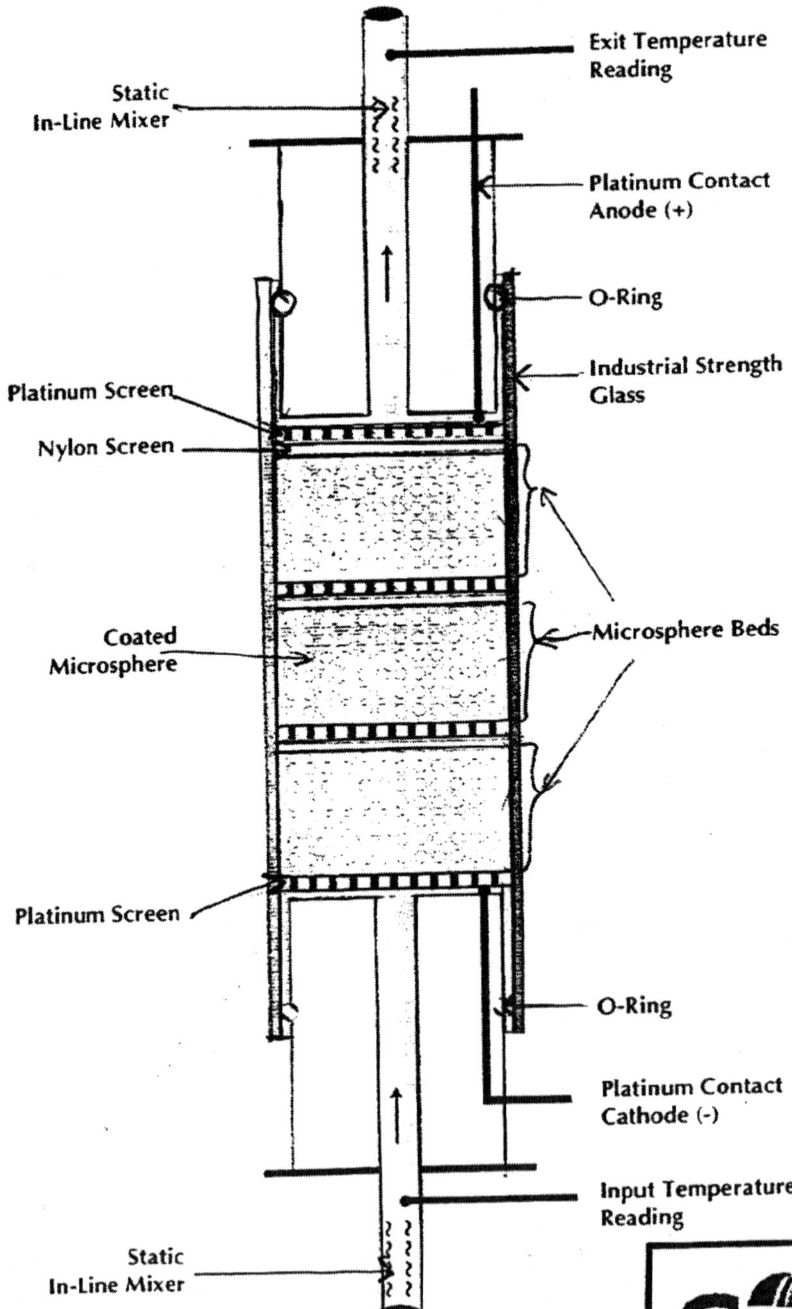

Tafel 17.4: 1 kW Patterson Power Cell<i>

<i>: Patterson, J. A.: System with electrolytic cell and method for producing heat and reducing radioactivity of a radioactiv material by electrolysis. US Patent No. 5.672.259 of Sept. 30, 1997, as reprinted in Infinite Energy, July-Nov.1997, pp. 13-16

17.4 Die Patterson Power Cell

Als beachtenswertes Beispiel sei die Patterson Power Cell genannt, die nicht nur zur Energiegewinnung, sondern, wie sollte anders sein, auch zur Radioaktivitätsverminderung und zur Transmutation verwendbar ist. Die von dem Chemiker Dr. James A. Patterson erfundene Energie-Zelle wird von der Firma CETI (Clean Energy Technologies Inc.) in Sarasota (Florida, USA) erforscht und weiterentwickelt. Aktuellen Berichten zufolge liefert so ein Gerät maximal ein Kilowatt Wärmeenergie bei einem Over-Unity von bis zu 4000; die Energieabgabe ist also 4000 mal größer als die zum Betrieb erforderliche elektrische Energieaufnahme!
Auf Tafel 17.4 ist eine einzelne Zelle des Energiekonverters abgebildet. Der aus drei Kammern von jeweils ca. 4 cm Höhe bestehende Glasbehälter mit etwa 1,9 cm Durchmesser arbeitet wie ein Durchlauferhitzer. Von unten wird Leitungswasser oder destilliertes Wasser zugeführt und am oberen Anschluß in erhitzter Form wieder abgenommen. Die Anregung erfolgt elektrostatisch über zwei Platinelektroden. Die obenliegende Anode wird mit dem Pluspol und die Kathode mit dem Minuspol der Gleichspannungsquelle verbunden.
In den drei Kammern befinden sich winzige, hauchdünn beschichtete Kügelchen, die das eigentliche Herzstück der Zelle bilden. Herstellungsverfahren und Aufbau der Perlen richten sich nach der gestellten Aufgabe. Bei einer für die Energiegewinnung konzipierten Variante tragen die knapp einen Millimeter im Durchmesser kleinen Kunststoffperlen nacheinander eine dünne Schicht Palladium, eine Schicht Nickel und noch einmal eine mit Palladium[<i>].

Die Kügelchen erinnern mit ihrem geschichteten Aufbau zunächst an den Reich'schen Orgonakkumulator. Auch sie scheinen als Neutrinosammler zu funktionieren, allerdings für kleinere Wellenlängen und viel höhere Frequenzen. Zudem wird mit der Kugelform eine konzentrische Anordnung gewählt, die mit der elektrisch leitfähigen Oberfläche und dem dielektrischen Kern die Funktion eines Hohlraumresonators erfüllt. Resonanz ist tatsächlich möglich mit vorbeifliegenden Neutrinos, deren Wellenlänge ein ganzzahliges Vielfaches (1,2,3,..) des doppelten Kugeldurchmessers betragen.
Die entstehende resonante Schwingung betrifft aber nicht nur die elektrischen und magnetischen Felder, sondern über Elektrostriktion und Magnetostriktion auch eine mechanische Größenschwingung. Umgekehrt bewirkt die Größenschwingung wiederum schwingende elektrische und magnetische Feldzeiger, die über die Kugelstruktur zum Teil offen sind und mit weiteren Neutrinos resonant wechselwirken können. In diesem Rückwirkungsfeld steckt das eigentliche Geheimnis der Funktion einer Patterson-Zelle.

Der Präsident der Deutschen Vereinigung für Schwerkraft-Feld-Energie, Prof. Dr. Dr. Josef Gruber hat anläßlich seines Besuches bei der Firma CETI und einer Tagung über „kalte Fusion" in Vancouver einen Bericht veröffentlicht[<ii>]:

<ii>: Gruber, J.: Kalte Fusion und Raumenergie, Bericht zur 7. Internationalen Konferenz über "kalte Fusion" vom 19.-24.4.1998 in Vanvouver, B.C., Kanada (Infinite Energy, Issue 19, 1998) und Bericht zum "International Symposium on New Energy" vom 23.-26.5.1997 in Denver, Colorado, USA (Denver-Bericht der Fern Universität Hagen)

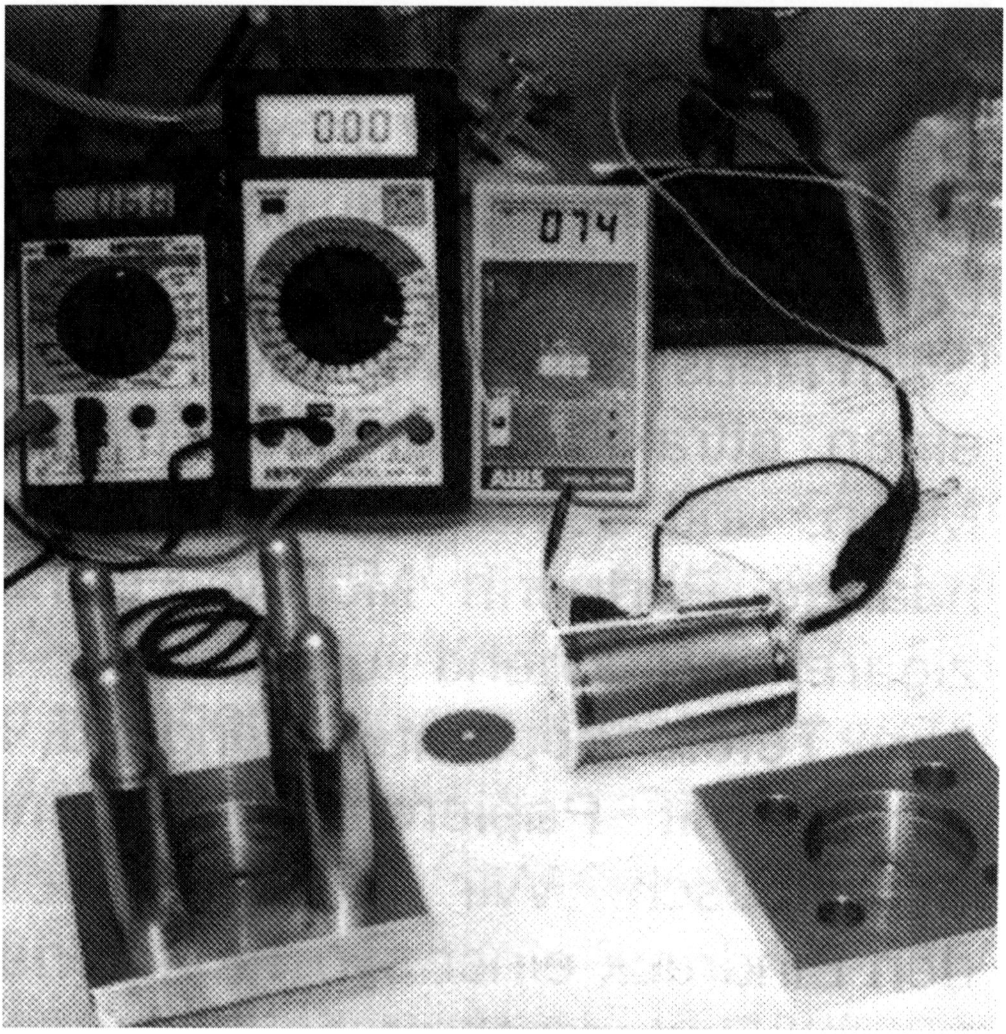

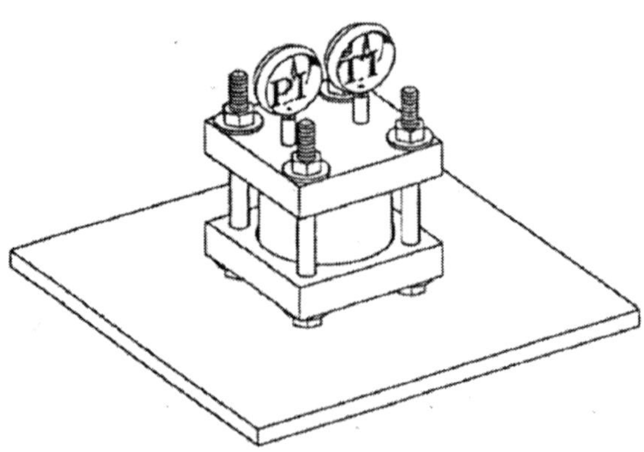

Tafel 17.5: Low Energy Nuclear Transmutation Cell<i>,
das Experimentierkit LENT-1
(Showing Temperature und Pressure Gags)

<i>: entnommen dem NET-Journal, 10/11 1997, S. 7

17.5 Bericht zur kalten Fusion

„Bei der Patterson-Transmutations-Zelle handelt es sich um eine spezielle Elektrolysezelle, in welcher die Radionuklide geladen werden. Während der Elektrolyse nimmt die mittels Geiger-Müller-Zählrohr gemessene Zerfallsaktivität drastisch ab. Es werden innerhalb weniger Stunden Reduzierungen bis zu 80% erzielt. In einem solchen Elektrolyse-System mit Elektroden aus speziell beschichteten Perlen können niedrig-energetische Nuklearreaktionen beobachtet werden. Hierbei werden Elemente in den metallischen Schichten der Perlen nachgewiesen, die vorher nicht darin enthalten waren. Des weiteren werden veränderte (unnatürliche) Isotopenverhältnisse gemessen. Diese lassen auf Transmutation schließen, die in der Zelle für die Umwandlung radioaktiver Elemente genutzt werden.
Bislang wurde natürliches Uran und Thorium als radioaktives Material verwendet. Die Reproduzierbarkeit ist bereits jetzt sehr gut. Die Anwendbarkeit für kommerzielle Zwecke zur Reduzierung der Radioaktivität abgebrannter Brennelemente und zur Umwandlung von Plutonium ist absehbar".
Bei seinem Besuch im Labor von CETI in Sarasota am 28.5.97 war Prof. Gruber Zeuge eines Experiments zur Vernichtung von Radioaktivität mit der Patterson-Transmutations-Zelle. Er berichtete darüber: „In Anwesenheit von N. J. Olson vom Pacific Northwest Laboratory (operated by Batelle for the U.S. Department of Energy) machte ein Team des Fernsehsenders ABC unter der Leitung des Wissenschaftsjournalisten Dr. M. Guillen Aufnahmen für eine inzwischen bundesweit ausgestrahlte Fernsehsendung. Die ursprüngliche Spannung - u.a. ratterte ein Geigerzähler - legte sich, als sich beim Experiment der erwartete Erfolg abzeichnete: Nach einer Stunde waren 50% der von Uranium-Nitrat stammenden Radioaktivität beseitigt, in einer weiteren halben Stunde weitere 13%. Dabei wurde auch eine beachtliche Menge Überschußwärme produziert.

Neue Verfahren dieser Art zur Verringerung von Radioaktivität haben einen wesentlichen Vorteil: Man bringt das RET-Gerät dorthin, wo sich das radioaktive Material befindet, und reduziert vor Ort die Radioaktivität. Im Gegensatz dazu wird bei dem herkömmlichen, noch in der Erforschung befindlichen Verfahren das radioaktive Material zunächst auf komplizierte Weise verpackt und dann zu einem speziellen Werk transportiert, wo mit hohem technologischem Aufwand und großem Energieeinsatz Radioaktivität reduziert wird - eine insgesamt relativ kostspielige und politisch nur schwer durchsetzbare Verfahrensweise".

Patterson-Zellen sind für Forschungszwecke bereits kommerziell erhältlich. Das gleiche gilt für ein Demo-Kit[<i>] der Firma Trenergy, Inc. von Hal Fox, der im „Fusion Information Center" an der Universität von Salt Lake City die weltweit größte Datenbank zum Thema „Low Energy Fusion" aufgebaut hat. Er ist Chefredaktor des „Journal of New Energy".
Schenkt man den Angaben auf ihrer Web-Seite Glauben[<ii>], dann ist man mit dem Experimentierset LENT-1-Kit in der Lage, in weniger als einer Stunde 10g radioaktives Thorium in 900 mg Titan und etwas Kupfer umzuwandeln. Unter einem Druck von 3200 psi war, wovon Alchemisten träumen, angeblich auch schon Natrium zu Gold fusioniert, als unbeabsichtigter Nebeneffekt, wie Forscher in Cincinnati/Ohio sagen[<iii>].

<i>: NET-Journal, Jan. 1997, S. 24
<ii>: im Internet unter: http://www.hal-fox@slkc.uswest.net
<iii>: NET-Journal, 10/11 1997, S. 7

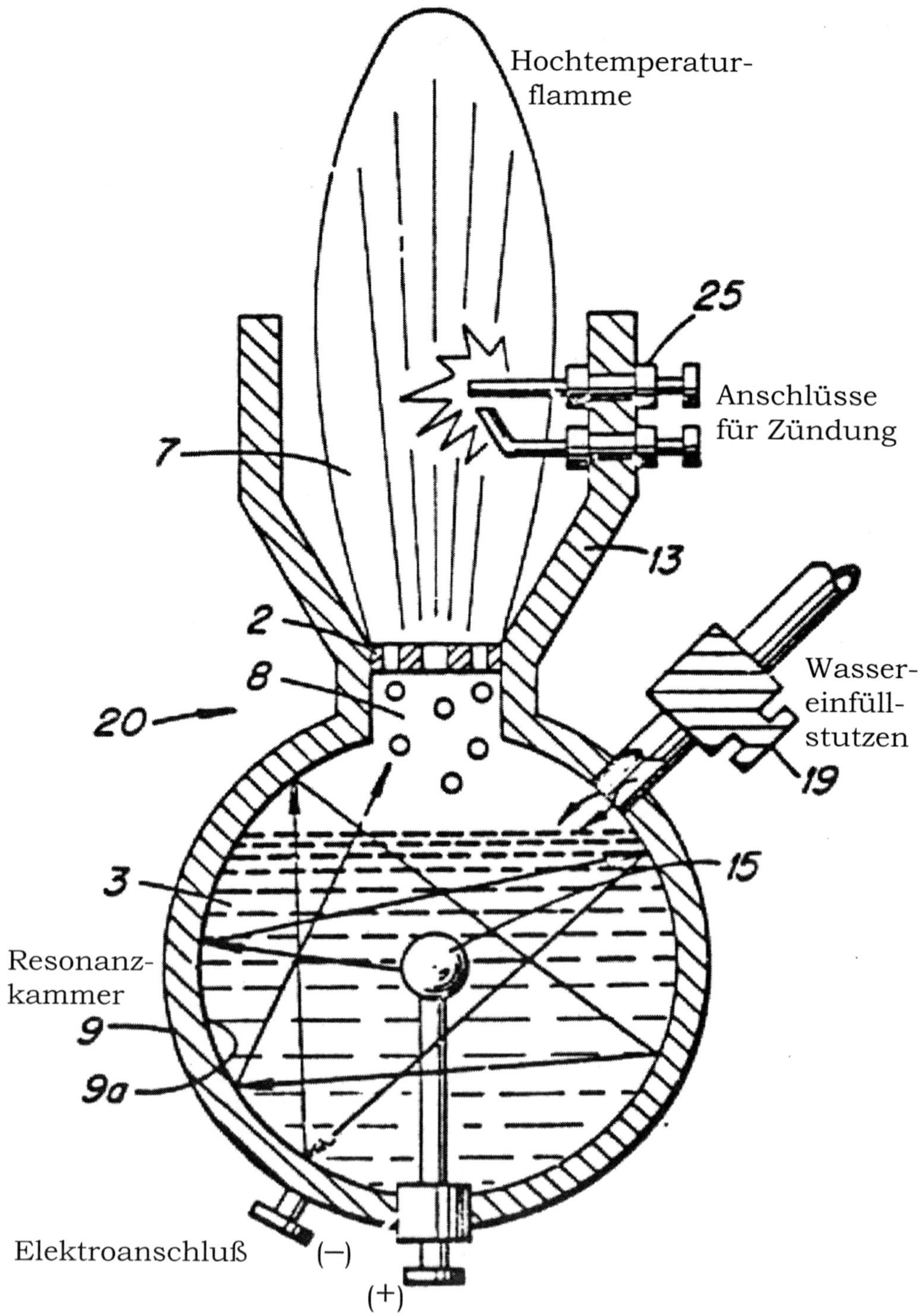

Tafel 17.6: Die Wasser-Brennstoffzelle nach Stanley Meyer<i>

<i>: H.-J. Ehlers: Stan Meyers Wasser-Zellen-Technik, Raum & Zeit special 7, S. 201, entnommen der kanadischen Patentschrift 1234 773 vom 5.4.88

17.6 Water-Fuel-Cell-Technologie

Die Vereinigten Staaten sind, gerade was spektakuläre Verfahren wie die Radioaktivitätsbeseitigung oder die Transmutation neuer Stoffe angeht, offenbar noch immer das Land der unbegrenzten Möglichkeiten. Nirgends ist die Liste der Forscher zur kalten Fusion so lang wie in Nordamerika. Es wird aber auch vielerorts nur probiert und ohne erkennbare Systematik oder brauchbare Theorie gebastelt. Dann steht leider in vielen Fällen nur ein Show-Effekt im Vordergrund, während Konstruktionspläne und Details zur Funktionsweise, sofern überhaupt existent, geheim gehalten werden. Unterm Strich bleibt da neben viel heißer Luft und falschen Hoffnungen wenig Brauchbares und Zitierfähiges übrig.
Im übrigen bin ich der Meinung, daß die **kalte Fusion** sehr viel mehr mit Raum-Energie und den Neutrinos zu tun hat als mit der heißen Fusion. Wieviel Unheil ein falscher Bezug und eine unbrauchbare Theorie anrichten können, ist an dem Beispiel der "kalten Fusionsforscher" Fleischmann und Pons deutlich geworden. Sie haben sich mit ihrer eigenen Fehlinterpretation zur kalten Fusion ins wissenschaftliche Abseits gestellt.
Zudem sind die beiden in erster Linie Wissenschaftler und Theoretiker. Praxis hingegen ist nach allgemeiner Definition, *"wenn's trotzdem funktioniert!"* Der Amerikaner Stanley Meyer ist so ein Mann der Praxis und seine Wasser-Zellen-Technik scheint tatsächlich zu funktionieren, obwohl er in seinen 18 Patentschriften theoretische Erklärungen abgibt, die er sich genauso gut hätte sparen können. Damit wird sein Effekt nicht erklärt.
Eine brauchbare Interpretation wäre die, daß dieses Gerät, mit einer pflanzlichen Zelle bei der Photosynthese vergleichbar, unter Einsatz von Neutrinos Wassermoleküle in seine Bestandteile aufspaltet. Auch ohne Kenntnis über Raumquanten läuft der Buggy von Stanley Meyer bereits mit einem luftgekühlten 1500er VW-Motor, und er verbraucht keinerlei Benzin. Der Tank wird mit Wasser gefüllt; es darf auch Meerwasser sein. Der Wasserverbrauch liegt bei 2,8 Liter auf 100 Kilometer und dabei entsteht als Verbrennungsprodukt wiederum überwiegend heißer Wasserdampf.
Wenn also kaltes in heißes Wasser gewandelt wird und gleichzeitig noch mechanische Energie zur Verfügung steht, dann muß zwangsläufig eine weitere Energiequelle beteiligt sein. Nach meiner Auffassung muß es sich um das Neutrinofeld handeln. Wenn die vorliegenden Angaben stimmen, dann liegt der Over-Unity-Effekt bei ca. 100, der Wirkungsgrad also bei 10000 Prozent.
Amerikanische Firmen, mit denen Stanley Meyer Verträge abgeschlossen hatte, sollten die "Water-Fuel-Cell-Technologie" zur Serienreife bringen. Auch die Finanzierung schien gesichert. Doch dann kam per Internet die Nachricht, er habe am 21.3.1998 in einem Restaurant in Grove-City zu Abend gegessen, sei plötzlich vom Tisch aufgesprungen und habe ausgerufen, er sei vergiftet worden. Er war auf der Stelle tot[<i>].

Es sind eine große Zahl Erfinder bekannt, die Raumenergie mit Hilfe von Wasser anzapfen. Dabei geht es um eine Erhöhung des Sauerstoffgehalts oder des Kolloidalgehalts, also um eine Verbesserung der Wasserqualität. Oder es geht wie bereits bei Walter Schauberger um Wirbelbildung, um Leuchterscheinungen oder auch um die Gewinnung freier Energie aus dem Neutrinofeld. In diesem Konzert nimmt das Konzept von Stanley Meyer eine herausragende Stelle ein, als besonders effizient, lehrreich und für uns klar nachvollziehbar, weshalb noch ein Blick in die Konstruktion geworfen wird (Tafel 17.6 und 17.7).

<i>: „Zum Hinschied von Stanley Meyer“, NET-Journal April/Mai 1998, S. 25; s.a. Nachruf im Infinite Energy Magazin

A. Das Pulsmuster der Erregerspannung:

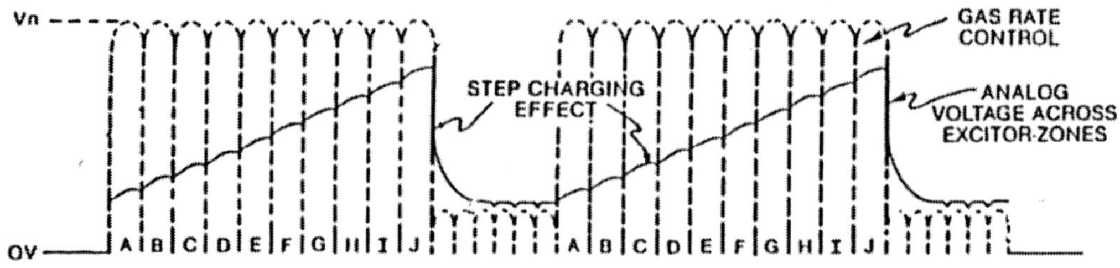

B. Das Blockschaltbild:

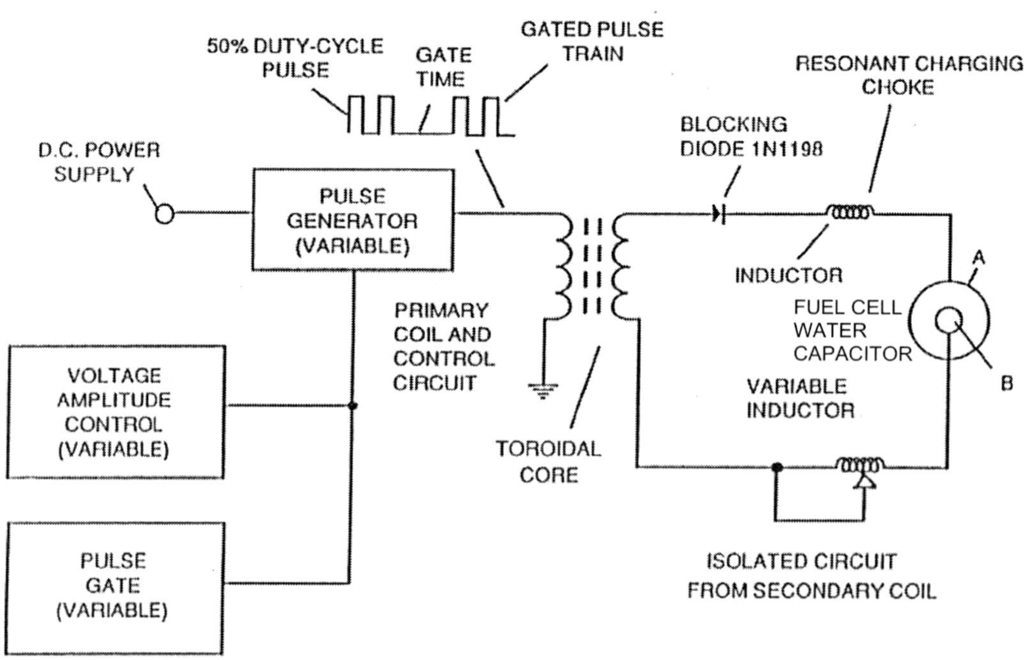

Tafel 17.7: Blockschaltbild zur Ansteuerung der Wasser-Zelle<i>

<i>: Stanley, A. Meyer: Process and Apparatus for the Production of Fuel Gas and the Enhanced Release of Thermal Energy from such Gas, 15.06.89, US-Pat. 207,730; International Publ. WO 89/12704; Int.Appl. PCT/US89/02622

17.7 Unkonventionelle Elektrolyse

Zahlreiche der von Stanley Meyer verwendeten Konstruktionsprinzipien sind schon behandelt worden, sei es die Anregung mit elektrischen Spannungspulsen oder der kugelförmige Aufbau der Resonanzkammer (Tafel 17.6). Als Kugelkondensator mit dem Pluspol im Zentrum und dem Minuspol am Außenrand entspricht er dem Modell des Elektrons und erfüllt in nahezu idealer Weise die Bedingungen einer unipolaren Anordnung nach Tafel 15.8 B.
Die Verwendung bestimmter Pulsmuster und steiler Pulsflanken (hohes dU/dt) ermöglicht bei Frequenzen ab zehn Kilohertz Resonanzeffekte, an denen zunehmend Neutrinos teilhaben. Zunächst wird der Serienresonanzkreis, bestehend aus der einstellbaren, externen Induktivität und dem Kugelkondensator, über die Stromrichterschaltung angeregt (Tafel 17.7). Im Resonanzfall, der durch Abgleich der Induktivität vorgenommen wird, sinkt der Erregerstrom, während die Spannung gleichzeitig Werte von über 1000 Volt erreicht. Kommt es zudem noch zu einer Neutrinoresonanz, dann tritt der bekannte Lawineneffekt ein. Die Apparatur nimmt dann fast keinen Strom mehr auf.
Als Dielektrikum dient Wasser, mit dem das Gefäß ständig gefüllt ist. Die Abmessungen richten sich laut Angaben des Erfinders nach der Bewegungsgeschwindigkeit der Wassermoleküle. Auch die schwingenden Wassermoleküle sollen in Resonanz gehen. Dann können sie mithelfen, die Neutrinos zu materialisieren. Ihre Rotationsenergie geht teilweise auf die Wassermoleküle über, und sobald die Neutrinos zu Ladungsträgern gewandelt sind, packen sie das Wassermolekül von der gegenpolig geladenen Seite und spalten es kurzerhand. Durch feine Öffnungen am oberen Rand der Kugelkammer, die so klein sind, daß keine Rückzündung erfolgen kann, verlassen die Sauerstoff- und Wasserstoffgase den Kondensator und gelangen im einfachsten Fall in eine Brennkammer, wo sie als Hochtemperaturflamme wieder zu Wasser verbrennen (Tafel 17.6).
Die Gase können natürlich auch in die Zylinder eines Ottomotors geleitet und dort gezündet werden, wie bei dem Versuchsbuggy. In der Schnittzeichnung ist noch ein Einfüllstutzen zu sehen, über den, dem Verbrauch entsprechend, Wasser nachgefüllt wird.
Die runde Resonanzkammer muß nicht zwingend kugelförmig sein. Stanley Meyer weicht häufiger von der Idealform ab und arbeitet mit einer Zylindersymmetrie (Tafel 17.8), mit der das Ziel vielleicht nicht ganz so gut, aber offensichtlich trotzdem erreichbar ist. Auf diesen Kompromiß treffen die Erläuterungen zu Tafel 15.8 C zu.
Werfen wir zum Schluß noch einen Blick auf das Schaltbild, das Stanley Meyer in seiner Patentschrift offenlegt (Tafel 17.7 und 17.8)[<i>]. Im Zentrum steht ein Transformator, der eine möglichst hohe Spannung erzeugen soll. In Reihe mit dem wassergefüllten Reaktionskondensator, einer festen und einer variablen Induktivität ist noch eine Gleichrichterdiode geschaltet, die dafür sorgt, daß nur positive Spannungspulse der Anregung dienen. Dadurch befindet sich im Zentrum der Reaktionskammer immer der Pluspol. Würden die beiden Anschlüsse vertauscht oder die Diode umgedreht, dann materialisierten die Neutrinos vermutlich in Positronen und nicht in die gewünschten Elektronen.
Läßt man aber die Diode ganz weg und hat eine sowohl in Plus- wie in Minusrichtung wechselnde Spannung, dann werden vielleicht Elektronen und Positronen gleichermaßen generiert, die miteinander zu Gammaquanten zerstrahlen. Dabei entsteht kein Gas, sondern allenfalls Licht, sofern der Effekt des Neutrinosammelns nicht mit verloren geht. Das Konzept sollte allein schon aus rein wissenschaftlichem Interesse wert sein, näher untersucht zu werden.

A: Der Hochspannungstransformator:

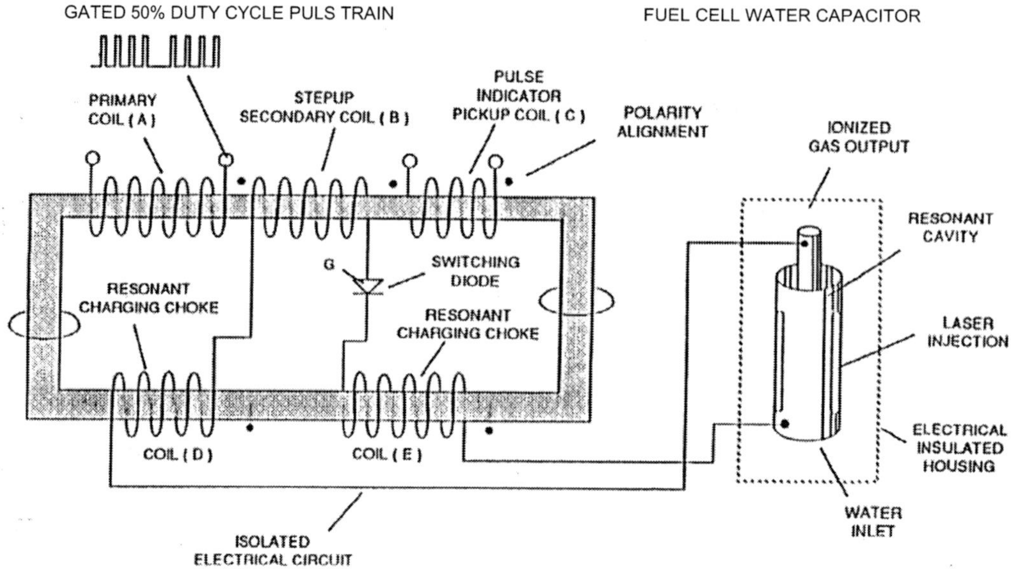

B: Die Ansteuerung:

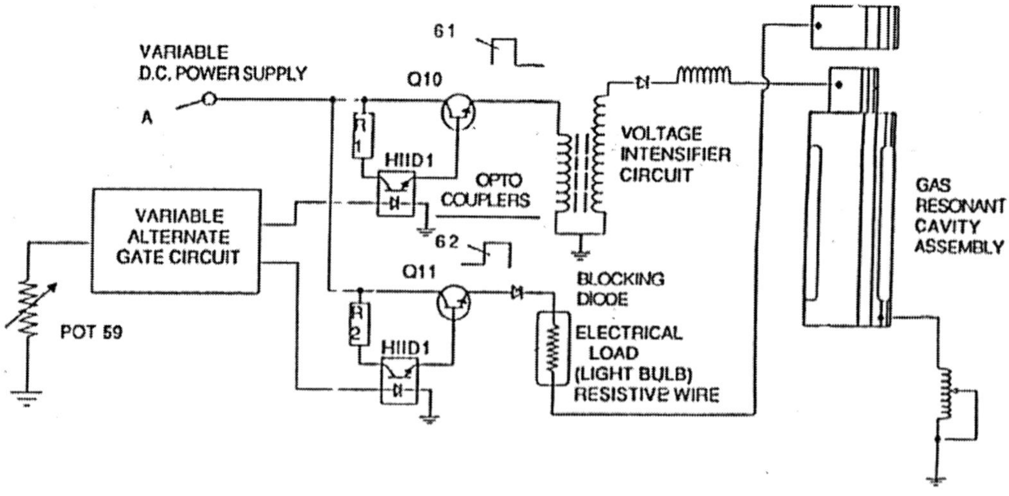

Tafel 17.8: Hochspannungstransformator und Ansteuerung der zylinderförmigen Wasser-Zelle<i>

<i>: Stanley A. Meyer: Process and Apparatus for the Production of Fuel Gas and the Enhanced Release of Thermal Energy from such Gas, 15.06.89, US-Pat. 207,730; International Publ. WO 89/12704; Int.Appl. PCT/US89/02622

17.8 Materialisation von Neutrinos

Im Mittelpunkt der Wasser-Brennstoffzelle des Stanley Meyer steht einerseits die unipolare Anordnung (nach Tafel 15.5 B oder C) zum Einsammeln der Neutrinos und andererseits das Wasser zum Abbremsen und Materialisieren. Darüber hinaus wurde viel gebastelt und probiert, wie aus den Patentschriften zu entnehmen ist (Tafel 17.8). Das fängt bei der Wickeltechnik des Transformators an und betrifft die Experimente mit Laseranregung genauso wie der Aufsatz, der laut Erfinder die Elektronen herausziehen soll (Electron Extractor Grid). Die Maßnahmen mögen eine Verbesserung bringen, sind für unsere Betrachtungen aber unerheblich.

An dieser Stelle geht es in erster Linie um die Frage nach der Materialisation von Neutrinos. Ob eine solche aber vollständig zu erfolgen hat, wenn Wassermoleküle zu spalten sind, hängt davon ab, wie lange der Vorgang dauert. Geht alles sehr schnell, dann reicht vielleicht aus, daß ein Neutrino sich kurzfristig als Elektron zeigt, bevor es wieder umschwingt. In dieser kurzen Zeit könnte der Spaltungsprozeß bereits abgelaufen sein. Die genutzten Neutrinos müßten dazu sehr niederfrequent und sehr langsam sein. Sie könnten danach die Reaktionskammer wieder verlassen und als Neutrino weiterfliegen.

Möglicherweise verdanken die Fische, die in stehenden Gewässern oder in der Tiefsee leben, den Sauerstoffgehalt im Wasser den langsamen Neutrinos. Da hier keine Bündelung erfolgt, findet die Wasserspaltung eher zufällig statt. Die flüchtigen Wasserstoffatome entweichen sehr rasch, während die großen Sauerstoffatome im Wasser zurückbleiben.

Jetzt wissen wir immer noch nicht, wie sich Ladungsträger gewinnen lassen. Bei dem RQM-Aggregat waren resonante Größenschwingungen gemessen worden und das kann als wichtiger Hinweis gewertet werden. Wird ein Raumquant nämlich gebremst, dann wird es größer. Wir hatten uns den umgekehrten Fall bereits klar gemacht: Ist ein Teilchen entsprechend schnell, dann ist es ausreichend längenkontrahiert, um durch den Tunnel zu passen (Tafel 6.14).

Das Zielgebiet sollte demnach zum Abbremsen von Neutrinos eine gegenphasige Größenschwingung durchführen. Organisches Material und biologische Systeme sind dafür hervorragend geeignet. Jede Muskelkontraktion führt uns das vor Augen. Anorganische Materie und unsere Technik hingegen kennen dieses Phänomen normalerweise nicht. Technische Energiewandler sind eben grundlegend anders aufgebaut als biologische Muskelmaschinen.

In historischen Quellen wird an manchen Stellen darauf hingewiesen, daß Priester mit Quarzen experimentiert hatten und wundersame Phänomene beobachtbar waren. Es stellt sich natürlich die Frage, ob solche Versuche heute noch reproduzierbar sind. Da die Dichte der Erde infolge des Volumenwachstums langsam zunimmt, verändert sich auch die Wellenlänge dieser Schwingquarze. Darum können die gleichen Neutrinostrahlen heute nicht mehr wirksam sein. Es wäre also völlig verfehlt, eine historische Quelle verwerfen zu wollen, nur weil ein beschriebener Effekt heute nicht mehr funktionieren will.

Eine Lösung könnte magnetostriktives oder elektrostriktives Material darstellen. Beispielsweise ein Piezokristall, der unter einem äußeren Feldeinfluß kontrahiert. Als Ultraschallwandler führt eine angelegte Wechselspannung zur Abstrahlung einer Schallwelle. Drehen wir die Funktion um, dann sollte eine empfangene Longitudinalwelle zu einer elektrischen Spannung führen und da wären sie dann endlich abgreifbar, die materialisierten Ladungsträger!

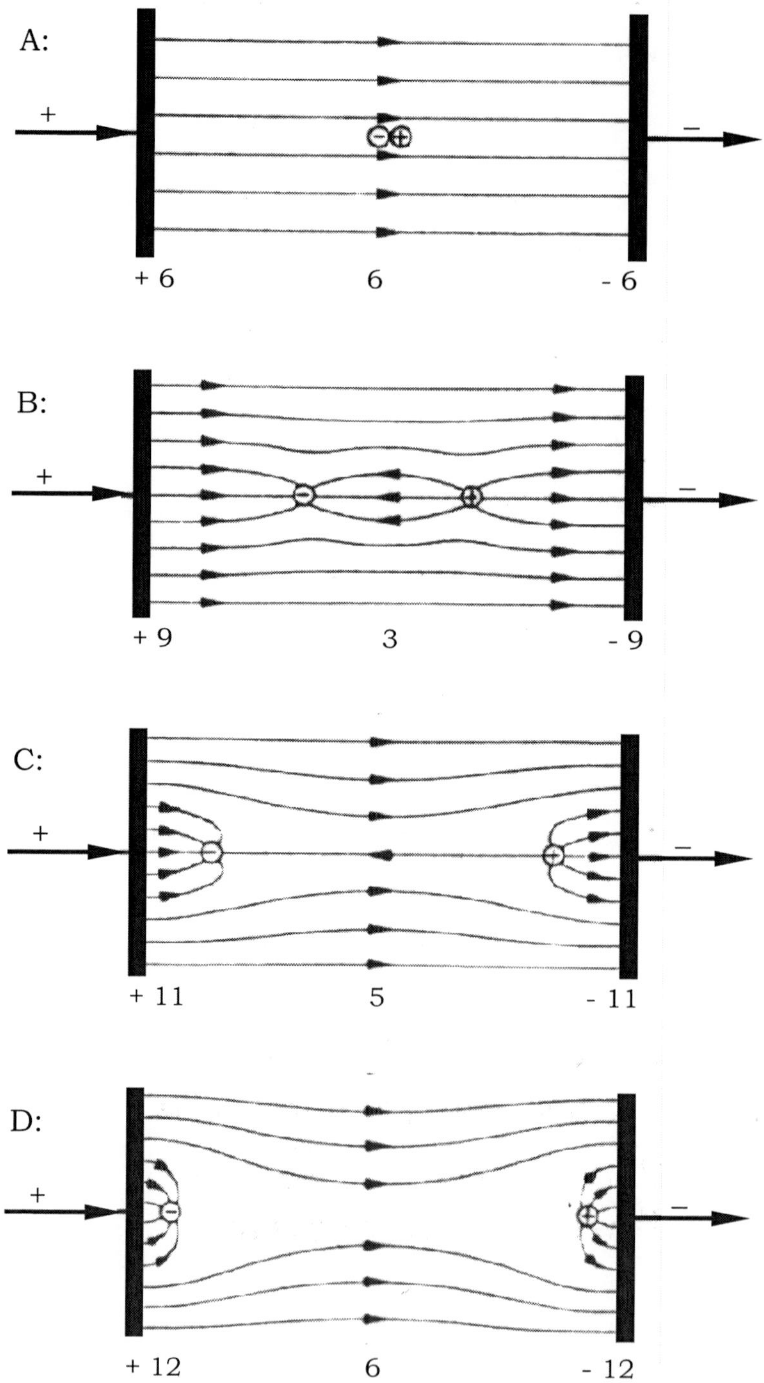

Tafel 17.9: Der Feldverlauf bei einer Gasentladung<i>
(Die Zahlenwerte geben die wirksamen Feldlinien an, wie sie aus der Darstellung ablesbar sind).

<i>: K. Küpfmüller: Einführung in die theoretische Elektrotechnik, 12. Aufl., Springer-Verlag (1988), S. 197

17.9 Größenschwingung und Lumineszenz

Es gibt Substanzen, die bei hohen Temperaturen anfangen zu leuchten. Im Sinne der im ersten Teil des Buches vorgestellten Objektivitätstheorie handelt es sich bei der Temperatur tatsächlich um eine Größenschwingung der beteiligten Elementarteilchen (Tafel 8.3). Liegt diese Größenschwingung im sichtbaren Frequenzbereich, dann ist sie für uns unmittelbar wahrnehmbar und läßt sich beispielsweise in einer Glühlampe zu Beleuchtungszwecken nutzen.
Bei einem Lichtbogen, bei Leuchtstoffröhren oder bei Gasentladungslampen entsteht ebenfalls Licht auch ohne einen thermischen Effekt. Diese Leuchterscheinungen werden als Lumineszenz bezeichnet. Sie können durch chemische Vorgänge, durch Reibung, durch Kristallisation oder durch elektrische Felder verursacht werden. Wie sich rasch zeigen läßt, handelt es sich auch in diesen Fällen um eine Größenschwingung.

Betrachten wir dazu das nebenstehende Modell (Tafel 17.9). Zwischen zwei Elektroden befinde sich ein nichtleitendes Gas, z.B. Luft. Wird jetzt eine Spannung angelegt, dann werden unter dem Einfluß des elektrischen Feldes einige Gasatome in positiv geladene Ionen und negative Elektronen aufgespalten (Fall A) und auseinandergezogen (Fall B). Dieser blitzartige Vergrößerungsvorgang der Gasentladung kommt dem der thermischen Größenschwingung nahe und wird offensichtlich in gleicher Weise als Licht wahrgenommen.
Die ionisierten Gasbestandteile werden von den ungleichnamig gepolten Elektroden angezogen und wandern dorthin (Fall C, D). Wer sich die Mühe macht und die Zahl der Feldlinien auszählt, wird feststellen, daß zwischen beiden das elektrische Feld sinkt, während es gleichzeitig an den Elektroden steigt. Ersteres bewirkt, daß sich der Ionisationsvorgang von alleine stabilisiert und sich ein Gleichgewichtszustand einstellt; der sich einstellende Strom nimmt einen konstanten Wert an.
Die Spannungserhöhung an den Elektroden ihrerseits bewirkt, daß ein Lichtbogen stehen bleibt oder die Gasentladungslampe weiterleuchtet, auch wenn die Speisespannung reduziert wird. Aus diesem Grund benötigt eine Leuchtstofflampe einen Starter, da die Netzspannung zu gering ist, um den Lumineszenzeffekt zu starten.

Wir wissen zwar, daß die Lichtausbeute einer Leuchtstofflampe mindestens dreimal höher ist als die einer Glühlampe. Ein Wirkungsgrad läßt sich trotzdem in der Regel nicht angeben, da es sich bei der Messung der Beleuchtungsstärke mit einem Luxmeter lediglich um eine Vergleichsmessung handelt. Es wäre daher nicht auszuschließen, daß wir es bereits in einzelnen Fällen mit einem Over-Unity-Effekt zu tun haben und Neutrinos an dem Leuchteffekt beteiligt sind.
Eine erforderliche Größenschwingung wäre vorhanden, wie es die wahrnehmbaren Geräusche offener Funkenstrecken beweisen. Auch beim Blitz treten als Folge einer longitudinalen Größenschwingung der Donner und gleichzeitig als Folge materialisierter Neutrinos eine Leuchterscheinung auf (Tafel 14.11). Es drängt sich einem Wissenschaftler förmlich auf, daß hier dieselben Prinzipien wirken.

Der Beweis, daß bei der Lumineszenz Neutrinos mitwirken, ist allerdings kaum zu führen, da die Konfiguration im Hinblick auf die Neutrinoresonanz symmetrisch ist und genauso viele Teilchen wie Antiteilchen materialisieren, die anschließend als Lichtimpuls wieder vollständig zerstrahlen. Sie sind daher nicht direkt meßbar. Interessant wird es, wenn eine unsymmetrische Anordnung mit unipolarem Charakter gewählt wird.

Tafel 17.10: Tesla mit einer drahtlosen Glühlampe<i>

<i>: Ein Sarony-Portrait von 1894, Tesla-Museum, Belgrad

<ii>: R. Hiller, K. Weninger, S. J. Puttermann, B. P. Barber: Effect of Noble Gas Doping in Single-Bubble Sonoluminescence, University of California, Los Angeles, USA, Science, Vol. 266, 14.10.1994, P. 248-250

und: D. Lohse: Wenn sich der Schall in Licht verwandelt, Mechanismus liegt noch im dunkeln; (Universität Twente, NL) Mitteilungen der DFG 4/98, S. 19-21

17.10 Phosphoreszenz und Sonolumineszenz

Blicken wir zunächst auf das bei Leuchtstofflampen oder bei einem Bildschirm beobachtbare Nachleuchten, die Phosphoreszenz. Sie setzt einen Speichereffekt voraus, und der läßt sich nach geltender Lehrmeinung auf den angeregten Zustand einiger Atome zurückführen. Dabei wechseln Elektronen in der Atomhülle von einem Resonanzniveau, einem instabilen Energiezustand, auf eine andere Bahn, die den Grundzustand repräsentiert. Dabei wird die Energiedifferenz in Form von Licht emittiert. Der Vorgang findet offenbar nicht nur als Lumineszenz während der Einschaltdauer der Erregerspannung statt, sondern auch noch als Phosphoreszenz nach dem Ausschalten.
Jetzt fliegt ein Hüllelektron nicht als winziger Planet um den Kern herum, sondern nimmt als aufgeblähter Kugelwirbel die gesamte Bahn ein (Tafel 5.5). Von außen betrachtet ist es ein Materiewirbel. Er sieht die Hüllelektronen auf der weiter außen liegenden Bahn aber von innen und da zeigen sie sich als Antimateriewirbel. Solange der Respektabstand eingehalten wird, passiert nichts. Drängt jedoch ein innerer Kugelwirbel nach außen oder der Äußere nach innen, dann wirkt sich die Unverträglichkeit der Wirbel aus und beide zerstrahlen in Form eines Photons. Insoweit sind die Erklärungen des Wirbelmodells sehr hilfreich.
Jetzt fehlen nach diesem Lichtblitz aber zwei Elektronen in der Atomhülle. Der positiv geladene Atomkern würde diesen Verlust niemals zulassen. Es muß Ersatz her, und der kann eigentlich nur aus dem Neutrinofeld stammen. Deshalb wechselt das Hüllelektron nicht sofort die Bahn, sondern muß stattdessen warten, bis ein geeignetes Neutrino vorbeikommt, mit dessen Hilfe das Platzwechselspielchen vollzogen werden kann. Dies erklärt die Zeitverzögerung und begründet das beobachtbare Nachleuchten.

Für eine Wechselwirkung mit Neutrinos bilden die Form der unipolar geladenen Kugel (nach Tafel 15.8 B) und für ihre Materialisation die sprungförmige Größenänderung von einer Bahn zur nächsten geradezu ideale Voraussetzungen. Die mit dem Bahnwechsel verbundene Longitudinalwelle kann zweifellos als hochfrequente Schallwelle bezeichnet werden. Sie ist wegen fehlender Meßgeräte für derart hohe Frequenzen allerdings nicht nachweisbar. Nehmen wir die Frequenz jedoch bis in den technisch handhabbaren Bereich des Ultraschalls herunter, dann treten Effekte auf, die diese Interpretation und die Beteiligung von Neutrinos an der Lumineszenz glänzend beweisen.

Das unverstandene Phänomen wird Sonolumineszenz genannt und in erster Linie aus akademischem Interesse an zahlreichen Hochschulen derzeit erforscht. Der Aufbau ist denkbar einfach. Man nehme eine mit Wasser gefüllte Glaskugel und positioniere am Rand einen Piezokristall neben dem anderen. Dann beschallt man mit den gleichphasig betriebenen Piezolautsprechern das Ganze mit Ultraschall und siehe da, das Wasser glimmt geheimnisvoll! Die Schallwellen verändern den Druck. Den Beobachtungen nach zu schließen, bilden sich während der Unterdruckphase kleine Blasen, die beim anschließenden Druckanstieg kollabieren und einen ultrakurzen Lichtblitz aussenden. Es findet also eine Größenschwingung statt, die zu der Lumineszenzerscheinung führt!
Soweit so gut; nur ist so ein Lichtblitz viel kürzer, als der Kollaps der Gasblase andauert. Mit weniger als 50 Pikosekunden ist er noch schneller als die sonst üblichen atomaren Elektronenübergänge. Mit dieser Art der Lumineszenz hat das ganze offenbar nichts zu tun. Auch das Farbspektrum paßt nicht und schließlich liegt der Over-Unity-Effekt bei einer Trillion, ist die Lichtenergie 10^{12} fach größer als der aus der Schallwelle von jedem einzelnen Atom aufgenommene Energieanteil<ii>!

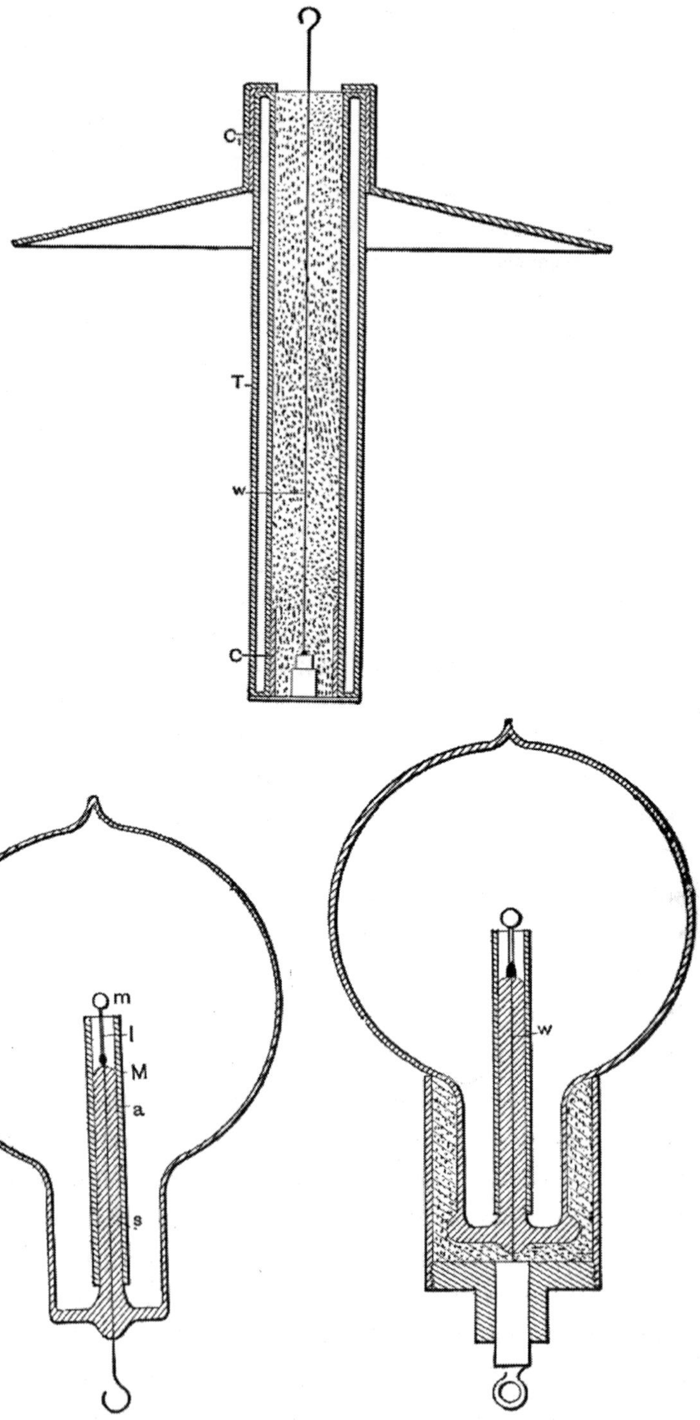

Tafel 17.11: Glühbirnen nach Plänen von Tesla<i>

<i>: N. Tesla: Experiments with Alternate Currents of High Potential and High Frequency, Lindsay Publications Inc, ISBN 0-917914-39-2, Fig 18, P.70+103

17.11 Diskussion zur Nutzung der schwachen Wechselwirkung

Bei der Lumineszenz liegen die Verhältnisse ähnlich wie beim Blitz. Die heutige Wissenschaft hat zwar einige Erklärungsprobleme bei Detailaspekten, schafft es jedoch immer wieder, mit stützenden Hilfserklärungen den Elfenbeinturm der Physik vor dem Einsturz zu bewahren. Spätestens bei einer unipolaren Anordnung aber, bei einem Kugelblitz oder bei der Sonolumineszenz, tritt die Beteiligung der Neutrinos deutlich zutage, erweisen sich die Hilfsvorstellungen als unbrauchbar.

Es ist sicher kein Zufall, wenn der Entdecker der Neutrinostrahlung auch der erste war, der die Lumineszenz experimentell untersucht hat. Die Lampen von Tesla (Tafel 17.11) waren alle verschleißfrei und hatten keinen Glühfaden wie die von Edison. Sie mußten allerdings mit hoher Spannung und relativ hoher Frequenz betrieben werden. Es war sowohl eine Eindraht- als auch eine drahtlose Übertragungstechnik möglich (Tafel 9.5 und 9.7). In seinem Labor brauchte Tesla nur eine Leuchtstofflampe ohne jeden Rückleiter an einen Draht zu hängen, dann hatte er Licht. Berühmt sind auch die Bilder, auf denen er eine Lampe in der Hand hält, die ganz ohne jeden Anschluß leuchtet, aber erst, wenn er sie in die Hand nimmt! (Tafel 17.10).

Wenn wir das Kapitel nochmals durchblättern, dann fällt auf, daß in den meisten Fällen, von der Transmutation bis hin zur Lumineszenz, Neutrinos auf Grund ihrer resonanten Wechselwirkung nutzbar sind, die im Nahbereich mit der schwachen Wechselwirkung gleichzusetzen ist. Eine echte Materialisation hingegen stellt eine ungeheure Schwierigkeit dar. Wird nämlich die translatorische Bewegung der Raumquanten gebremst, dann besteht die Gefahr, daß sich die Rotation zum Ausgleich erhöht. Die aber muß für eine Materialisation ebenfalls gebremst werden! Nur wenn beide Bremsvorgänge ablaufen, ist das Ziel erreichbar. In diesem Fall kommt es zu dem beschriebenen Abkühleffekt.

Für eine messtechnische Überprüfung bietet sich somit an, das Abremsen der Translationsbewegung und Einsammeln der Neutrinos über die Messung des radioaktiven Zerfalls einer Probe zu erfassen und die Materialisation als das Abbremsen der Rotation aus einer Temperaturmessung abzulesen. Zusätzlich sind Nachweise über Größenschwingungen, Leuchterscheinungen und Abweichungen in der Energiebilanz hilfreich. Damit sollte eine Systematik in der Erforschung dieser Phänomene erreichbar sein mit dem Ziel einer praktischen Nutzung der Neutrinostrahlung zum Wohle der Menschheit.

A:

Holzschwemmanlage nach Viktor Schauberger<i>

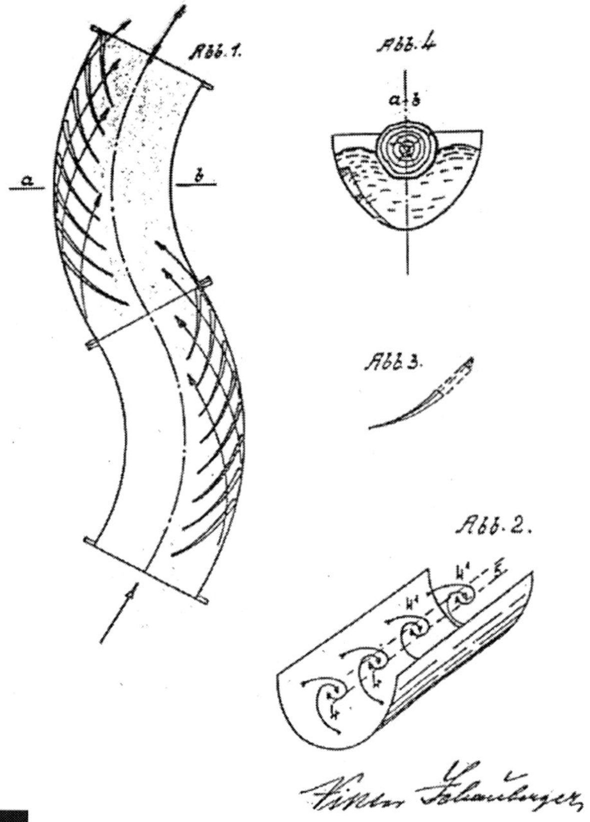

B:

Duschvorsatz nach Dipl. Ing. Wilhelm Martin<ii>

Tafel 18.1: mechanische Verwirbelung von Wasser

<i>: N. Harthun: Naturgemäße Strömungsführung nach Viktor Schauberger - Analyse einiger seiner Patente und Zitate; MuT Nr. 4, 1980; s.a. Kap. 9.2

<ii>: O. Alexandersson: Lebendes Wasser; W.Ennsthaler Verl. Steyr, 1993, S.156

<iii>: V. Schauberger: Die Entdeckung der Levitationskraft, Implosion 112, S. 39.

<i4>: Verdanken wir den Geschmack sprudelnden Quellwassers den Neutrinos?

18. Physikalische Phänomene

In diesem Kapitel geht es einerseits um indirekte Wirkungen der resonanten Wechselwirkung als auch andererseits um Gravitations- und Levitationseffekte.

18.1 Wasser als Katalysator für Neutrinos

Auf Leuchterscheinungen bei verwirbeltem Wasser hat schon der österreichische Förster Viktor Schauberger hingewiesen. Er hatte solche zunächst in der Natur bei Wildbächen und Wasserfällen in den Alpen beobachtet. Später war er in der Lage, diesen Effekt auch künstlich zu erzeugen und zu demonstrieren[<iii>]. Man könnte von Hydrolumineszenz sprechen, wobei immer noch die Frage offen bliebe, wie sie eigentlich funktioniert.

Von den besonderen Eigenschaften des Wassers ist bereits in den Kapiteln 4.10 und 4.11 die Rede gewesen. Hier ging es zunächst um die Transporteigenschaft eines Wirbels, der in der Lage ist, sogar Partikel im Wirbel zu binden, die schwerer sind als das wirbelnde Medium selber. Schauberger war damit bekannt geworden, daß er Schwemmanlagen bauen ließ, in denen nicht nur Baumstämme, sondern auch Kies zu Tal befördert werden konnten, ohne daß die Wandung der Rinne vom Schüttgut überhaupt berührt worden wäre. Dieses Phänomen ist von wissenschaftlicher Seite untersucht und bestätigt worden[<i>].
Auf diesem Prinzip aufbauend werden heute verschiedenartige Geräte zur Wasseraufbereitung angeboten und verkauft, die Kalk, Mineral- und Schwebstoffe im Wirbel binden und auf diese Weise Ablagerungen in den Rohrleitungen verhindern. Die Methoden, das Wasser zu verwirbeln, sind allerdings sehr unterschiedlich. Einige verwirbeln das Wasser mechanisch, andere magnetisch und wieder andere elektrisch.
Hier kommt der Dipolcharakter der H_2O-Moleküle zum Tragen. Drehe ich ein Wassermolekül mit seiner elektrischen Ladungsverteilung, dann resultiert aus der bewegten Ladung ein magnetisches Feld. Wird also im Leitungsrohr ein hydrodynamischer Strömungswirbel erzeugt, dann sind ein elektrischer und ein magnetischer Wirbel, der Potentialwirbel und der Wirbelstrom, die Folge (s. Tafel 4.2).
Umgekehrt lassen sich die gewünschten Strömungswirbel auch erreichen, indem sprudelnd verwirbeltes Wasser an Permanentmagneten vorbeigeleitet wird, oder mit Hilfe von Spulen magnetische Wechselfelder eingespeist werden, oder schließlich mit gepulsten elektrischen Potentialen gearbeitet wird. Jedes dieser Systeme, ob passiv oder aktiv betrieben, hat seine spezifischen Vor- und Nachteile (Tafel 18.1 B und C).

Es ist davon auszugehen, daß sich mit den Wirbeln auch die Wasserqualität ändert. Es nimmt in der Regel der Kolloidgehalt zu, wodurch die **Oberflächenspannung** sinkt. In den Kolloiden werden negative Ionen eingebunden, weshalb auch die **elektrische Leitfähigkeit** abnimmt. Schließlich steigt noch der **Sauerstoffgehalt**, und das kann eigentlich nur aus einer Elektrolyse herrühren. Die Neutrinos stehen dabei im Verdacht[<i4>].

Als extrem dielektrisches Medium begünstigt Wasser die Bildung von Potentialwirbeln, die gleich nach ihrem Entstehen rasch kontrahieren. Diese *Größenschwingung der elektrisch geladenen Potentialwirbel* ermöglicht tatsächlich eine Wechselwirkung mit Neutrinos, und das hat zum einen die **Wasserspaltung** und die Erhöhung des Sauerstoffgehalts im Wasser zur Folge und andererseits die oben geschilderte, beobachtbare **Leuchterscheinung**, die Hydrolumineszenz.

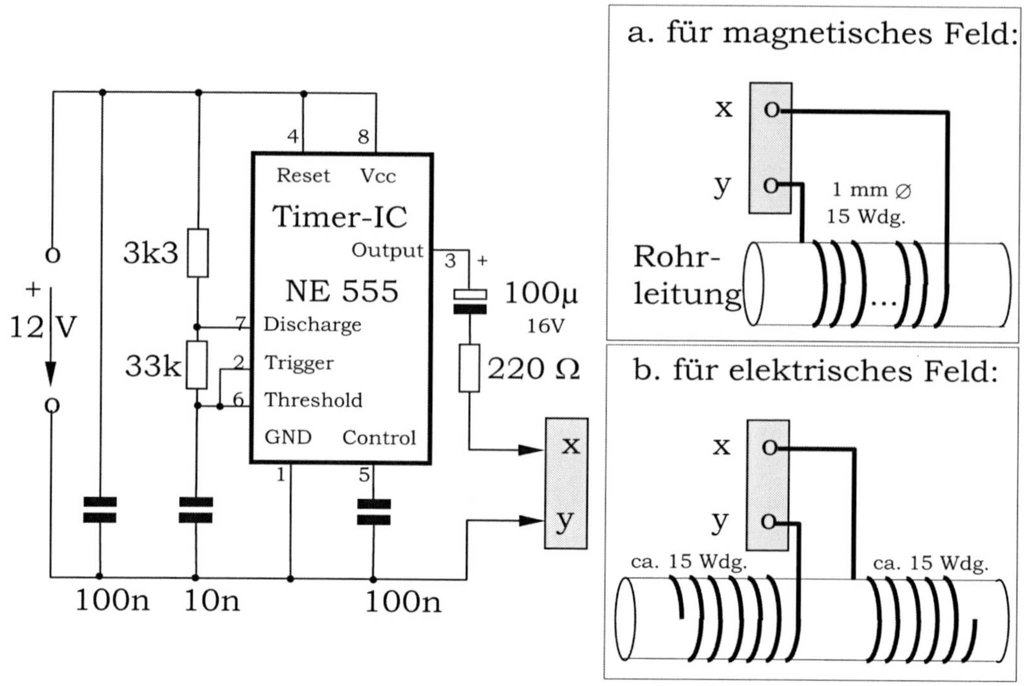

Tafel 18.1 C: Schaltplan für einfachen Wasseraufbereiter mit gepulstem Feld (2 kHz Rechtecksignal)
a: für magnetische Feldanregung
b: für elektrische Feldanregung

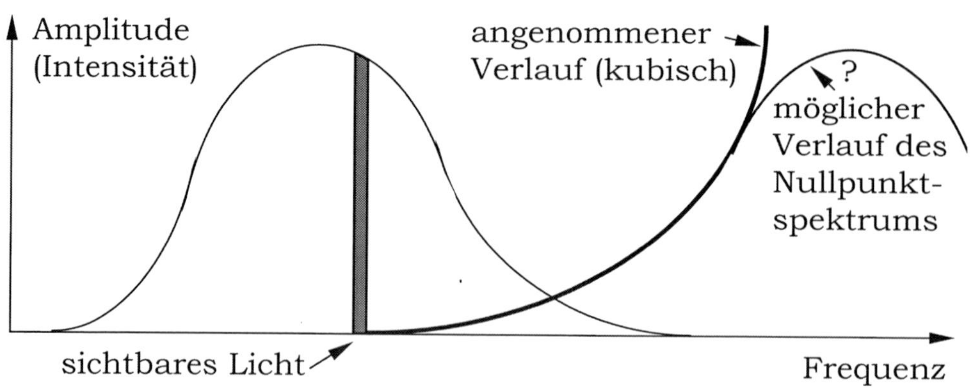

Tafel 18.2: Das Frequenzspektrum der Licht- und der Nullpunktstrahlung<i>

<i>: A. Waser: Die rätselhafte Natur, S. 88

Ergänzend sei in Tafel 18.1 C noch das Schaltbild eines einfachen Wasseraufbereiters gezeigt, der mit gepulsten elektrischen (b) oder magnetischen (a) Feldern arbeitet.

Verlassen wir einstweilen wieder das Thema Wasser und nehmen die Erkenntnis mit, daß ihm im Zusammenhang mit der Wechselwirkung und der Materialisation von Neutrinos eine hohe Bedeutung beizumessen ist.

18.2 Hintergrund- und Nullpunktstrahlung

Was passiert eigentlich, wenn kalte Materie oder interstellare Gasmoleküle von den überall gegenwärtigen Neutrinos getroffen oder gestreift werden? Dann ist zu erwarten, daß Schwingungen angeregt werden und als Folge die Temperatur leicht ansteigt. Halten wir also bei einem Raumflug ein Thermometer aus dem Shuttlefenster, dann werden wir überall eine solche Resttemperatur von wenigen Grad Kelvin messen, die als **kosmische Hintergrundstrahlung** bezeichnet wird.
Von populärwissenschaftlichen Dampfplauderern wird die Hintergrundstrahlung als Überbleibsel eines angeblichen Urknalls bezeichnet. Sie wird sogar als Beweis für den **Urknall** fehlgedeutet. Auch wenn ein gewisser Unterhaltungswert nicht geleugnet werden kann, hat der Urknall aus physikalischer Sicht bisher nur Fragen und Widersprüche aufgeworfen.
Bleiben wir bei der Tatsache, daß **schwingende Neutrinos** in Abhängigkeit von ihrer Strahlungsdichte und Ausbreitungsgeschwindigkeit eine **thermische Schwingung** hervorrufen, die als geringe Übertemperatur nachweisbar ist. Um diese zu messen, brauchen wir nicht gleich einen Weltraumflug zu unternehmen. Wir können das Thermometer auch in einem künstlich erzeugten Vakuum aufstellen. In der Vakuumphysik bezeichnet man aus Unkenntnis der Zusammenhänge die Neutrinostrahlung dann als **Nullpunktstrahlung**.
Natürlich handelt es sich bei den Neutrinos um eine Schwingung um einen Mittelwert herum, der bei einer symmetrischen Schwingungsform den Wert Null hat. Trotzdem ist der Begriff irreführend und sehr unglücklich gewählt. Wir sprechen bei Wechselstrom ja auch nicht von Nullpunktstrom!
Da jede Supernova und jedes schwarze Loch Neutrinos aussendet und dementsprechend in physikalischen Experimenten bislang keine ausgezeichnete Richtung für die Nullpunktstrahlung ermittelt werden konnte, wird sie als homogen und isotrop im Raum angenommen. Aus der Lorentzinvarianz wiederum wird auf einen kubischen Verlauf des Nullpunktsspektrums geschlossen, auf ein Ansteigen der Strahlungsintensität mit der dritten Potenz der Frequenz. Mit dieser Annahme strebt die Strahlungsdichte des Vakuums jedoch mit zunehmender Frequenz gegen Unendlich. Hier muß ein Denkfehler vorliegen!
Ich gehe davon aus, daß es sich beim Spektrum der Neutrinostrahlung eher um ein Resonanzspektrum handelt, dessen Maximalwert oberhalb des mit heutigen Geräten meßbaren Frequenzbereichs liegt. Es wäre natürlich sehr bedeutsam zu erfahren, wo das Strahlungsmaximum liegt, aber ohne eine Messbarkeit liegt das leider im Bereich reiner Spekulationen (Tafel 18.2).
Jedenfalls sollte die halbe Wellenlänge auf die Antennenlänge der Energiezentren der Zellen, der Mitochondrien und der zur Photosynthese fähigen Chloroplasten abgestimmt sein. In beiden Fällen beträgt der Kopfdurchmesser der ATPhasen ca. 5 Nanometer. Es wäre naheliegend, wenn hier der Resonanzpunkt liegen würde. Er könnte aber genauso gut bei noch kleineren Wellenlängen im Bereich molekularer Abmessungen liegen.

Quantentheorie:

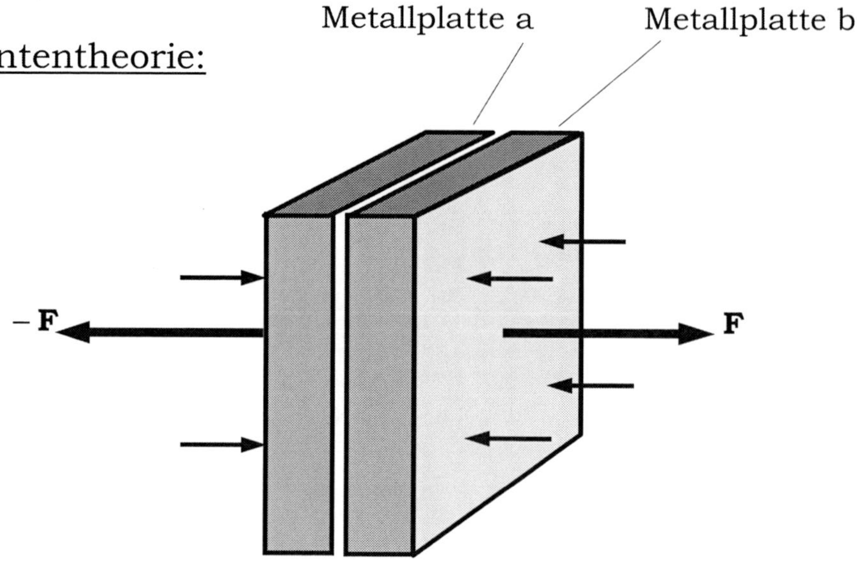

äußere Ursache<i>: Anpresskraft durch Quantenbombardement?

Objektivitätstheorie:

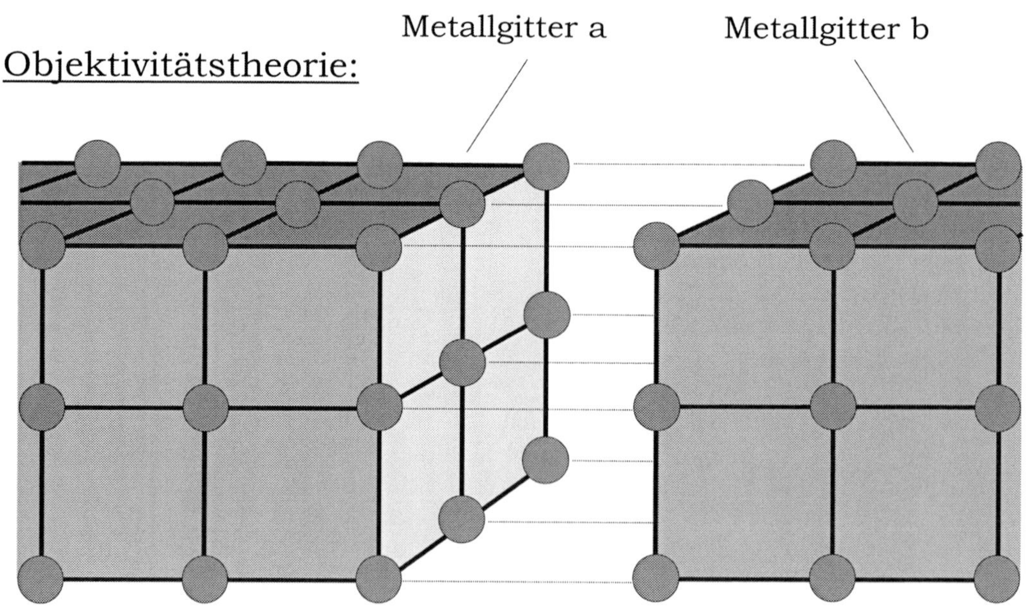

innere Ursache<i>: Levitationskraft durch Resonanzeffekte?

Tafel 18.3: Der Casimir-Effekt

18.3 Der Casimir-Effekt

Wäre diese Nullpunktstrahlung tatsächlich der Verursacher des Casimir-Effekts, was heute allgemein vermutet wird, dann müßten Neutrinos beteiligt sein, wenn die Nullpunktstrahlung mit der Neutrinostrahlung gleichzusetzen wäre. Der Effekt wird sogar als Beweis angeführt, aber ich habe meine Zweifel.
Das Experiment ist relativ einfach und funktioniert auch in einem Vakuum. Es werden zwei absolut plane und glatt polierte Metallplatten sehr dicht aneinander gefügt. Der Abstand soll dabei nur ein Tausendstel bis ein Millionstel Millimeter betragen. Wird die Kraft, mit der sich die beiden Platten gegenseitig anziehen, gemessen, dann übersteigt sie bei weitem die Gravitationskraft. Wir haben es mit einer unbekannten, weder elektrischen noch magnetischen Kraft zu tun.
Da die Anziehungskraft auch noch in der Nähe des absoluten Nullpunkts der Temperatur auftritt, machen einige die Nullpunktstrahlung verantwortlich. In unserer Übersetzung wäre das gleichbedeutend damit, daß Neutrinos gegebenenfalls mit ihrer geringen Restmasse, sofern diese nicht auf einem Offset-Fehler der Nachweisgeräte beruhen sollte, einen Druck von außen auf die Metallplatten ausüben. Dazu müßten die Platten die Neutrinostrahlung wirksam dämpfen und durch gegenseitige Abschirmung den Strahlungsdruck vom Spalt her reduzieren. Es stellt sich die Frage, ob das von außen auftreffende Quantenbombardement, wie es genannt wird, überhaupt einen Druck ausüben kann, der mit der Natur der Neutrinostrahlung vereinbar wäre.

Versuchen wir es einmal mit einer ganz anderen Interpretation, die ohne das Postulieren und Konstruieren neuer Kraftwirkungen auskommt. Grundlage bilden jetzt die aus der Vereinigungstheorie gewonnenen Wechselwirkungen nach Tafel 15.1. Beim Casimir-Effekt sind, wie gesagt, weder magnetische noch elektrische Kräfte beteiligt, so daß offene Feldlinien und die entsprechenden Kraftwirkungen (1 bis 4) ausscheiden. Es muß das Werk geschlossener Feldlinien sein, und das ist uns im statischen Fall als Gravitation bekannt (5). Nun ist die Masse der Metallplatten zu gering, als daß sich eine annehmbare Massenanziehungskraft ergeben könnte.
Die meßbare Kraft ist viel größer, auch wenn sie ihrem Charakter nach eine Gravitationskraft sein könnte. Hier scheinen Schwingungen, wie sie tatsächlich in der Hülle der Metallatome stattfinden, eine Rolle zu spielen. Tritt bei den Schwingungen der zwei sich gegenüberstehenden Platten untereinander Resonanz auf, dann ist eine Levitation möglich (6), die eine schwingende Wechselwirkung beschreibt, hervorgerufen durch geschlossene magnetische Feldlinien[<i>].
Bei extrem niederfrequenten Signalen ist diese Wechselwirkung als Gravitationswelle bekannt und Gegenstand aufwendiger und kostspieliger physikalischer Experimente.

<i>: Die Frage, welche Interpretation richtig ist und welche zu verwerfen wäre, ließe sich folgendermaßen prüfen: Zuerst muß die Kraft zwischen zwei Platten eines Metalls und anschließend die eines anderen Metalls gemessen werden. Werden bei einem dritten Versuch eine Platte aus dem ersten und eine aus dem zweiten Versuch zusammengebracht, und geht die Kraftwirkung messbar zurück, dann wäre die quantenphysikalische Interpretation eindeutig falsch. Damit wäre gezeigt, daß hier Resonanzeffekte genutzt werden, die eine identische Metallgitterstruktur beider Platten voraussetzen. Geht die Kraftwirkung aber nicht zurück, dann sind beide Aussagen möglich, dann muss man sich ein anderes Experiment ausdenken.

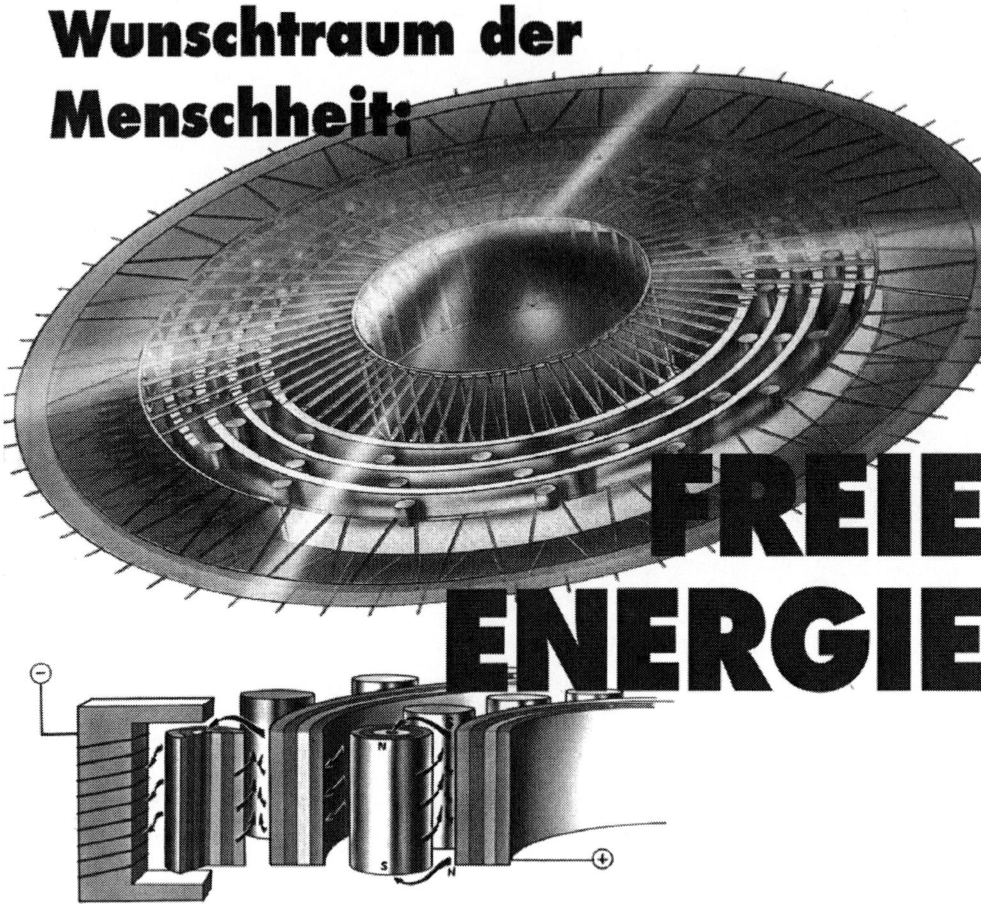

Tafel 18.4: Die Flugscheibe von Searl auf einem Titelblatt<i>

<i>: Special 7, Raum & Zeit Dokumentation aus dem EHLERS Verlag

18.4 Effekte unter Hochspannung

Es knistert im Hochspannungslabor. Die Luft riecht elektrisch geladen. Nur in einer Ecke sitzt jemand und wartet mit viel Ausdauer und Geduld, daß etwas passiert. Dann läßt er Blitze mit mehreren Millionen Volt auf eine kleine Probe herunterdonnern. Es blitzt und kracht und es passiert noch immer nichts.
Nein, es handelt sich nicht um Tesla! Der hat zielgerichtet gearbeitet. Zudem hat sich Tesla nur als Erfinder bezeichnet. Der Mann in der Ecke aber fühlt sich als Entdecker und wie es sich für einen Entdecker ziemt, hat er den Effekt gleich nach sich benannt. Als echter Amerikaner läßt er sich und seine Entdeckung über die Medien und ein Video vermarkten.
Dabei weiß er offensichtlich gar nicht, was er entdeckt haben will, worin dieser **Hutchison-Effekt** überhaupt besteht. Es ist vielleicht ein reines Zufallsereignis, auf das er manches Mal Stunden warten muß. Wenn es urplötzlich doch auftritt, dann ist es ein wahres Potpourri aller bereits besprochenen Effekte: Metallöffel verbiegen sich (Tafel 14.13), massive Stahlstangen brechen, Lichteffekte werden beobachtet (Kap. 17.9 ff.), Wasser fängt an zu tanzen und zu kochen (Kap.18.1), ohne heiß zu werden und schließlich heben einige Proben ab und fliegen quer durch den Raum. Er spricht dann von Antigravitation.
In dem Video ist zu sehen, wie er mit zwei als Interferometer angeordneten Teslaspulen als Folge einer lokal erzeugten Feldkonzentration eine physische Längenkontraktion herbeiführt. In einer Flasche ändert sich beispielsweise das Luftvolumen. Dies bestätigt die Richtigkeit der vorliegenden Objektivitätstheorie (Kap. 6.6 ff.).
Jedenfalls staunt keiner über die Zufallsergebnisse mehr als John Hutchison selber. Von der Magie, dem Zauber der Effekte und dem Gefühl, sich außerhalb der ausgetretenen Wege der Physik frei bewegen zu können, überwältigt, sitzt er mit der Videokamera noch immer in seiner Ecke und wartet, bis endlich wieder etwas passiert.

Gearbeitet wird mit Spannungen, die wesentlich höher als 511 kV sind, der berechneten Eigenspannung der Ladungsträger (Tafel 7.1). Es muß also keineswegs verwundern, wenn unter dem Einfluß von mehreren Millionen Volt Elektronen zerlegt werden und Metallgegenstände brechen oder sich verbiegen.
Der extremen Spannungs- und Feldänderung verdanken wir eine Längen- und Größenschwingung, die spontan zu einer Wechselwirkung mit Neutrinos führen kann. Materialisierte Neutrinos wiederum sind für Leuchterscheinungen und für die Elektrolyse von Wasser verantwortlich, das unter dem Eindruck der aufsteigenden Gasblasen zu tanzen und zu kochen scheint. Für meine Leser und Teilnehmer des energietechnischen Seminars liegen also Erklärungsmodelle vor.

Einen Effekt haben wir noch nicht näher besprochen und analysiert: die Antigravitation bzw. die Levitation. Solange keine reproduzierbaren Feldverhältnisse vorliegen und die Brocken in jede beliebige Richtung beschleunigt werden, wird es schwer fallen, die physikalischen Abläufe einer Levitation zu verstehen.
Im Kapitel 9.3 hatten wir mit der Flugscheibe von John Searl bereits ein Levitationsgerät kennengelernt und besprochen, bei dem die Feldverhältnisse nachvollziehbar sind. Wir sollten das Fluggerät dieses Mal etwas genauer in Augenschein nehmen (Tafel 18.4)[<i>].

<i>: Einige Berichte finden sich im Special 7 „Freie Energie“, Raum & Zeit Dokumentation aus dem EHLERS Verlag, Seite: 141 bis 157 und 174 bis 185

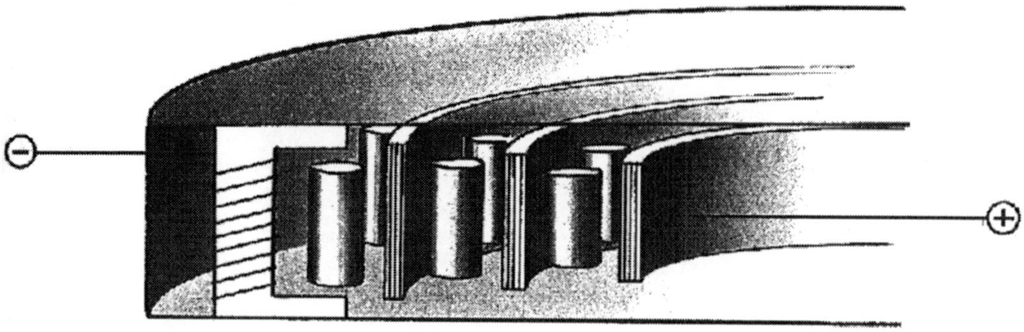

Zu einem Stromgenerator umgebaute Scheibe

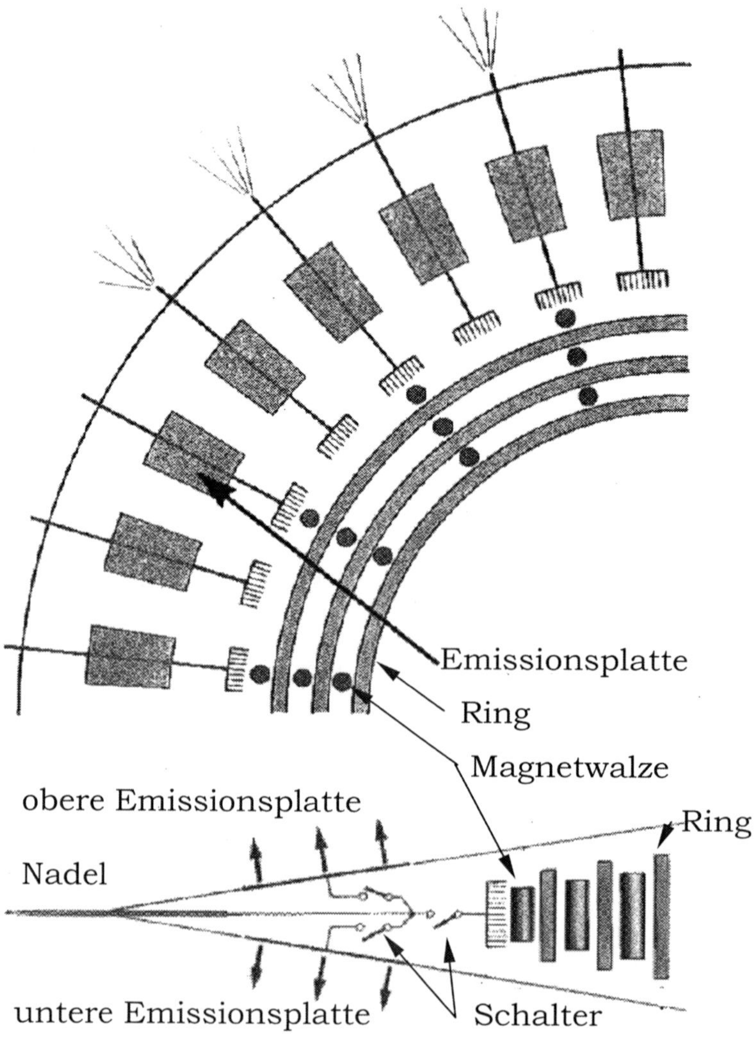

Tafel 18.5: Zur Steuerung der Flugscheiben nach Searl<i>

<i>: H.Schneider, H.Watt: Dem Searl-Effekt auf der Spur, Special 7, Raum & Zeit Dokumentation aus dem EHLERS Verlag, Sauerlach, 1. Aufl. (1994), S. 183

18.5 Flugscheiben

Die Searl-Scheibe läßt sich mit der Faraday-Gleichung zur unipolaren Induktion relativ gut berechnen. Um die Größenordnung abzuschätzen, nehmen wir einmal an, die Rollenmagnete erzeugen eine Induktion von einem Tesla und der Radius sei ein Meter, dann liegen zwischen dem Zentrum der Flugscheibe und seinem Rand 511 kV an, wenn die Drehzahl den Wert von 80000 Umdrehungen pro Sekunde erreicht hat. Sobald die Drehzahl erreicht ist, kann die **Neutrinowandlung** beginnen.
Die am Rand der Scheibe auftretende Corona, die aus einzelnen elektrostatischen Entladungsblitzen besteht, sorgt für das notwendige **dU/dt**, indem jeder Überschlag und jeder Funke das Potential kurzfristig gegen Masse zieht. Die Spannung springt in rascher Folge zwischen Werten von über 511 kV und null Volt hin und her. In Verbindung mit der bereits besprochenen **unipolare Feldanordnung** werden auf diese Weise Neutrinos eingesammelt.

Eine technologische Herausforderung stellt der geschichtete Aufbau der Rollenmagnete und der Ringe dar, die extremen Fliehkräften standhalten müssen (Tafel 18.5). Reibung hingegen ist kein Thema, da einerseits die Luft innerhalb der Scheibe ionisiert und ein Vakuum entsteht und andererseits durch die feldabhängige Kontraktion der Metallteile der Luftspalt zwischen Rollen und Scheiben zunimmt.

Eigentlich kann man in diesem Fall gar nicht von Antigravitation reden, denn die Gravitation verschwindet ja nicht. Die Scheibe ist auch im Flug immer noch tonnenschwer. Hier wird lediglich eine resonante Wechselwirkung aufgebaut, die größer ist als die Erdanziehung. Die Scheibe wird von der kosmischen Neutrinoquelle angezogen, mit der sie die Resonanz aufgebaut hat. Genau dorthin wird sie fliegen!

Die von Searl entworfene Steuerung[<i>] kann nach meiner Einschätzung eigentlich nicht zufriedenstellend funktioniert haben. Er setzt Emissionsplatten ein, wie er sie nennt, die wahlweise über Schalter zugeschaltet werden und elektrostatische Kräfte mit irgendwelchen Luftladungsträgern ausbilden können.
In der Realität ist der Vortrieb wohl eher mit dem eines Segelschiffs vergleichbar, bei dem der Wind immer aus einer Richtung weht. Auch das Schiff wird nicht etwa vom Wind geschoben, wie man irrtümlich glauben könnte, sondern vielmehr von dem Unterdruck hinter dem Segel nach vorne gezogen. Ohne Steuereinrichtung wird das Objekt immer in Richtung der Senke getrieben. Der Seemann würde sagen, das Schiff treibt ohne Steuermann nach Lee ab.
Searl hat auf diese Weise alle einmal gestarteten Flugscheiben verloren. Sie sind bei Verwendung solarer Neutrinos vermutlich in die Sonne gestürzt und verglüht. Die Steuerung sollte in Analogie wie bei einem Segel funktionieren, dann hätte man die Chance, durch *"Kreuzen" gegen den "Wind"* irgendwann wieder zum Ausgangspunkt zurückzukommen.

<i>: H. Schneider, H. Watt: Dem Searl-Effekt auf der Spur, Special 7, Raum & Zeit Dokumentation aus dem EHLERS Verlag, 1. Aufl., Seite: 183

Der Start einer Searl´schen Flugscheibe

John Searl in seiner Steuerzentrale<i>

Tafel 18.6: Die ferngesteuerten Flugscheiben von John Searl

<i>: Special 7, Raum & Zeit Dokumentation aus dem EHLERS Verlag, S. 152

18.6 Rückstoßantrieb mit Neutrinos

Auf der Suche nach einem idealen Antriebssystem für Raumfahrzeuge haben die Flugscheiben von John Searl noch eine weitere Möglichkeit aufgezeigt. Nach dem Start blieben mitunter seltsame Teilchen auf dem Boden zurück, die dort vorher nicht gewesen waren. Das Fluggerät hatte sie offenbar materialisiert und beim Start fallen lassen.

Mit dieser Materialisation von Neutrinos zeigt sich die Chance eines sehr effizient arbeitenden Rückstoßantriebs. Werden die Neutrinos nämlich in Materie gewandelt, dann gewinnen sie dadurch ihre Ruhemasse zurück. Geschieht dies noch im Flug, bringen die materialisierten Teilchen auch noch kinetische Energie mit. Sie arbeiten dann wie ein Strahltriebwerk, wobei die Strahlrichtung umgelenkt und auf diese Weise das Fahrzeug bequem gesteuert werden kann.

Bei der Searl-Scheibe tritt die Materialisation von Neutrinos eher als unverstandener Nebeneffekt auf. Bei einer systematischen Nutzung hingegen wird das Prinzip eine charakteristische Eigenschaft zeigen. Anstelle eines Kondensstreifens wird aus dem Flugobjekt ein **Lichtstrahl** in Richtung der ausgestoßenen Teilchen herausleuchten, der aber nach einer bestimmten Entfernung abrupt abbricht.

Schuld ist der Anteil, der zu Antimaterie geworden ist, der zwar ebenfalls zum Rückstoß beiträgt, aber gleichzeitig mit unverträglichen Materieteilchen zu Lichtteilchen zerstrahlt. Sind in einiger Entfernung alle Antiteilchen aufgebraucht, hört auch der Lichtstrahl auf.

Es handelt sich hier um notwendige Eigenschaften einer entsprechenden Antriebstechnologie für Raumfahrzeuge, die ihre Antriebsenergie nicht mit sich herumschleppen müssen. Unsere Weltraumtechniker könnten endlich mit einer anderen als der „Hammerwurftechnik“ umgehen, bei der unter schrecklichem Spritverbrauch der "Hammer" nach einer Beschleunigungsphase nur noch unter dem Einfluß seiner Trägheit unkontrollierbar durch den Raum taumelt.

Mit einem Neutrinoantrieb hingegen kann jederzeit beschleunigt oder gebremst werden. Er wird das Feld um sich herum stark beeinflussen, so daß damit zu rechnen ist, daß von einem außenstehenden Beobachter bei jeder Beschleunigung eine feldabhängige Größenänderung wahrnehmbar sein sollte. Beschleunigt also ein entsprechendes Fluggerät, dann wird es schlagartig kleiner, und das sieht dann so aus, als hätte es sich ohne zeitliche Verzögerung sprungartig wegbewegt, was aber gar nicht der Fall ist.

Die ruckartigen Bewegungen wären nur eine Folge der Wahrnehmung mit unseren Augen über die Ausbreitung des Lichtes. Da die Insassen demselben Feld ausgesetzt sind, ändern sie ihre Körpergröße mit der des Fahrzeugs mit. Sie merken überhaupt nichts von einer scheinbar unendlichen Beschleunigung, die nur Außenstehende beobachten würden und die tatsächlich kein Lebewesen aushalten könnte.

Nirgends ist der Erklärungsnotstand größer als in der Raumfahrt! Die Objektivitätstheorie stellt eine echte Hilfe dar, da sie vielleicht als einzige uns in die Lage versetzt, unverstandene Beobachtungen als zwingende technologische Konsequenzen aufzufassen und zu begreifen. Nur durch das Aufdecken parawissenschaftlicher als rein physikalischer Phänomene wird sich der heutige Mensch aus den Zwängen der Magie und seiner eigenen Wahnvorstellungen befreien können.

In den bisher besprochenen Fällen werden resonante oder sonstige Kraftwirkungen genutzt, während die Gravitation unverändert bleibt. Schließlich sind geschlossene Feldlinien unbeeinflußbar, normalerweise zumindest. Gibt es vielleicht eine indirekte Möglichkeit, auf die Gravitation einzuwirken?

A. Testeinrichtung<nach i>

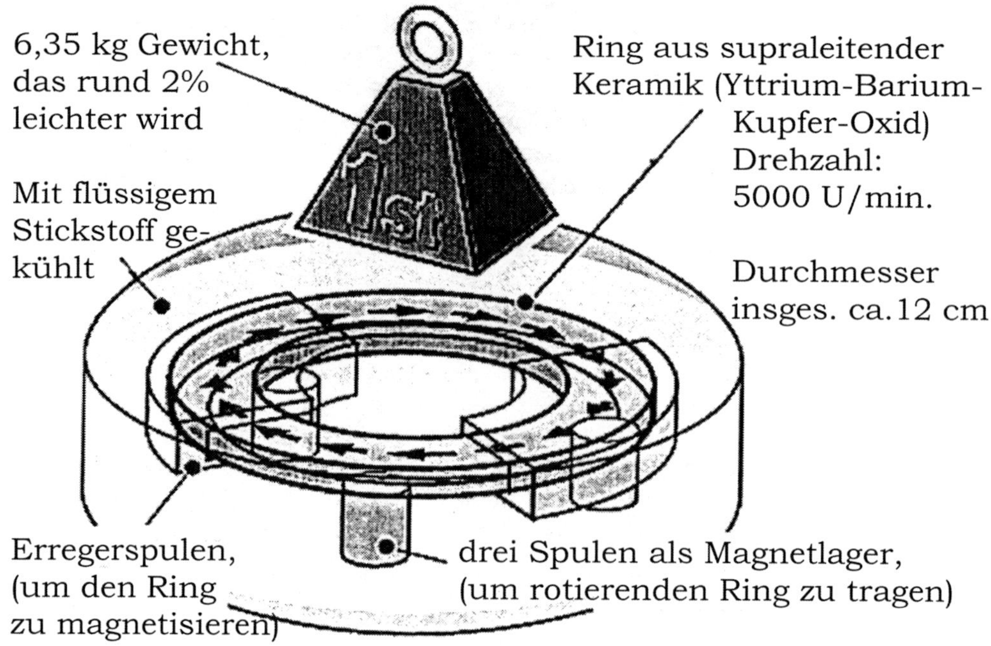

B. Der Meßaufbau<nach ii>

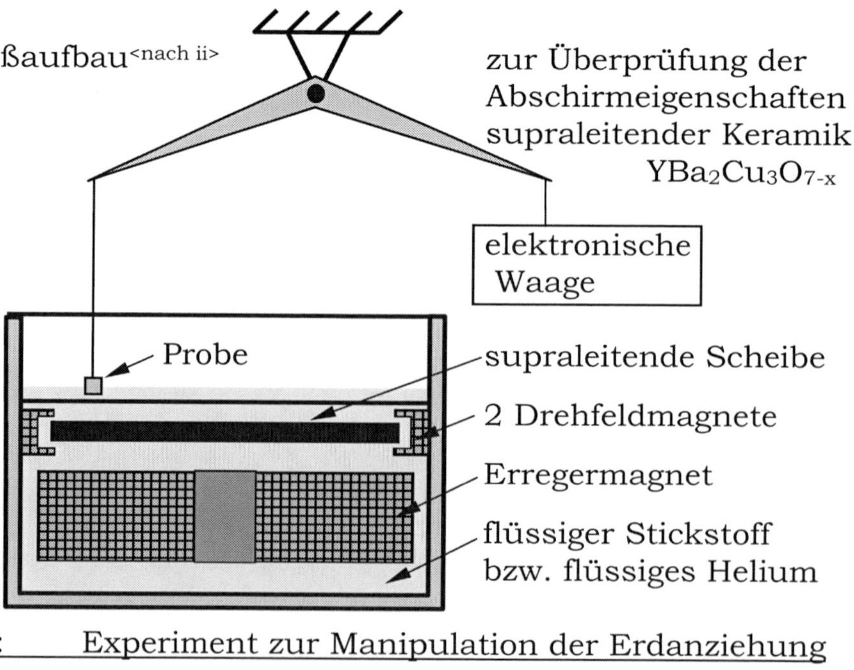

Tafel 18.7: Experiment zur Manipulation der Erdanziehung

<i>: Schneider: Anti-Gravitation im Labor nachgewiesen?, NET-Journal Januar 1997, S. 14,15; s.a. Internet: http://www.keelynet.com/gravity/fingrav.htm

<ii>: E. Podkletnov, R. Nieminen: A possibility of gravitational force shielding by bulk $YBa_2Cu_3O_{7-x}$ Superconductor, Physika C 203 (1992), P. 441-444

<iii>: Force field Implications of Anti-Gravity, The Journal of Ideas, Art.191, 7.9.95

18.7 Antigravitation oder Levitation

Die Nacht war schon über Finnland hereingebrochen, aber an der Universität von Tampere brannte noch Licht. Da streckte ein Wissenschaftler seinen bärtigen Kopf zur Labortür hinein und blies mit einem "hallo Leute" den Rauch seiner Pfeife über den Kyrostaten zur Untersuchung supraleitender Materialien. Die Wissenschaftler waren sprachlos, denn der Rauch schien an eine unsichtbare Mauer zu stoßen und wurde förmlich im rechten Winkel in Richtung Raumdecke hochgezogen.
Nachdem die Neugierde geweckt war, hat Dr. Eugene Podkletnov auch noch andere Materialien über seine rotierende Scheibe gehalten und mußte feststellen, daß die ebenfalls an Gewicht verlieren, und daß er mit seinem Experiment tatsächlich die Gravitation beeinflußt. Auch der Luftdruck war sogar noch in einem darüberliegenden Stockwerk an der entsprechenden Stelle geringer[<i>].
Mit einer supraleitenden Scheibe von 30 cm Durchmesser, durch flüssigen Stickstoff gekühlt, ist eine Reduktion der Schwerkraft um 2% bis 4% erreichbar, wenn die Scheibe mit mehr als 5000 Umdrehungen pro Minute rotiert. Mit der Drehzahl steigt auch der Effekt, der allerdings vom Erregerfeld unabhängig ist[<ii>]. Schließlich bleiben die Felder der supraleitenden Ströme im Ring auch nach Abschalten der Erregung unverändert bestehen, und nur auf diese Felder kommt es an.

Die abschirmende Wirkung der Anordnung auf elektromagnetische Felder war schon vorher bekannt und sollte in dem Labor näher untersucht werden. Überrascht war man nur, daß die Gravitation sich ebenfalls abschirmen ließ, daß offenbar beide Wechselwirkungen in einem Zusammenhang stehen.
Nach der Voraussage der Objektivitätstheorie gravitieren die geschlossenen magnetischen Feldlinien und verursachen die auf den Erdmittelpunkt gerichteten Feldkomponenten die meßbare Gewichtskraft. Durch die sehr hohen supraleitenden Felder kommt es offensichtlich zu Feldüberlagerungen und möglicherweise zu einer lokalen Feldverdrängung, wie man sie bei Wirbelströmen schon lange kennt (Meißner-Effekt).
Damit ist das Erdfeld natürlich nicht aufgehoben, sondern lediglich räumlich verlagert, oder es hat teilweise seine Richtung geändert. Dreht nur ein kleiner Anteil an Feldzeigern aus ihrer Orientierung auf den Erdmittelpunkt heraus, reduziert sich an der Stelle in entsprechendem Maße die Gewichtskraft. Die Objektivitätstheorie verlangt danach!

Im Übrigen existieren Berichte, nach denen auch ohne Drehung bei supraleitenden Ringen eine Gewichtsreduktion auftreten kann, und andere, bei denen sogar ganz ohne Supraleitung gearbeitet wird. Als Kernmaterial für den Ring wird Ferrit oder ein starker Permanentmagnet verwendet. In dem Fall kommt es darauf an, daß die Ringspule in Eigenresonanz betrieben und immer zum richtigen Zeitpunkt durch Induktion wieder neu angestoßen wird. Der Ringkern speichert die Felder dann über der Zeit auf, genau wie der Supraleiter.
Genaugenommen sind es die Atomkerne und letztlich alle Elementarteilchen, die sich in dem hohen Feld ausrichten. Frau Dr. Ning Li will künstliche Schwerkraft herstellen, indem sie auf die Quanten direkt Einfluß nimmt. Sie kommt dem Phänomen damit sehr nahe[<iii>]. Trotzdem sind die Möglichkeiten dieses Effekts sehr begrenzt, denn zwei Prozent mehr oder weniger sind nicht gerade viel, und der Traum von der vollständigen Aufhebung der Schwerkraft oder gar der Trägheit bleibt womöglich doch nur ein Wunschtraum. Es handelt sich strenggenommen auch nur um eine Beeinflussung der Gravitation und nicht etwa um Antigravitation!

Ursache/ Feldlinien	Wechsel- wirkung	F = Kraftwirkung *Vermittlung:*	**siehe Kapitel:** Auswirkung/ *Anwendung*
5. geschlossene **H**-Feldlinien	Gravitation (statisch)	F_{MG} = Schwerkraft *durch Masseteilchen*	**Kap. 6.9 und 7** Elementar- teilchenmasse
6. geschlossene **H**-Feldlinien	Levitation (dynamisch)	F_{ML} = verminderte Schwerkraft	**Kap. 18.3** Gravit.wellen *Casimireffekt*
7. geschlossene **E**-Feldlinien	Gravitation (statisch)	F_{EG} (Kraft kaum nachweisbar)	**Kap. 18.7** *supraleiten- der Ring*
8. geschlossene **E**-Feldlinien	Levitation (dynamisch)	F_{EL} (nicht mehr nachweisbar)	**Kap. 18.5 + 18.6** *Keely-/Searl- Fluggeräte*

Tafel 18.8 A: Die Wechselwirkungen geschlossener Feldlinien<i>

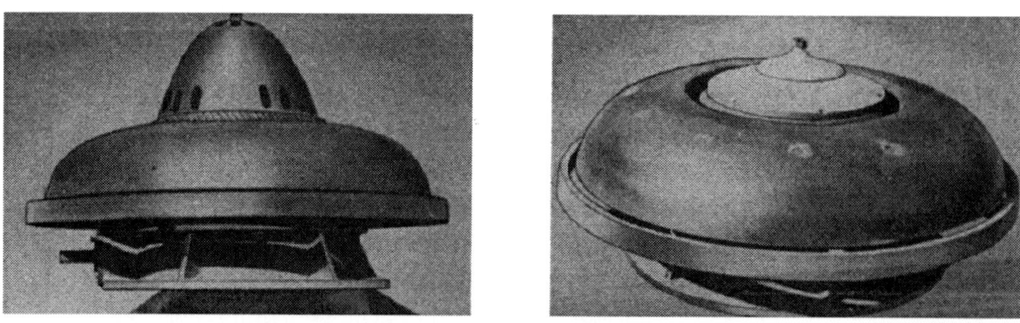

Tafel 18.8 B: Versuchsmodelle der „Fliegenden Untertasse“ nach Viktor Schauberger<ii>

<i>: nach Tafel 15.5, die Fälle 5 bis 8

<ii>: O. Alexandersson: Lebendes Wasser; W.Ennsthaler Verl. Steyr, 1993, S.103

18.8 Diskussion zur Wirkung geschlossener Feldlinien

Richten wir unseren Blick abschließend auf die untere Hälfte von Tafel 15.1 (≡ 18.8 A), in der die Konsequenzen geschlossener Feldlinien aufgeführt sind. Ohne die Möglichkeit einer direkten Bündelung wie bei offenen Feldlinien, fallen die verursachten Kraftwirkungen extrem gering aus. Damit sind sie für eine Nutzung freier Energie auch weniger geeignet. Die Überlegungen zielen in dem Zusammenhang eher auf Technologien zur Gewichtsreduktion, wie sie für Fluggeräte erstrebenswert wäre.
Unterstellen wir, daß hier in gleicher Weise die Kraftwirkungen magnetischer H-Felder um drei bis vier Zehnerpotenzen die von elektrischen E-Feldern übersteigen. Dann wird für die Gewichtskraft eines Körpers ohne oder mit zusätzlicher elektrischer Ladung kaum noch eine Rolle spielen, ob seine E-Feldlinien ebenfalls geschlossen oder offen sind. Die Gewichtszunahme eines ungeladenen Körpers wird sich erst in der dritten bis vierten Stelle nach dem Komma auswirken. So gesehen handelt es sich bei der ***Gravitation*** in erster Linie um eine Wirkung des Magnetfeldes, genauer gesagt um *die Wirkung geschlossener magnetischer Feldlinien* (Kap. 6.9).
Gelingt es, diese Magnetfelder beispielsweise durch den Einfluß extrem starker Felder eines Supraleiters zu beeinflussen, dann wird sich auch die Gravitation ändern, wie gezeigt worden ist (Kap. 18.7). Stellen wir uns vor, bei systematischer Vorgehensweise würde eine perfekte Beeinflussung gelingen, bei der keine Komponente der H-Feldlinien mehr in Richtung auf den Erdmittelpunkt zeigt, dann hätte ein ungeladener Körper gerade noch ein Zehntausendstel seines ursprünglichen Gewichts, während ein geladener Körper überhaupt nichts mehr wöge. Dieser Zustand der Schwerelosigkeit setzt, da E- und H-Feld senkrecht aufeinander stehen, voraus, daß alle E-Feldzeiger in Richtung Erdmittelpunkt oder diametral in die entgegengesetzte Richtung weisen. Leider ist eine solche Feldverteilung technisch kaum realisierbar, und so wird der „fliegende Teppich“ weiterhin den Märchenerzählungen vorbehalten bleiben.
Eine wirksame Gewichtsreduzierung von Flugzeugen und anderen Flugobjekten erscheint jedoch durchaus denkbar, und so steigt die Zahl der Forschungseinrichtungen langsam, die sich mehr oder weniger offiziell mit der Aufhebung der Schwerkraft und der Levitation auseinandersetzen. Die zugrundegelegten Theorien klingen häufig jedoch sehr bizarr bis abenteuerlich und sind dabei völlig unphysikalisch. Vielleicht hilft, wie hier vorgeschlagen, ein Blick auf die Feldlinienverteilung weiter.

Bei der Levitation, die streng genommen bei geschlossenen Feldlinien nur im Schwingungsfall auftritt, spielt Resonanz für das Zustandekommen der Wechselwirkung wieder die entscheidende Rolle. In Verbindung mit Neutrinos kann die Resonanz weniger zum Einsammeln dienen; wir brauchen sie vielmehr für das Materialisieren, zur Herstellung von Masse, Ladung und Energie.
Für die künstliche Erzeugung einer Levitation wird entweder eine mechanische Schwingung im atomaren oder molekularen Bereich benötigt, wie sie beispielsweise ein rotierendes Wassermolekül hervorruft, oder es findet eine resonante Größenschwingung statt unter Verwendung elektro- oder magnetostriktiver Materialien, wie Piezokristalle oder Schwingquarze.
In diesem Zusammenhang ist sicher von großer Bedeutung, daß auch die Temperatur als teilchenimmanente Größenschwingung identifiziert werden konnte (Kap. 8.3). Neben einer kalten Materialisation oder kalten Fusion besteht daher zumindest theoretisch noch die Möglichkeit einer heißen Materialisation oder der heißen Fusion.

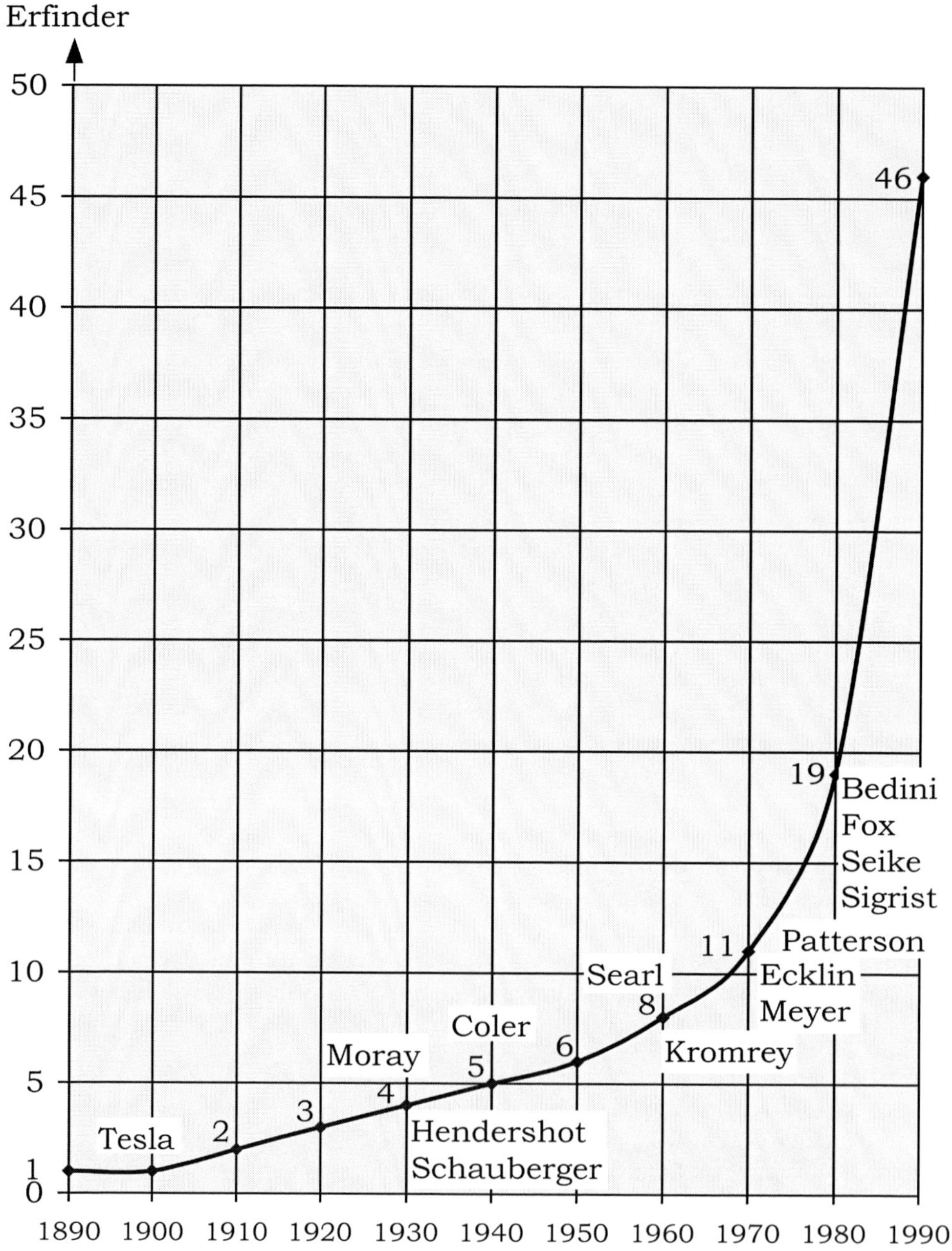

Tafel 18.9: Die steigende Zahl an Freie-Energie-Erfinder<i>

<i>: eingetragen sind nur die im Text erwähnten Erfinder. Literatur dazu: A. Schneider: Energien aus dem Kosmos, Jupiter-Verlag (1994), S. 77

18.9 Zur Standortbestimmung heutiger Energietechnik

Eine Analogie zur Herstellung von Materie bildet die Erzeugung von Licht. Bei hohen Temperaturen entsteht bekanntlich thermisches Licht und bei niedrigen Temperaturen das kalte Licht, die besprochene Lumineszenz. Ursache in allen Fällen der Entstehung von Licht, ob als elektromagnetische Welle oder als Photonenwirbel, sei es in verwirbeltem Wasser oder als Sonolumineszenz, ist eine Größenschwingung der Lichtquelle. Wir sehen uns endlich in die Lage versetzt, die unterschiedlichen Lichtphänomene als etwas Zusammengehöriges zu begreifen.

Der Ruf nach neuen Energieträgern und einer umweltverträglichen Energietechnik ist nicht mehr zu überhören. Die Zahl der Erfinder steigt derzeit rasant an (Tafel 18.9). Es ist legitim und sehr empfehlenswert, zu diesem Zweck erst einmal die Natur zu beobachten, wie sie ihr Energieproblem löst. Dabei mußten wir erkennen, daß im Gegensatz zur heutigen Technik keine Verbrennung und keine Explosion stattfindet, sondern vielmehr Prinzipien einer kalten Fusion und einer Implosion als Folge kontrahierender Potentialwirbel genutzt werden. Tatsächlich vermag uns die Natur den Weg aus der energietechnischen Sackgasse zu weisen. Wir müssen das Angebot nur annehmen, offen sein und die Bereitschaft zeigen, in die Entwicklung naturgemäßer Verfahren zu investieren.

An die Adresse der Verteiler von Fördermitteln zur Energieforschung gerichtet lautet die Forderung im Klartext, kein Geld mehr für umweltfeindliche Konzepte, wie die Kernspaltung oder für unverstandene und nicht realisierbare Entwicklungen wie der heißen Fusion zu bewilligen, die unfruchtbaren Arbeiten sofort einzustellen und die Gelder für eine umweltgerechte Energieforschung bereitzustellen.

Riesige Einsparungspotentiale finden sich zudem in allen Bereichen der Physik, wo an Stelle aufwendiger Experimente genauso gut mit einer brauchbaren Theorie die Dinge berechnet werden könnten. Zur Überprüfung der Theorie wären dann nur wenige Versuche erforderlich. Schließlich sind alle großen Entdeckungen auf diese Art und Weise zustande gekommen. Niemand soll glauben, er hätte eine Sache verstanden, wenn er sich erst einmal mit genügend vielen Meßdaten zugeschüttet hat.

Die Wurzel des Übels liegt bereits in der Ausbildung, wo Studierende der Physik alles begreifen wollen und deshalb bemüht sind, mit der Anschauung und den Händen nach allem zu greifen. Abstraktes Denken oder mathematische Herleitungen hingegen sind den meisten zu unbequem; sie sind der irrigen Meinung, Begreifen hätte mehr mit dem Greifen zu tun, und dafür ist der Kopf schließlich nicht zu gebrauchen.

Eine Ursache für diese Entwicklung kann in dem relativistischen Standpunkt Albert Einsteins gesehen werden, der von einer subjektiven Beobachtbarkeit ausgeht und die Relativität zwischen einem physikalischem Prinzip und der Beobachtung zur Grundlage physikalischen Denkens erhoben hat. Es herrscht die überhebliche Devise: was ich nicht mit meinen Sinnesorganen beobachten oder mit entsprechenden Meßgeräten erfassen kann, ist auch keine Physik, sondern Esoterik oder Parawissenschaft.

Wenn wir aber eine umweltverträgliche Technik wollen, dann ist das mit diesem Standpunkt nicht zu schaffen. Dann behindern wir uns nur selber mit der eigenen Arroganz und Intoleranz. Wir müssen den quantenphysikalischen Irrweg verlassen und an bewährte Prinzipien der klassischen Physik anknüpfend, wieder lernen, abstrakt zu denken. Ein objektiver Standpunkt zwingt uns, die Phänomene, die außerhalb des beobachtbaren Bereichs liegen, mit mathematischen Mitteln zu erfassen (s. Kap. 13). Erst wenn wir das gelernt haben, werden wir die wahren Zusammenhänge in der Physik verstehen und begreifen!

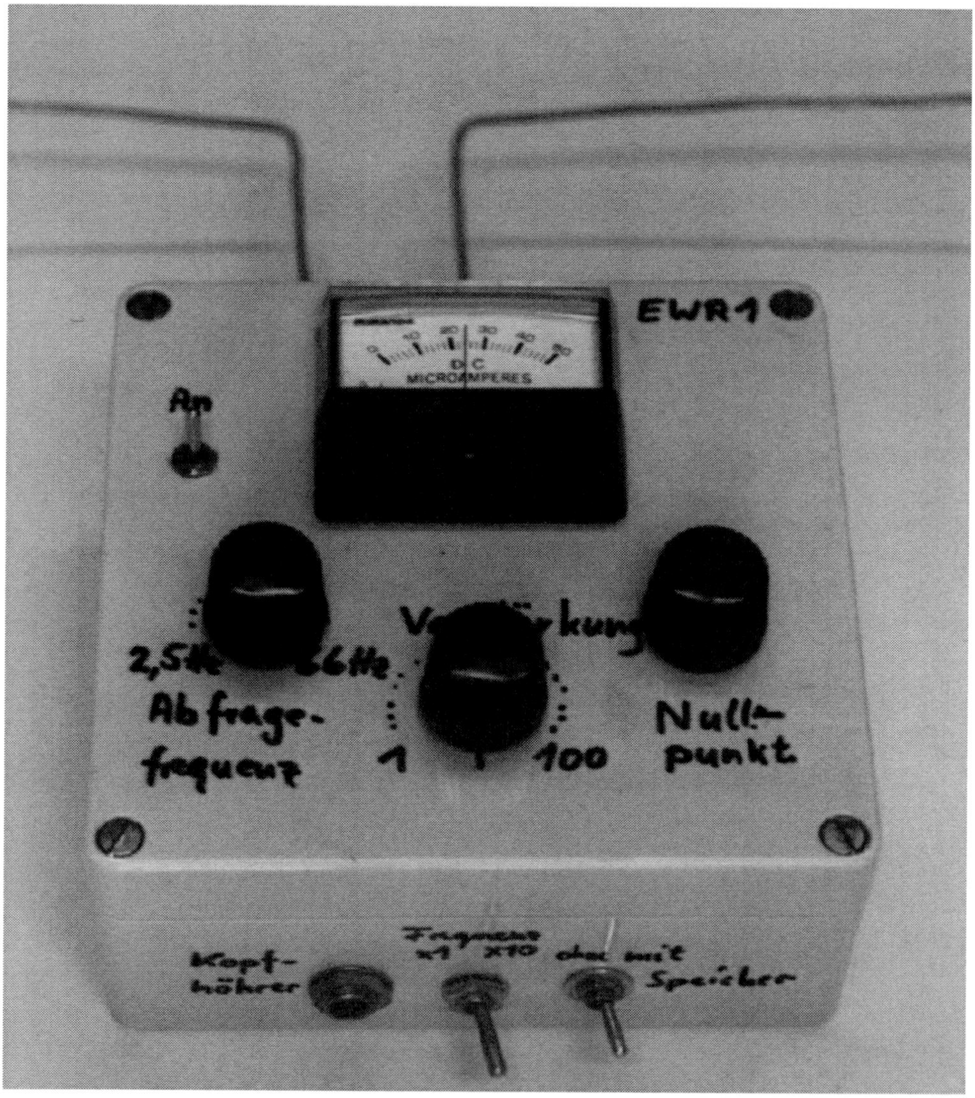

Tafel 19.1: Eigenbau eines Ladungsverstärkers.

19. Eigene Experimente

Den Gegenpol zu den theoretischen Überlegungen bilden praktische Experimente. Wollen wir physikalische und naturwissenschaftliche Phänomene erfassen und begreifen, dann sollten wir den handwerklichen Aspekt nicht ganz vergessen. Es lässt sich dabei nicht vermeiden, dass es sehr persönlich zugeht, wenn über die Laborarbeit berichtet wird, auch dann nicht, wenn der Experimentator sich alle Mühe gibt, jede Beeinflussung auf die Versuchsdurchführung und das Resultat auszuschließen. Letztendlich muss jeder die Versuche selber nachvollziehen, da ein gesunder Skeptiker sowieso nur glaubt, was er mit eigenen Augen beobachtet hat.

19.1 Zum Stellenwert der experimentellen Physik

Es hat schon Wissenschaftler gegeben, die gefordert haben, ein messtechnisch ermitteltes Ergebnis für den Fall zu verwerfen, dass die Lehrbuchphysik dieses nicht hergibt. Diese Haltung wird auch heute noch von einer ungezählten wissenschaftsgläubigen Gemeinde vertreten ganz nach dem Motto: *„Die Natur hat sich gefälligst nach den Dogmen der theoretischen Physik zu richten!"*

Dieses falsche Denken spiegelt sich in den wissenschaftlichen Zeitschriften wider, die es ablehnen, Diskussionen abzudrucken. Unter der Kontrolle eines Prüfergremiums, das nur die Aufgabe hat, Andersdenkende an der Publikation ihrer Ideen zu hindern, sind sie der traurige Beweis, wie weit verbreitet doch diese irrige Haltung in der universitären Landschaft heute ist.

Tatsächlich zeigt uns allein das wissenschaftliche Experiment die physikalische Wirklichkeit! Die theoretischen Modelle, wie das hier vorgestellte Wirbelmodell sollen lediglich helfen, die Natur und ihre Gesetze zu verstehen. Die Vertreter der theoretischen Physik sind in der Rolle eines Helfers, und das verlangt Bescheidenheit und Offenheit.

Für den Fall, dass ein Ordinarius der theoretischen Physik einem experimentierenden Kollegen eine Schweigepflicht auferlegt, wenn dieser über seine erstaunlichen Tunnelexperimente öffentlich berichten will, dann sollte die Öffentlichkeit trotzdem das Recht haben zu erfahren, wenn ein Tunnelexperiment Überlichtgeschwindigkeit offenbart, auch wenn es dem Theoretiker nicht passt und er in unangemessener Überheblichkeit den Experimentalphysiker nur als seinen Hilfsknecht betrachten sollte.

Wenn Universitäten nur noch mit Besitzstandswahrung und die Industrie nur noch mit der Steigerung ihrer Produktivität beschäftigt sind, wenn Zukunftsforschung darin besteht, öffentliche Forschungsgelder betriebsintern so zu verstecken, dass niemand den Förderbetrug erkennt und in Wirklichkeit keiner mehr an die Zukunft denkt oder dafür arbeiten will, dann werden wir beobachten können, wie Entdeckungen und Erfindungen von der Industrie und den Universitäten mit ihren kontrollierten Zentralorganen abwandern und zunehmend wieder in Garage, Keller, abgeschiedener Studierstube oder in privat organisierten Kreisen stattfinden.

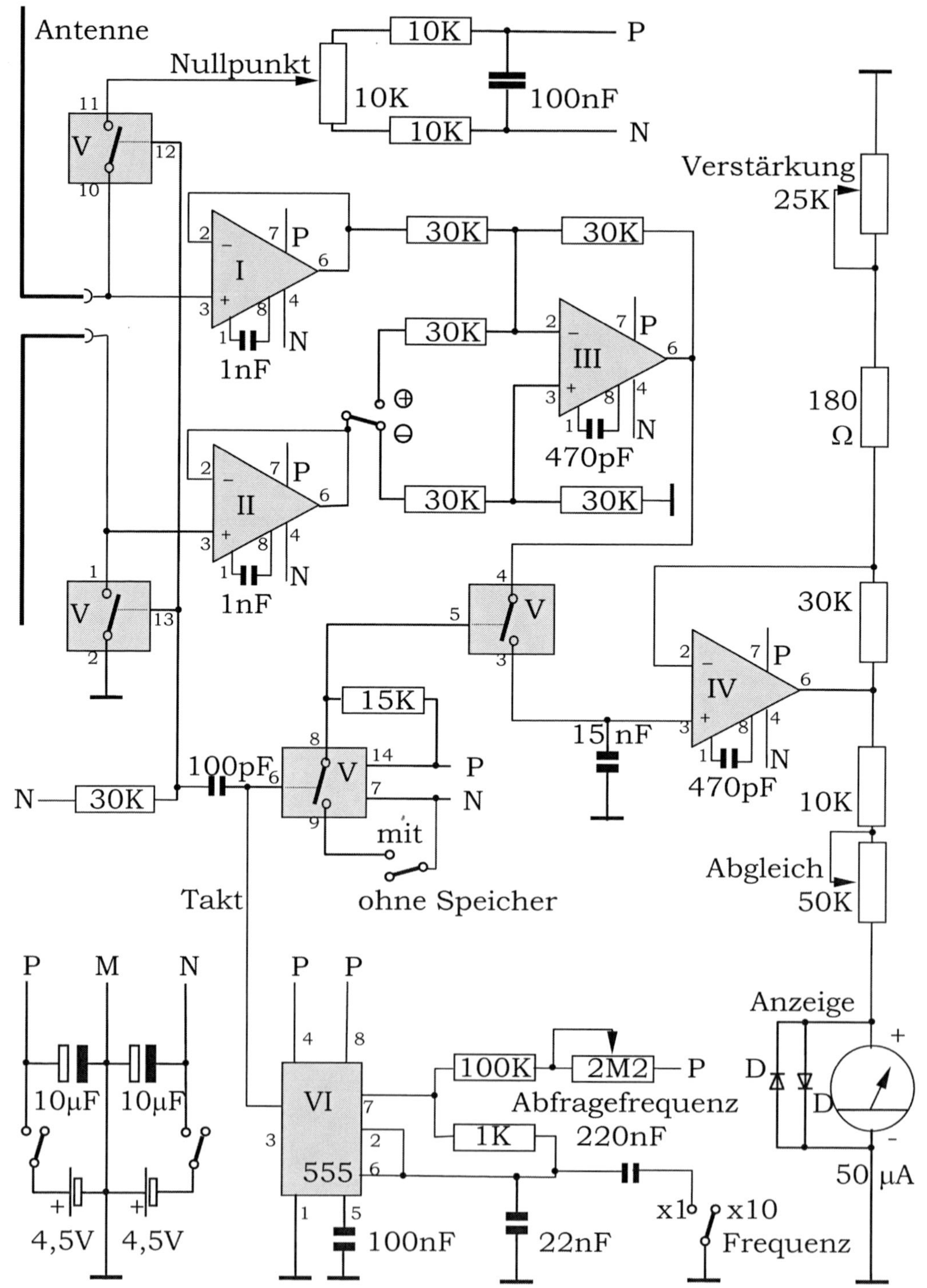

IC I bis IV: CA 3130; IC V: 4066B; IC VI: NE555; D: AA119

Tafel 19.2: Schaltplan des selbstgebauten Ladungsverstärkers

19.2 Der Ladungsverstärker aus der Bastelwerkstatt

In Zusammenhang mit meiner Wirbeltheorie sind in diesem Buch immer wieder Hinweise auf Experimente zu finden. Ich bin mir ihrer Bedeutung bewusst und habe meine theoretische Ausarbeitung zur Kontrolle stets mit praktischen Versuchen begleitet. Dabei stand aber nicht die publizierbare und für jedermann und jederzeit reproduzierbare Beweisführung im Vordergrund. Mit den Experimenten in meiner Bastelwerkstatt habe ich nur für mich alleine nachprüfen wollen, ob meine Herleitungen noch verifizierbar sind.

Konsequenterweise wurde in der ersten und zweiten Auflage des zweiten Teils zur „Elektromagnetischen Umweltverträglichkeit" auf eine Veröffentlichung zunächst verzichtet. Für die Ergänzung des vorliegenden Kapitels über eigene Versuche ab der dritten Auflage gibt es mehrere Gründe: erstens bin ich von mehreren Lesern darum gebeten worden, zweitens leuchtet einem aus jedem Experiment ein Stück physikalische Wirklichkeit entgegen und drittens schlummern hier doch einige brauchbare Ideen und weiterführende Ansätze.
Natürlich kann aus einem gebastelten Eigenversuch nicht viel abgelesen werden, aber vielleicht lässt sich der ein oder andere Leser, der über bessere labortechnische Möglichkeiten verfügt als ich, zu eigenen Experimenten anregen.

Um den Potentialwirbeln in der Luft hinterher zu jagen, habe ich 1989 zunächst einen Ladungsverstärker zusammengebaut. An den besonders hochohmigen Differenzeingang habe ich verschiedenartig geformte Antennen angeschlossen. Zwischen beiden sollte entsprechend dem in der Natur auftretenden statischen elektrischen Feld eine Spannung auftreten, die mein Messgerät verstärken und auf einem Drehspulinstrument anzeigen sollte.
Um örtliche Veränderungen erfassen zu können, wird ein periodisch sich wiederholender Messzyklus durchlaufen: Er beginnt mit der Messzeit, während der sich von ganz von alleine zwischen beiden Antennenstäben eine Ladung aufbaut. Der Wert wird anschließend in einem Sample-And-Hold-Glied analog gespeichert und über ein Drehspulinstrument zur Anzeige gebracht. Dann werden die Eingangsklemmen kurzgeschlossen, die Antennen wieder entladen und das Spiel beginnt von vorne.

Messzeit, Nullpunkt und Verstärkung sind bei dem Gerät einstellbar (Tafel 19.1). Wer Spaß an einem Nachbau hat, findet auf Tafel 19.2 den von mir realisierten Schaltplan.

Ich hatte zwar noch weitere Entwürfe realisiert, aber technisch erwies sich die hier gezeigte wohl als die brauchbarste Lösung.

Tafel 19.3: Der Badewannen-Abflusswirbel; abgebildet ist ein Gezeitenwirbel bei St. Malo<i>

<i>: Photo aus der Zeitschrift „Life“ vom 4.7.1969, bzw. aus: H. J. Lugt: Wirbelströmung in Natur und Technik, Seite 371

19.3 Interpretation der Beobachtungen mit dem Ladungsverstärker

Der praktische Gebrauch des Geräts erwies sich zunächst als äußerst schwierig, denn der Zeiger schien einen wilden Tanz aufzuführen. Bei näherem Hinsehen aber konnte ich genau die Beobachtungen machen, die ich als Beleg für die Existenz von Potentialwirbeln gesucht hatte.

Zunächst fand ich die bekannte hohe Feldstärke bestätigt. Schließlich leben wir zwischen der Ionosphäre und der Erdoberfläche mitten im Dielektrikum eines "Kugelkondensators". Da die Werte des elektrischen Feldes sehr viel dichter an den Maximalwert heranreichen, der für Lebewesen tödlich ist, als der Wert des Erdmagnetismus, habe ich daraus den Schluss gezogen, dass biologische Wirkungen auch in erster Linie vom E-Feld zu erwarten sind.

Wäre das E-Feld, wie es die Maxwellsche Feldtheorie vorschreibt, tatsächlich wirbelfrei, dann hätten wir es mit einem Gradientenfeld zu tun. Mein Gerät müsste überall weitgehend denselben Wert zur Anzeige bringen. Aber dem war nicht so.

Vielleicht ist ja das Gebäude für die chaotische Anzeige und die wilden Zeigerausschläge verantwortlich, dachte ich mir. Dabei waren mir die Hilfserklärungen der Hochfrequenzler über angebliche Reflexionen in geschlossenen Räumen durch den Kopf gegangen. Also bin ich mit dem wild gewordenen Messgerät ins Freie gestürmt und verschiedene Wege abgelaufen, die reflexionsfrei sein müssten, aber das Bild blieb das gleiche. Ein Gradientenfeld ist das E-Feld jedenfalls nicht, musste ich feststellen.

Anschließend konnte ich, was viel Geduld verlangt, bestimmte Stellen ausfindig machen, an denen bei gleicher Bewegung aus der gleichen Richtung eine Reproduzierbarkeit des Zeigerausschlages erkennbar war. Er war sogar beliebig häufig wiederholbar. Ich habe mir die Stelle genau markiert. Dann habe ich versucht, das Gerät aus einer anderen Richtung zur Markierung hin zu bewegen und musste feststellen, dass der Punkt weg gewandert war.

Wenn ich abends in der Badewanne sitze und den Stöpsel ziehe, dann begeistere ich mich jedes Mal dafür, wie empfindlich der Abflusswirbel reagiert, wie ich ihn mit dem Schnippen eines Fingers von einer Ecke in die andere schicken kann ohne dass er zerfällt (Tafel 19.3). Dabei kann man sich mit etwas Phantasie leicht vorstellen, wie schwierig, ja geradezu unmöglich es sein müsste, den Wirbel messtechnisch zu erfassen für den Fall, dass wir ihn nicht sehen könnten. Das Messgerät würde zwar heftige Wellenbewegungen zur Anzeige bringen. Eine Reproduzierbarkeit aber wäre nicht zu erreichen, genau wie bei meinem selbstgebauten Ladungsverstärker.

Jetzt wusste ich, dass die von mir am 2.1.1990 zunächst rein theoretisch hergeleiteten Potentialwirbel als Wirbel des elektrischen Feldes tatsächlich existieren!

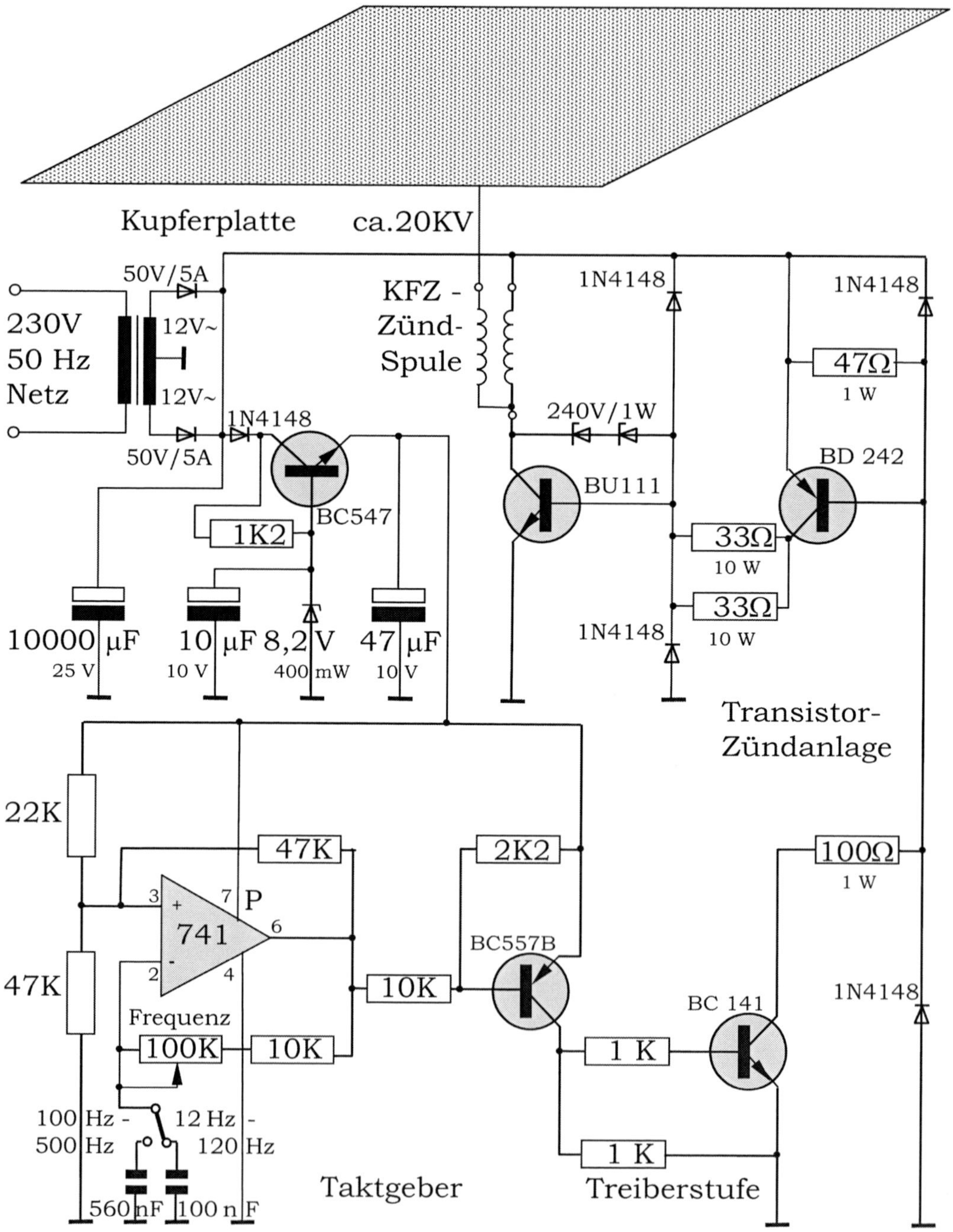

Tafel 19.4: Schaltplan zum Kirlianapparat.[i]

[i]: Elektor, Fachzeitschrift für Elektronik, Mai 1977, S. 22-25: Kirlianfotografie

19.4 Hochspannungsversuche im Leistungselektroniklabor

Zuerst wurden die Elektronik-Studenten, mit denen ich täglich zu tun hatte, von meiner Entdeckung infiziert. Mit wahrer Begeisterung löteten sie eine Schaltung nach der anderen zusammen. In meinem Labor war so etwas wie Aufbruchstimmung zu spüren. Einer brachte eine alte Kfz-Zündspule mit, dann wurde die Ansteuerschaltung dazu gebaut, Plexiglas organisiert, eine Aluplatte darunter geklebt und die ganze Kiste ins Photolabor geschleppt<i>. Drei Studenten machten noch einen Umweg über die Außenanlagen der Hochschule und pflückten das notwendige Anschauungsmaterial von Bäumen und Sträuchern.
Anschließend wurden die Blätter auf Photopapier gelegt und über den selbstgebauten Hochspannungsgenerator auf 20000 Volt aufgeladen. Dabei entstehen an allen Kanten und besonders an den Spitzen eines Blattes Coronaentladungen, die das Photopapier belichten. Die Photos haben wir dann selber entwickelt und die Resultate diskutiert<ii>.

Der Hinweis, bei einem zweiten Photo würde das ganze Blatt auch dann noch erscheinen, wenn das halbe Blatt nach dem ersten Versuch durchgerissen wird und nur eine Hälfte aufgelegt wird, beschäftigte uns besonders. Schließlich legten wir beim zweiten Versuch gar kein Blatt mehr auf und stellten fest, dass auf dem Photo trotzdem das zuletzt aufgelegte Blatt sich abzeichnete. Jetzt war nur noch die eine physikalische Interpretation möglich: Die durch Hochspannung angeregten Potentialwirbel des Blattes stecken noch in abgeschwächter Form in der Plexiglasscheibe! Hier wirbeln sie weiter und erzeugen unter Hochspannung weiterhin Coronaentladungsimpulse.

Jetzt waren auch die Studenten von der Existenz der Potentialwirbel überzeugt.

Dieser Versuch regte die Gehirnzellen der ganzen Mannschaft an: Wenn Potentialwirbel unter Hochspannung elektrische Überschläge bewirken, denn die Coronaentladung ist nichts anderes, dann sollte doch auf diese Weise die örtliche Wirbelverteilung im Raum messbar sein? Ein Student machte sich sofort an die Arbeit und baute aus der Horizontal-Ablenkeinheit eines alten Fernsehers einen Hochspannungsgenerator mit einer einstellbaren Funkenstrecke. Anschließend lief er mit seinem blitzenden und krachenden Gerät kreuz und quer durch mein Labor und andere liefen mit und schleppten die Messgeräte hinter ihm her. Einen ortsabhängigen Einfluss aber sahen sie zu ihrer großen Enttäuschung nicht.

Da war mir plötzlich klar: Den Studenten hätte es gut getan, sie hätten vorher gebadet und den Abflusswirbel beobachtet. "Es reicht der berühmte Flügelschlag eines Schmetterlings", erklärte ich meiner Mannschaft, "und statt dessen fahren wir diese Höllenmaschine auf und verjagen all die Wirbel, die wir eigentlich erfassen wollen". Wir mussten erkennen, dass auf die Euphorie in der Regel die Phase der Ernüchterung folgt.

<i>: Elektor, Fachzeitschrift für Elektronik, Mai 1977, S. 22-25: Kirlianfotografie; Tafel 19.4 zeigt den Schaltplan und Tafel 19.5 A das selber gebaute Gerät.

<ii>: Die Kirlianphotos aus der Dunkelkammer der Hochschule sind auf Tafel 3.6 abgebildet.

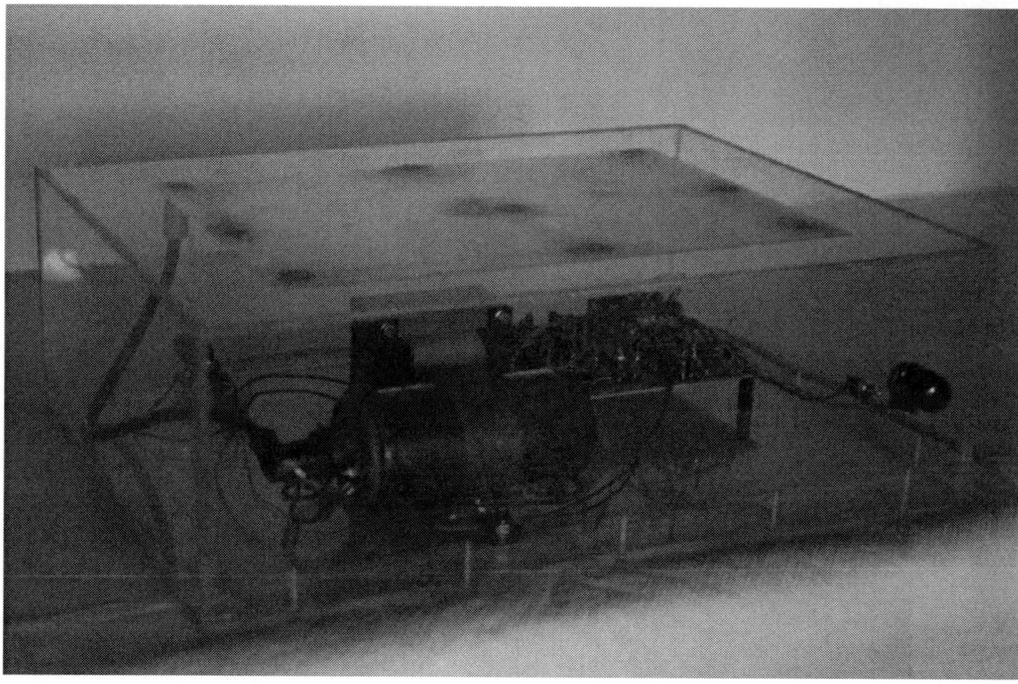

Tafel 19.5 A: Eigenbau eines Hochspannungsapparates zur Kirlianphotographie

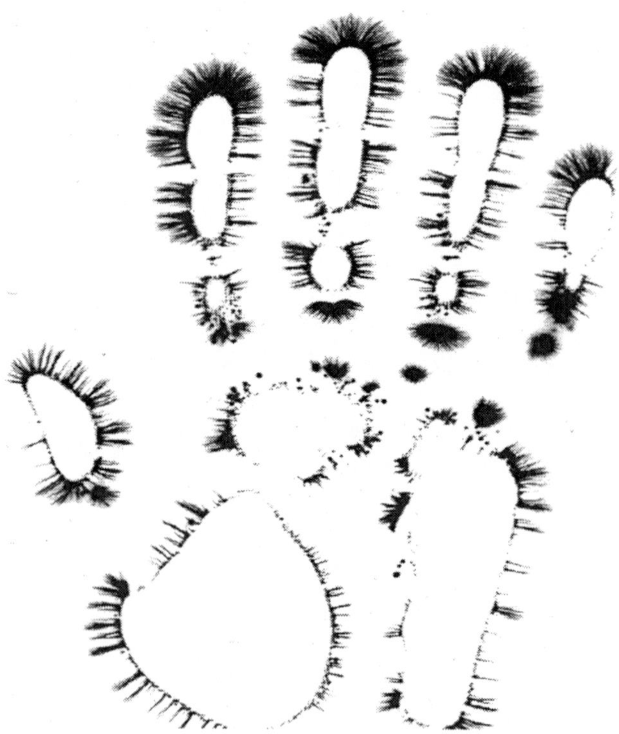

Tafel 19.5 B: Kirlianfotographie der rechten Hand

19.5 Messung dielektrischer Kondensatorverluste im HF-Labor

Mit meinen Professorenkollegen gestaltete sich meine Überzeugungsarbeit schon deutlich komplizierter. Die meisten geben vor, nichts davon zu verstehen und halten sich heraus.
Es gibt aber auch Ausnahmen. „So etwas hat es an unserer Hochschule noch nicht gegeben, dass ein Kollege eine eigene Feldtheorie aufstellt“, bemerkte ein Physikerkollege im Anschluss an meinen hochschulöffentlichen Vortrag<i> am 3.7.1990 und meinte, das müsse gefeiert werden. Er ließ mich feierlich einen Blick in seine Vorratshaltung werfen, holte ein paar Weinflaschen heraus, die dann einige meiner Kollegen der Physik mit mir in deren Dienstzimmer leerten. Dabei plauderten wir über den Sinn oder Unsinn, die Ausbildung der Physik an den Coulomb´schen Ladungen festzumachen.

Der Leiter des Hochfrequenzlabors zeigte sich ebenfalls beeindruckt. Endlich wisse er jetzt, warum Kondensatoren bei Mikrowellenfrequenzen so heiß werden können, dass sie sich von alleine aus der Schaltung auslöten und herausfallen können, warum sich PVC-Folien mit HF verschweißen lassen, usw. „Wir müssen beweisen, dass nicht das Dielektrikum schuld ist, wie in den Lehrbüchern steht“ kam er auf mich zu.
Nach meiner Vorstellung jedenfalls sind es Potentialwirbel, wie ich mich ausdrückte, die sich zu den Wirbelströmen dual verhalten. Es handelt sich um Wirbelverluste, also um ein physikalisches Phänomen. Jetzt lassen sich bekanntlich Wirbelströme dämpfen, indem beispielsweise bei Motoren und Transformatoren der Eisenkreis geblecht wird. Die Isolation zwischen den Blechen verhindert die Ausbildung von Wirbelströmen in dieser Richtung und der Wirkungsgrad steigt.
„Mein Vorschlag wäre“, sagte ich meinem Kollegen, „einen Kondensator in dualer Weise zu "blechen" und die Verluste zu messen“. Da Wirbelstromverluste quadratisch mit der Frequenz zunehmen, wählten wir Mikrowellenfrequenzen. Im HF-Labor wurde eine Platine angefertigt mit einem L-C-Schwingkreis, über dessen Güte die Verluste recht präzise ermittelt werden konnten. Die Induktivität wurde als Mikrostripleitung ausgebildet und für den Kondensator wurde eine Fassung vorgesehen.

Die Versuchsdurchführung bestand darin, keramische Einschichtkondensatoren, sogenannte Trapezkondensatoren, beidseitig mit aufgedampfter Silberschicht als Paket einzusetzen und die Güte des Schwingkreises als Maß für die dielektrischen Verluste zu messen. Nach den Dualitätsregeln entspricht das Dielektrikum (als Nichtleiter) dabei dem permeablen Trafoblech (Leiter) und die Silberschicht (Leiter) der Blechisolation (Nichtleiter). Bei einem zweiten Versuch wurde jetzt die Silberschicht entfernt und dasselbe Kondensatormaterial diesmal ungeschichtet bei identischen Bedingungen gemessen. Nehmen die Verluste zu oder ändert sich nichts?
Spannung und Nervosität war plötzlich zu verspüren, auch unter den Studenten, die aus zweiter Reihe das Experiment mitverfolgten. Alle Blicke waren auf den Monitor des Network-Analysers gerichtet, auf dem sich langsam die Glockenkurve der gemessenen Schwingkreisgüte abzeichnete. Das Ergebnis war überraschend deutlich. Ich schaute erst zu meinem Kollegen und dann zu den Studenten und musste feststellen, dass alle Augen auf mich gerichtet waren. Die erste Messung war ein Volltreffer! Die Wirbelverluste waren "ungeblecht" wesentlich größer.

<i>: K. Meyl: **Die mangelnde Dualität der Maxwellschen Gleichungen** mit Beiträgen zum Thema magnetischer Raumpole, zur mathematischen Berechnung und zur technisch-physikalischen Deutung neu entdeckter Potentialwirbel. Auf Einladung des Rektors der FH Furtwangen am 3.7.1990

- Versuch 1: Schwingkreisgüte mit geschichteten Kondensatoren
  aus einer Versuchsreihe von 5 Einzelversuchen gemittelt: Q = 48
- Versuch 2: Silberschicht mit verdünnter Salpetersäure entfernt
  möglicherweise hat die Säure das Dielektrikum geschädigt: Q = 9
- Versuch 3: Silberschicht mechanisch abgeschliffen.
  geringe Güte bedeutet hohe dielektr. Verluste! gemittelt: Q = 28
- Resonanzschärfe (Gütezahl): $Q = \frac{f_0}{\Delta f}$ $\frac{\text{(Resonanzfrequenz)}}{\text{(Resonanzbandbreite)}}$

bei einer Resonanzfrequenz f_0 von ca. 400 MHz.

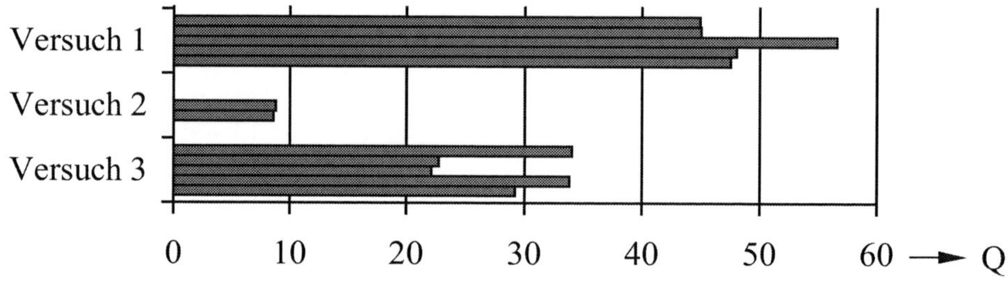

Gütezahl Q des L-C-Schwingkreises
der dual „geblechte" Kondensator hat die geringsten Verluste, der Schwingkreis damit die höchste Güte (Versuch 1).

Tafel 19.6: Messung der dielektrischen Kondensatorverluste über die Güte eines Schwingkreises im HF-Labor am 11.06.1990.

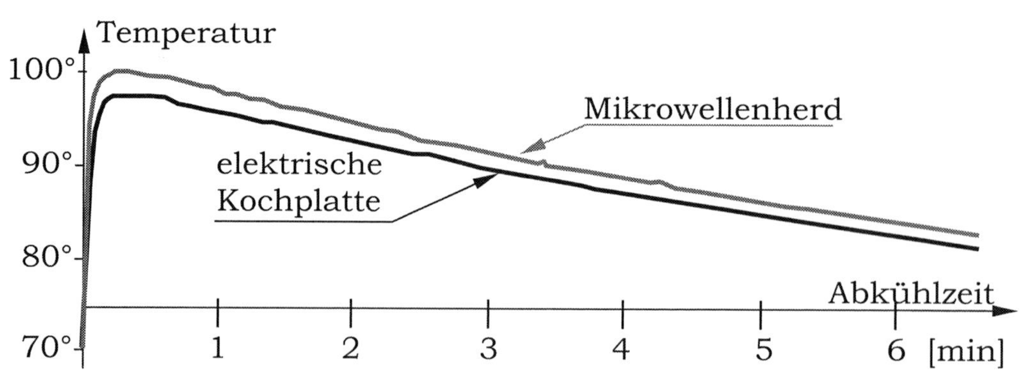

Tafel 19.7: Messkurve der Wassertemperatur über der Zeit am 22.10.1996 im Elektrotechnischen Praktikum

Beobachtung: Beim Mikrowellenherd bleibt trotz des "Nachkoch-Effekts" das Gefäß kälter als bei einer Kochplatte. Messfühler: PT 100.

19.6 Auswertung der gemessenen Kondensatorverluste

Zunächst regte der Kollege spontan eine gemeinsame Veröffentlichung an.

Doch eine gewisse Ernüchterung ließ nicht auf sich warten. Bei der nächsten Messung war kaum ein Unterschied feststellbar. Wir variierten die Kontaktierung und entfernten die Silberschicht mal mit Salzsäure, mal mit feinem Schmirgelpapier. Jede Messung wiederholten wir x-mal und mussten am Ende den Schluss ziehen, dass die Ergebnisse bei unserem etwas unpräzisen Aufbau extrem schwanken.

Über alle Messungen und Methoden gemittelt, ergab sich zwar eine Reduktion der dielektrischen Verluste bei geschichtetem Kondensator, aber bei kritischer Fehlerbetrachtung schienen die Ergebnisse in der Streuungsbreite "abzusaufen". Die erkennbare Tendenz reichte nach Auffassung meines Kollegen nicht aus, um eingefleischte Skeptiker zu überzeugen, woraufhin er sich zurückzog mit dem Hinweis, ich solle es bei den Mikroelektronikern versuchen, die wären eher in der Lage, einen geschichteten Aufbau reproduzierbar in den Griff zu bekommen.

Der Versuch ließ zumindest eine berechtigte Chance offen, dass die Wirbel des elektrischen Feldes tatsächlich existieren, und es sich bei den dielektrischen Verlusten eines Kondensators um Wirbelverluste handelt[<i>].

19.7 Mikrowellenherd zum Test im Elektrotechnik-Labor

"Freiwillige vor" hieß es am 22.10.1996 im Elektrotechnischen Praktikum und zwei Studenten machten sich an die Arbeit. Ich hatte aus unserer Küche den Mikrowellenherd, einen Tauchsieder, eine Herdplatte und verschiedene Gefäße mitgebracht. Im Hochschullabor hatte ich zudem einen Bunsenbrenner aufgetrieben. Im Sinne der Stiftung Warentest ging es um die Frage nach Unterschieden bei der Erwärmung von Wasser; oder ist, der öffentlichen Diskussion folgend, das Kochen mit Gas gesünder als mit der Mikrowelle?

Wir wollten es wissen. Also kochten wir mit Umkehrosmose gefiltertes Wasser einmal mit dem Gasbrenner, einmal mit der Kochplatte und schließlich mit dem Mikrowellenherd. Abgeschaltet wurde immer zum gleichen Zeitpunkt bei gleicher Temperatur, und die Abkühlkurve wurde mit einem x-t-Zeitschreiber aufgenommen (Tafel 19.7).

Zwischen Gas und Elektroherd war praktisch kein Unterschied feststellbar, aber der Mikrowellenherd zeigte beim Abschalten noch eine sonderbare Temperaturüberhöhung. Mir war dies schon früher aufgefallen. Nimmt man ein Wasserglas aus dem Mikrowellenherd heraus, dann blubbert das Wasser nochmals richtig los, obwohl das Gefäß selber relativ kalt geblieben ist. Nimmt man hingegen einen Wassertopf vom Gasherd herunter, hört das Wasser schlagartig auf zu kochen. Wo kommt dieser Unterschied her, den auch das Experiment bestätigen konnte?

<i>: Ein Ergebnis meiner dualen Betrachtungsweise der Wirbelverluste ist die Darstellung auf Tafel 4.7.

A: gedämpfte Wellengleichung:

$$\Delta \mathbf{E}\, c^2 = \delta^2\mathbf{E}/\delta t^2 + (1/\tau)\cdot\delta\, \mathbf{E}/\delta t$$

(Welle) + (Wirbel)

B: offene Beweiskette in der Physik des Elektromagnetismus:

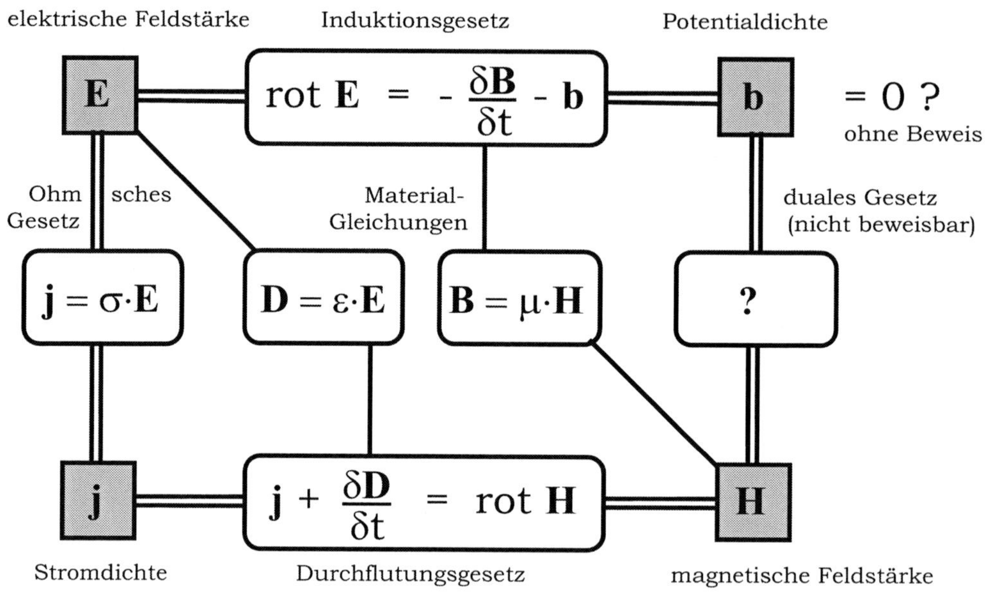

C: für den stationären Fall (δ/δt = 0) in allgemeiner Darstellung:

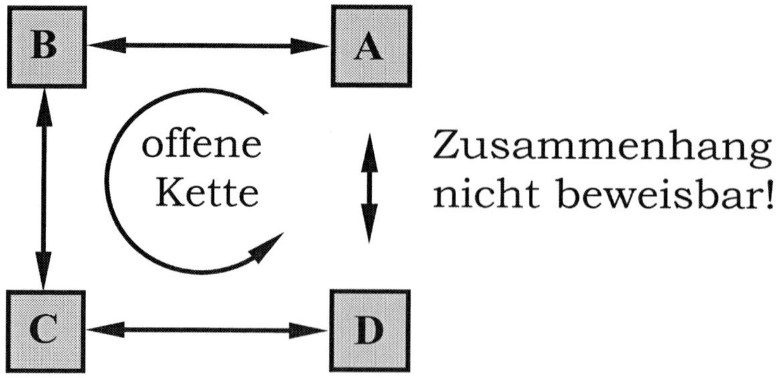

Tafel 19.8: Diskussionsbeitrag zur Unmöglichkeit, in einer Beweiskette (A-B-C-D) für das letzte Glied (D-A), das die Kette schließt, nach wissenschaftlichen Methoden den Beweis führen zu wollen.

19.8 Mikrowellenerwärmung durch Wirbelzerfall

Es muss sich um einen ***Speichereffekt*** handeln. Bei einem üblichen Herd erfolgt der Wärmeübergang durch *Konvektion.* Beim Mikrowellenherd hingegen haben wir es mit einer *elektromagnetischen Welle* zu tun.
In der Wellengleichung steht aber nichts über Wärme; hier finden sich als Dämpfungsterm lediglich Wirbel (Tafel 19.8 A)[<i>]! Also bleibt als einzig mögliche Interpretation übrig, dass sich die Mikrowellen zu Wirbeln einrollen um nach einer bestimmten Zeit selber zu zerfallen. Erst beim Wirbelzerfall entsteht die Wärme.
Die eingestrahlte Mikrowellenleistung wird demnach über längere Zeit als Wirbel im Wasser und der Nahrung gespeichert. Der Wirbelzerfall erfolgt nach einer e-Funktion mit der berechneten Relaxations-Zeitkonstanten τ[<ii>].

Aus dem Umstand, dass besonders Wasser trotz der geringen elektrischen Leitfähigkeit aber mit hoher Dielektrizität im Mikrowellenherd erwärmt wird, entnehme ich, dass es sich vornehmlich um Potentialwirbel handeln muss, von denen eine biologische Wirksamkeit zu erwarten ist. Ob diese nun positiv oder negativ zu bewerten ist, diese Frage muss ich den Ärzten und Therapeuten überlassen. Physikalisch gesehen, ist jedenfalls ein Unterschied messbar. Somit wird es zu einem Wirbelzerfall bei einem im Mikrowellenherd zubereiteten Essen auch dann noch kommen, wenn wir es bereits verspeist haben.
Fazit: *Ich wünsche allen einen guten Appetit!*

Doch was schreibe ich über Wirbelverluste, wenn jeder Skeptiker ein halbes Dutzend alternative Interpretationen kennt. Unweigerlich muss ich mir vor Augen halten, dass auch die Wirbelstromerwärmung seine Anerkennung nur dem Umstand der Entdeckung der entsprechenden Gesetze verdankt. Hätte Ohm sein Gesetz nicht entdeckt und in der bekannten Form formuliert und wäre statt dessen die duale Formulierung entdeckt worden, dann würden wir heute die dielektrischen Verluste in einem Kondensator und im Mikrowellenherd den Potentialwirbeln zuschreiben, beim Trafo hingegen wäre das Material für die Erwärmung zuständig und nicht etwa Wirbelströme, für die es ja dann auch keine Theorie gäbe (Tafel 19.8 B).

Es ist tatsächlich reiner Zufall, dass zuerst das Ohmsche Gesetz und nicht die duale Formulierung entdeckt und anerkannt worden ist. Da aber beide gleichwertig sind, müssen wir auch von der Richtigkeit beider ausgehen, auch wenn sich das letzte Glied einer Beweiskette A-B-C-D zurück von D nach A prinzipiell nicht mehr beweisen lässt, da es ja über die Kette A-B-C-D bereits erklärt ist (Tafel 19.8 C).

Da hatte ich also einen Potentialwirbel entdeckt, ohne dass es eine Möglichkeit für einen unmittelbaren Existenzbeweis gab. Dafür sind die Lehrbücher voll mit Hilfserklärungen, mit denen sich die Physik an diesem wichtigen Feldphänomen erfolgreich vorbeimogelt. Ich war frustriert. Es musste doch einen Weg geben, den Wirbel auf irgendeinem Wege messtechnisch zu erfassen.

<i>: Fundamentale Feldgleichung 15 auf Tafel 5.1 oder Gleichung 21, Tafel 5.3

<ii>: Relaxationszeitkonstante: s. Gleichung 10 auf Tafel 5.1 oder Tafel 8.1

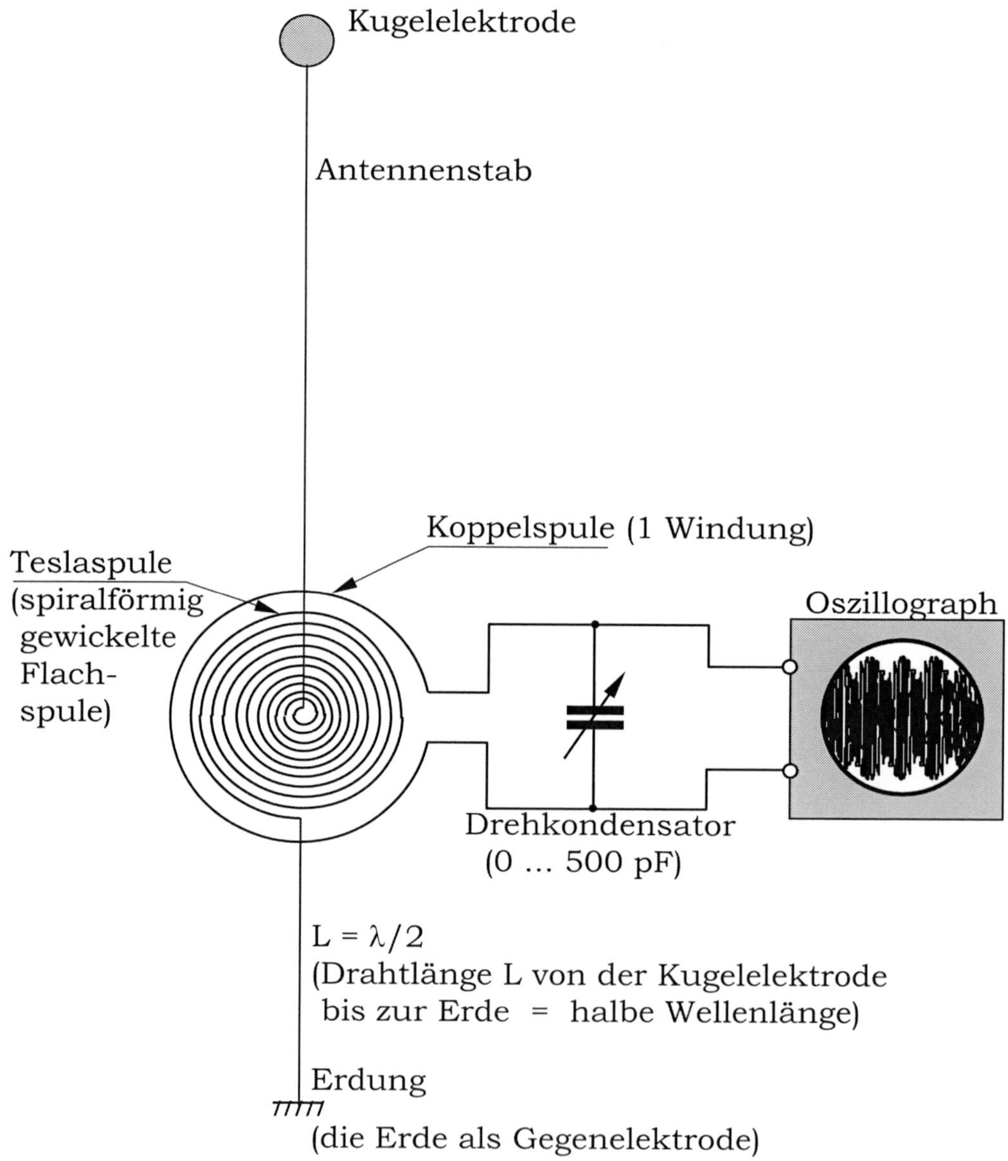

Tafel 19.9: Skalarwellennachweis mit der Teslaspule[i]

<i>: Die umgekehrte Nutzung zum Hochspannungssender nach Tafel 9.1

19.9 Die Teslaspule aus der Bastelwerkstatt

Ich zog mich wieder in meine Bastelwerkstatt zurück und wickelte Flachspulen oder ich brütete in meinem Arbeitszimmer über Tesla-Büchern. Ich war 1995 von mehreren Seiten darauf aufmerksam gemacht worden, dass sich die Erfindungen von Nikola Tesla in drei Kategorien einteilen lassen:

Das erste Drittel hat ihn selber weltberühmt gemacht. Es betrifft die Drehfeldtheorie, den Asynchronmotor und die heute gebräuchliche Drehstromtechnik, die wir ihm verdanken.

Das zweite Drittel betrifft Technologien und Erfindungen, die von anderen Leuten zum Teil erst Jahre später wiederentdeckt oder auch nur geklaut und unter fremden Namen als Neuheit Verbreitung fanden. Dazu zählen Elektronenmikroskop, Supraleitung, Elektrolytkondensator, Leuchtstofflampe, Schmelzsicherung, Koaxialkabel und vieles andere mehr.

Das letzte Drittel hingegen betrifft Erfindungen, die bis zum heutigen Tag noch unverstanden sind und auf ihre wissenschaftliche Erklärung und technologische Nutzung warten. Tesla selber bezeichnet diese Errungenschaften als seine bedeutendsten Erfindungen, bleibt uns aber eine wissenschaftliche Erklärung schuldig. Die wissenschaftliche Welt hat auch keine Theorie parat und weiß nichts damit anzufangen. Öffentliche Forschung findet nicht statt oder wird von Lobbyisten verhindert.

Was bleibt, sind Bastler unterschiedlichster Vorbildung und Qualifikation, die auf eigene Faust in der Garage oder im Hobbykeller bemüht sind, die verschütteten Experimente des Nikola Tesla nachzuvollziehen.
Ich kam mir vor wie einer von diesen, indem ich Windung für Windung von innen nach außen wickelte. Dann lötete ich an das innere Ende der Flachspule einen Antennendraht, den ich nach Tesla-Manier mit einer unter der Zimmerdecke aufgehängten Kugelelektrode elektrisch verband.
Die Gegenelektrode soll an das äußere Wicklungsende angeschlossen werden, heißt es, und der Abstand zwischen beiden soll so groß wie möglich sein. Sammelt nämlich eine Elektrode gerade ein, dann stößt die Gegenelektrode dieselben Raumquanten ab. Nach Teslas Empfehlung habe auch ich als Gegenelektrode die Erde verwendet und dazu die Zentralheizung oder den Fundamenterder angezapft.
Zur Signalauskopplung waren nur ein bis zwei Windungen als Sekundärwicklung erforderlich. Ich habe sie mit einem Luftdrehkondensator aus einem alten Dampfradio zu einem frequenzbestimmenden Parallelschwingkreis zusammengeschlossen und die ausgekoppelte Spannung am Oszillographen betrachtet (Tafel 19.9).
Probleme hatte ich noch mit der Aussage Teslas, die Kopplung müsse lose erfolgen. Dabei stellt sich doch die Frage, wie lose? Ich habe daraufhin zwei verschieden große Pappröhren organisiert, (nachdem das Klopapier verbraucht war, versteht sich,) und habe sie ineinander geschoben. Die kleinere Pappröhre trug stirnseitig die Flachspule als Primärwicklung des Lufttransformators und die größere die Koppelspule. Jetzt ließ sich durch Verschieben jeder gewünschte Koppelgrad einstellen (Tafel 19.10).
Ich war selber erstaunt. Tesla hatte tatsächlich Recht mit seiner Entdeckung der Skalarwellen. Mit meiner Anordnung lassen sie sich deutlich von den Hertzschen Wellen unterscheiden.

Es empfiehlt sich die folgende Vorgehensweise:

Tafel 19.10: Die Versuchsanordnung

Zunächst suche ich eine Störquelle mit dem Drehkondensator und stimme auf maximale Amplitude ab. Dann verändere ich die Kopplung und optimiere auf diesem Wege weiter. Nimmt jetzt die Amplitude ab einem bestimmten Punkt bei Annäherung der Koppelspule wieder ab, dann handelt es sich um die gesuchten Longitudinalwellen. Ist nämlich die Kopplung zu fest, dann werden die empfangenen Wirbel durch die Rückwirkung auf die Flachspule wieder vertrieben. Sie weichen aus.
Endlich hatte ich eine Methode gefunden, die Wirbel so einzufangen, dass sie nicht gleich wieder vor mir "davonlaufen". Sogleich führte ich sie im Technologiezentrum in St. Georgen vor. Im folgenden verbesserte ich die Technik immer weiter, verwendete größere Pappröhren und schließlich sogar umgedrehte Mülleimer, ich variierte Drahtlänge, Drahtdurchmesser und den Wicklungssinn (Tafel 19.10).

Der Erfolg war sehr unterschiedlich. Manches Mal, wenn nebenher in meiner Bastelwerkstatt das Radio lief, sah es so aus, als ob das empfangene Signal mit den Schallwellen synchronisieren würde. Schließlich sind beides Longitudinalwellen. Mit Transversalwellen wäre so etwas undenkbar.
Außerdem konnte man mitverfolgen, wie sich eine Resonanz aufbaut: erst langsam und dann immer schneller, so dass mir manches Mal Angst und Bange wurde. Mehrmals mussten wir unseren Oszillographen reparieren, nachdem die Schutzdiode am Eingangsverstärker durchgeschlagen war, und das bei Signalen von 50 bis 100 Millivolt!
Das war völlig unmöglich. Schuld konnten nur einzelne Spitzen sein, die zu schnell waren, als daß wir sie am Bildschirm noch hätten erkennen können. Maximalwerte von über einem halben Volt erreichte ich bei entfernter Gewittertätigkeit. Danach habe ich die Erdung so schnell wie möglich abgeklemmt, damit kein Blitz eingefangen wird, denn ich hatte nicht die Absicht, meine Werkstatt abzufackeln.

19.10 Biologische Wirksamkeit der Teslaspule

Auch die biologische Wirksamkeit der Teslastrahlung konnte ich mit diesem Gerät eindrucksvoll unter Beweis stellen. An dem Wochenendseminar über Elektrobiologie, das ich von Prof. H.L. König (TU München) nach dessen Tod übernommen habe, nahm am 14.06.1997 eine Frau teil, die sich selber als extrem elektrosensibel bezeichnete. Das wollte ich testen.
Ich hängte mein Gerät im Vortragssaal auf und stellte den Oszillographen so auf, daß ihn alle sehen konnten. Die freiwillige Probandin aber konnte weder das Publikum noch den Bildschirm sehen. Einer sagte alle 5 Sekunden "jetzt" und die Kandidatin sollte sagen, ob ich die Erde an- oder abgeklemmt hatte, ob also Skalarwellen empfangen wurden oder nicht. Nach einer Lernrunde lag ihre Trefferquote bei 100 Prozent!

Ihrer Aussage nach konnte sie dies spüren. Ein weiterer Proband erlangte sogar noch hinten im Raum mit einem Pendel die richtige Antwort. Mich hat dies selber überrascht und ich habe diesen Versuch schon mehrfach mit unterschiedlichem Erfolg wiederholt. Es hängt zweifellos von der Sensibilität der Probanden ab. Jeder Mensch reagiert schließlich auf andere Signale.

Was aber alle Teilnehmer erstaunt hat und gar nicht genug betont werden kann, ist der Umstand, daß es sich hierbei um einen Empfänger und nicht um einen Sender handelt!

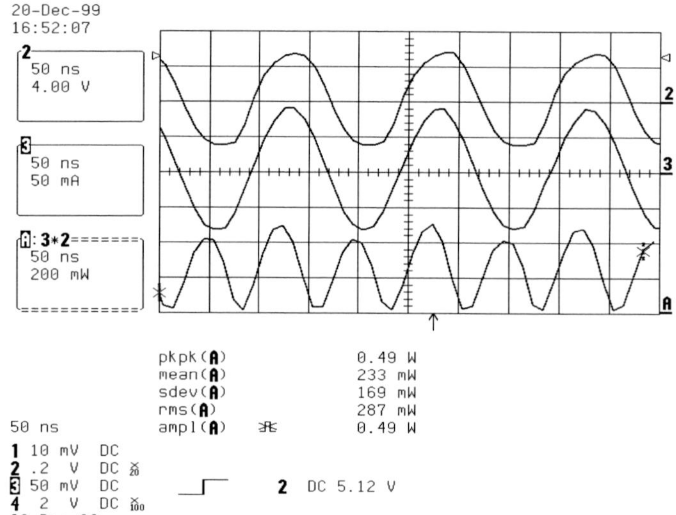

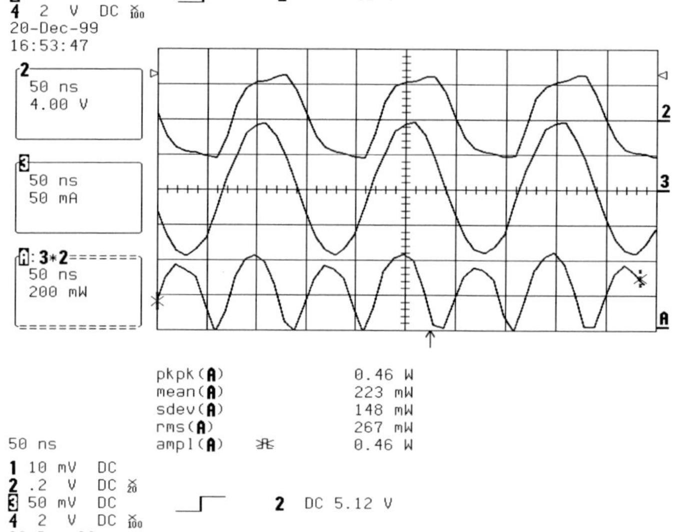

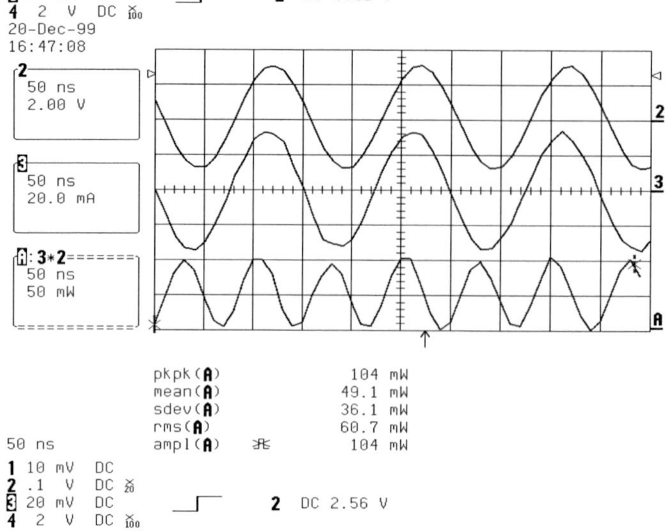

Meßprotokoll:

Systemresonanz: f = 6,7 MHz, Sinus.

Entfernung Sender-Empfänger: ca. 2 m

Senderspule mit HF-Litze identisch zur Empfängerspule: 38 Windungen spiralförmig und 33 Windungen zylindrisch gewickelt.

Last für Empfänger: Metallschichtwiderstand (100 Ohm)

Meßgerät: Quad 200 MHz Oscilloscope: LeCroy 9304C

Current Probe: LeCroy AP015 (DC-50MHz)

Differential Probe: LeCroy AP032 (Attenuation Rate: 1/20)

Oben: Sender-Leistungsaufnahme mit eingeschaltetem Empfänger (an 100 Ω-Last): 233 mW

Mitte: Sender-Leerlaufleistung: (o.Empf.) 223 mW

Unten: Empfänger-Leistungsabgabe: 49,1 mW

Tafel 19.11A: Messprotokoll zur Skalarwellenübertragungsstrecke

19.11 Ringen um messtechnische Erkenntnis im Transferzentrum

In der zentralen Frage, ob dem berühmten Experimentalphysiker Nikola Tesla oder seinen Kritikern mehr Glauben zu schenken sei, waren meine Experimente mit der Teslaspule der sichtbare Beweis, daß wir Teslas Aussagen ernst zu nehmen haben. Jetzt brach nicht nur bei mir, sondern auch bei den Studenten der Hochschule und den Mitarbeitern meines Transferzentrums eine wahre Teslaeuphorie aus.
In jeder freien Minute wurden die Patente und Originalschriften studiert, die ich mir aus den USA von der Tesla Society in Colorado Springs habe schicken lassen. Besonders meine Praktikanten und Diplomanden entwickelten einen unglaublichen Ehrgeiz darin, ein historisches Teslakonzept zum Laufen zu bringen. Sie bauten eine ganze Reihe unterschiedlichster Hochspannungsgeneratoren. Im Labor hörte man es krachen und es roch nach Ozon.

Voller Stolz hielt bei einer Präsentation der Diplomarbeiten am 22.1.1998 der von mir betreute Kandidat eine Leuchtstofflampe in der Hand, die im Feld seines selbstgebauten Hochspannungsgenerators auch ohne jeden Drahtanschluß leuchtete, ganz nach dem großen Vorbild (Tafel 17.10). Bei allen Bemühungen war es uns aber labortechnisch nicht möglich, Spannungen von über 511 000 Volt zu erreichen. Nur fangen bei dieser Spannung die eigentlichen Tesla-Effekte überhaupt erst an!

Vielleicht war es Pech, aber möglicherweise auch eine Chance, daß wir in den Labors, die mir zur Verfügung standen, gezwungen waren, mit niedrigeren Spannungen zu arbeiten und das bedeutet, daß wir uns von den Teslakonstruktionen allmählich lösen mußten.
Zudem standen uns die präzise steuerbaren Funkenstrecken, wie Tesla sie entwickelt und eingesetzt hatte, nicht zur Verfügung. Will man für eine Wechselwirkung mit Neutrinos eine möglichst hohe Spannungsänderung (du/dt) erreichen, dann bieten sich nach heutiger Technik wesentlich günstigere Konzepte an, beispielsweise mit hart schaltenden Power-MOS-Transistoren. 50 Kilovolt pro Mikrosekunde war die Vorgabe.
Also wechselten wir die Technik und arbeiteten von nun an mit schnellen Halbleiterschaltern. Aus dem Laborradio drang jetzt nur noch ein Zischen und Krachen aus dem Lautsprecher, wenn unsere Versuche liefen.

Am 12.10.1999 ist es uns erstmalig gelungen, eine Übertragungsstrecke für Teslastrahlung aufzubauen. Sender und Empfänger befanden sich dabei in unterschiedlichen Räumen meines Transferzentrums. Die Sendespule wurde in Eigenresonanz betrieben und nur aus einem kleinen Funktionsgenerator mit 10 Volt gespeist. Hielt aber der Diplomand eine Leuchtstofflampe in die Nähe der Kugelelektrode, dann fing diese an zu leuchten!
Ich beobachtete anschließend am Oszillographen das Signal der Empfangsspule, die ebenfalls in Resonanz betrieben wurde. Schaltete der Diplomand den Sender aus, war auch kein Empfangssignal mehr vorhanden. Ob es sich um Rundfunkwellen nach Hertz oder um Teslastrahlung handelte, war damit noch nicht beantwortet.
Also regte ich noch ein weiteres Experiment an. Diesmal betrachteten die Mitarbeiter beim Sender das Signal am Funktionsgenerator, während ich den Empfänger ab- und wieder anklemmte. Der Jubel aus dem Nebenzimmer deutete an, daß beobachtet worden war, wie der Empfänger auf den Sender zurückwirkt, und beide zueinander in Resonanz stehen. Ein solcher, für Skalarwellen charakteristischer Effekt, ist eine rundfunktechnische Unmöglichkeit! Beim Rundfunk mit Hertzschen Wellen ist eine ***Rückwirkung vom Empfänger auf den Sender*** vom Prinzip her undenkbar.

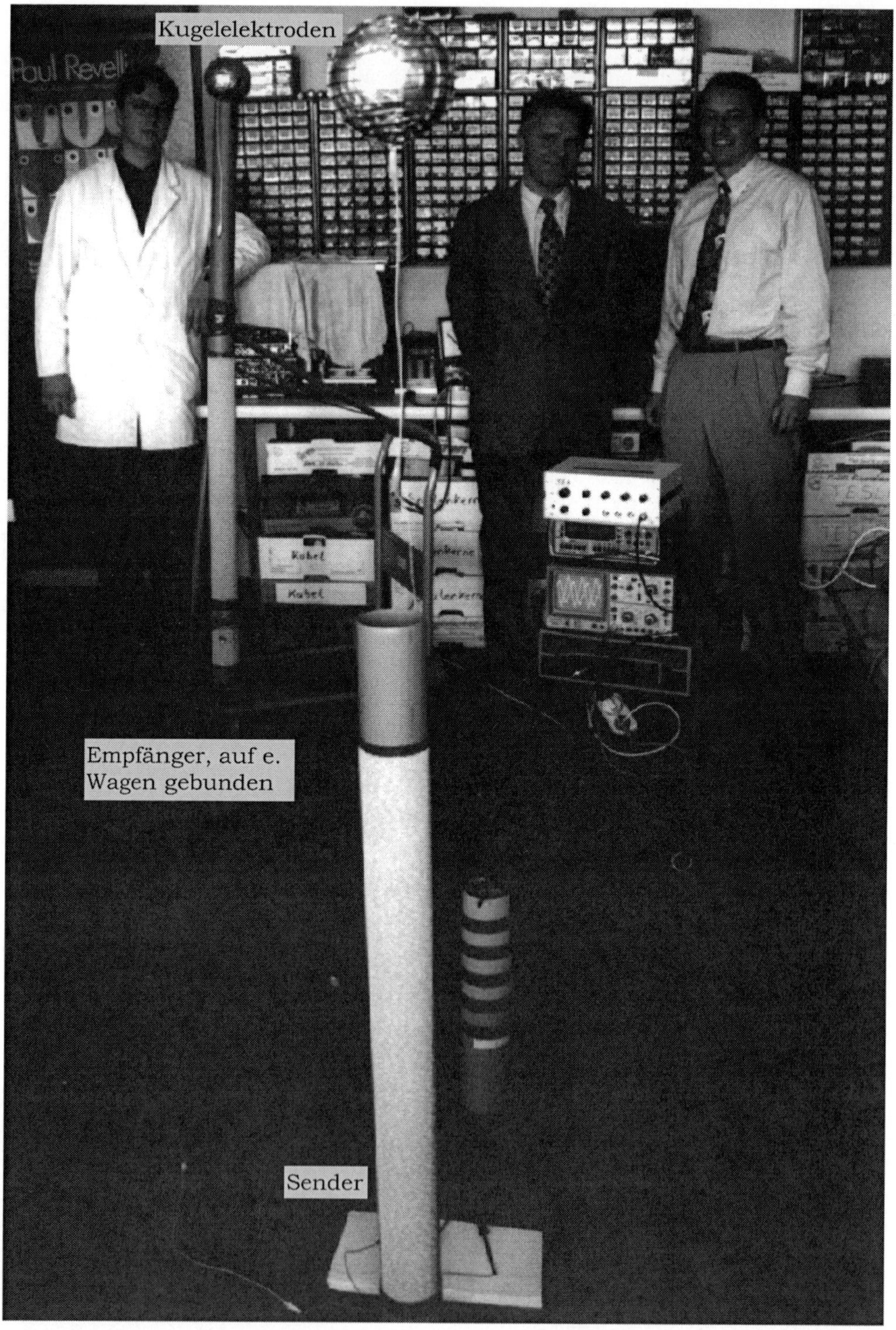

Tafel 19.11 B: Skalarwellen-Übertragungsstrecke nach Tesla

v.l.n.r.: M.Andresen (Diplomand), Autor (TZ-Leiter), Dipl.Ing.M.Rehm (Projektleiter)

Im nächsten Schritt ließen wir auf der Empfängerseite das berühmte Lämpchen leuchten. Als Verbraucher diente eine kleine Leuchtdiode, deren Helligkeit im Resonanzfall unverändert blieb. Um dies nachzuweisen, stellten wir den Empfänger auf einen Wagen und rollten mit ihm den Korridor im TZ auf und ab. War der Empfänger allerdings nur geringfügig verstimmt, ließ sich aus der dann auftretenden Schwankung perfekt der ***Stehwellencharakter*** beobachten.
Mit dem Aufbau läßt sich gut demonstrieren, wie das aus der Rundfunktechnik bekannte Gesetz vom Abstandsquadrat, von der Abnahme der Feldstärke mit dem Quadrat des Abstandes, bei Skalarwellen keine Gültigkeit mehr besitzt. Sehr anschaulich war auch die Energieübertragung von Skalarwellen aus einem geschlossenen Faradaykäfig heraus.
Zum guten Schluß haben wir den ***Wirkungsgrad der Skalarwellen-Übertragungsstrecke*** ermittelt. Bei einer Belastung des Empfängers mit einem 100 Ohm-Widerstand ergab sich aus den Strom- und Spannungsmessungen eine Ausgangsleistung von 49 mW. Gleichzeitig betrug die vom Sender aufgenommene Leistung 233 mW. Ziehen wir davon aber die eigenverbrauchte Leerlaufleistung des Senders ab, und die wurde bei abgeschaltetem Empfänger zu 223 mW festgestellt, dann stehen eigentlich nur 10 mW für die drahtlose Energieübertragung bereit. Der Wirkungsgrad wäre demnach 490%!
Haben wir hier wirklich einen ***Over-Unity von 4,9*** erzielt, dann muß der Empfänger freie Raum-Energie mit eingesammelt haben, oder sollten sich irgendwelche Anteile unserer Leistungsmessung entzogen haben? Den Skeptikern empfehle ich einen eigenen Nachbau, denn allein der Nachweis der Skalarwelleneigenschaften muß zwangsläufig dazu führen, daß jeder Maxwell-vorbelastete HF-Techniker vom alten Glauben abfällt.

19.12 Neutrinolyse, die alternative Wasserspaltung

Frei nach den Plänen von Stan Meyer füllten wir diverse Gefäße mit Wasser und ließen es "krachen". Wenn dann Bläschen aufstiegen und es spannend wurde, veränderten wir die Frequenz und achteten genau darauf, ob der Effekt gleich blieb oder ob er mit wachsender Frequenz ebenfalls zunahm, ob wir also nur eine klassische Elektrolyse vor uns hatten, oder bereits die gewünschte "Neutrinolyse", wie wir das Spalten von Wasser in seine Bestandteile unter dem Einfluß von Neutrinos im Labor zu bezeichnen pflegen. Typisch dafür ist ein Schäumen und "Kochen" des eigentlich kalten Wassers, hervorgerufen durch die aufsteigenden Gasbläschen (Tafel 19.12).

Wir haben das Prinzip auch umgekehrt. Dabei haben wir das Gefäß als Neutrinoempfänger geschaltet und die entstehenden Ladungsträger gemessen. Das passive System erwies sich als ausgesprochen launisch. Einerseits sind Spannungen mit mehreren Hundert Millivolt an einem Lastwiderstand von 10 Megaohm realisierbar, andererseits verändern die geladenen Gaspartikel und die als Sekundärreaktion freigesetzten Ionen im Wasser laufend die elektrische Leitfähigkeit, so daß die zu messende Ursache, die Neutrinostrahlung, sich am Anzeigeergebnis kaum noch reproduzieren läßt. Das Wasser muß daher häufiger gewechselt werden und auch die Entwickler befanden sich zwischen Jubel und Ernüchterung in einem Wechselbad der Gefühle.

<i>: A. und I. Schneider: Neutrino-Power - Energie aus dem Kosmos, Bericht zu Vortrag und Demonstration des Autors am 25.11.99 in Villingen, NET-Journal 12/99, S. 4-6; Interview mit Prof. Dr.-Ing. Konstantin Meyl: Durchbruch in der Freien-Energie-Forschung, NET-Journal 12/99, S. 7-9

Tafel 19.12: Versuchsaufbauten zur „Neutrinolyse“

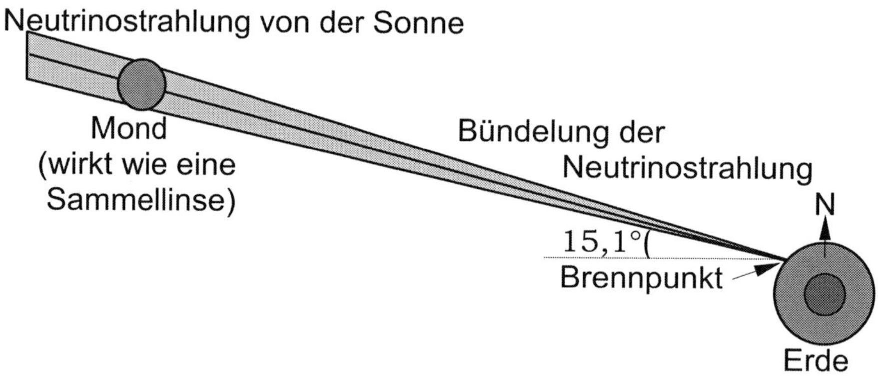

Tafel 20.1: Strahlengang der vom Mond gebündelten Neutrinostrahlung anläßlich der Sonnenfinsternis am 11. August 1999<i>.

---

zur Berechnung des Sonnenstandes am 11.8.99:

am 21.6. nach 0 Tagen ist $23{,}4°\cdot\cos 0° = 23{,}4°$ nördliche Breite

am 21.9. nach 92 Tagen ist $23{,}4°\cdot\cos 90° = 0°$ = Äquator

am 11.8. nach 51 Tagen ist $23{,}4°\cdot\cos \frac{51\text{ Tage}}{92\text{ Tage}}\cdot 90° = 23{,}4°\cdot 0{,}644 = 15{,}1°$ n. Br.

Am 11.8.1999 steht die Sonne zur Mittagszeit über dem 15,1. Breitengrad.

<i>: Konstantin Meyl: Zur Brennglaswirkung des Mondes bei einer Sonnenfinsternis, NET-Journal, Jg. 4, Heft Juli/August 1999, Seite 13-17

20. Kosmische Experimente

Solange noch keine brauchbaren technischen Meßgeräte verfügbar sind, sollten wir die Natur und alle Himmelserscheinungen beobachten und studieren. Hier werden uns die Skalarwellen mit all ihren Eigenschaften vorgeführt. Das gilt in besonderem Maße für den Fall, daß der Kosmos mit uns und mit der ganzen Erde ein Experiment macht. Eine solche Situation bot die Sonnenfinsternis vom 11. August 1999 als einmaliger "Großversuch", zu dem Millionen von Zuschauern angereist kamen, um als freiwillige Probanden an dem kosmischen Experiment teilzunehmen.
Meine Warnung vor möglichen Einflüssen erwies sich im Nachhinein als absolut berechtigt, auch wenn nur vergleichsweise wenige dies zur Kenntnis nahmen<i>. Angesichts starker Veränderungen im EEG einzelner Probanden und einer nachgewiesenen vorübergehenden Beschleunigung der Erdrotation steht die Wissenschaft einmal mehr vor unlösbaren Problemen.
Zur Beantwortung der offenen Fragen möchte ich mit meinen Hinweisen beginnen, die ich im Vorgriff auf das kosmische Ereignis vom 11. August veröffentlicht habe<i>. Im Anschluß folgt eine Nachlese und der Versuch einer Interpretation aus der Skalarwellen-Sicht. Vielleicht führt dieser Weg zu einer zuverlässigen Vorhersage für Erdbeben und andere kosmische Ereignisse. Danach wissen wir vielleicht mehr über Herkunft, Verfügbarkeit und weitere wichtige Parameter der gesuchten Raum-Energie.

20.1 Millionen freiwillige Probanden am 11. August 1999

Astronomisch gesehen, handelt es sich um ein harmloses Naturschauspiel, wie es häufiger schon beobachtet wurde, wenn sich der Mond zwischen Sonne und Erde schiebt und sein Schatten am hellen Tag Teile der Erde in eine finstere Nacht taucht. Das besondere an der Sonnenfinsternis vom 11. August 1999 war jedoch, daß die Sonnenaktivität in ihrem elfjährigen Zyklus gerade ihrem Maximalwert zustrebte, und der Bahnabstand zum Mond gleichzeitig ein Minimum erreichte. Zudem gilt es, die besonderen Winkelverhältnisse zu beachten (Tafel 20.1). Durch die extrem seltene Konstellation war der Kernschattenbereich zunächst größer und dunkler als gewöhnlich. Er hatte am 11. August eine Breite von 110 Kilometern.

Die Sonne schickt uns neben dem Licht aber noch solare Neutrinos, und für die ist der Mond durchsichtig. Er verhält sich ihnen gegenüber wie eine Glaskugel, die das Licht zwar durchläßt, dabei aber bricht. Die Glaskugel wirkt wie eine konvexe Sammellinse, die die eintreffenden Strahlen hinter der Kugel in einem Brennpunkt bündelt.
Zum Abbremsen und Einsammeln von Neutrinos ist der Mond zwar zu klein, die Flugrichtung aber wird er beeinflussen können. Sehr schnelle, den Mond durchlaufende Neutrinos, werden wohl kaum abgelenkt. Die langsamen und biologisch wirksamen hingegen werden stärker gebeugt.

An dieser Stelle wäre es von größter Wichtigkeit zu wissen, in welchem Abstand vom Mond aus die Strahlen zusammenlaufen und sich in einem Brennpunkt vereinigen.

<i>: Konstantin Meyl: Zur Brennglaswirkung des Mondes bei einer Sonnenfinsternis, NET-Journal, Jg. 4, Heft Juli/August 1999, Seite 13-17

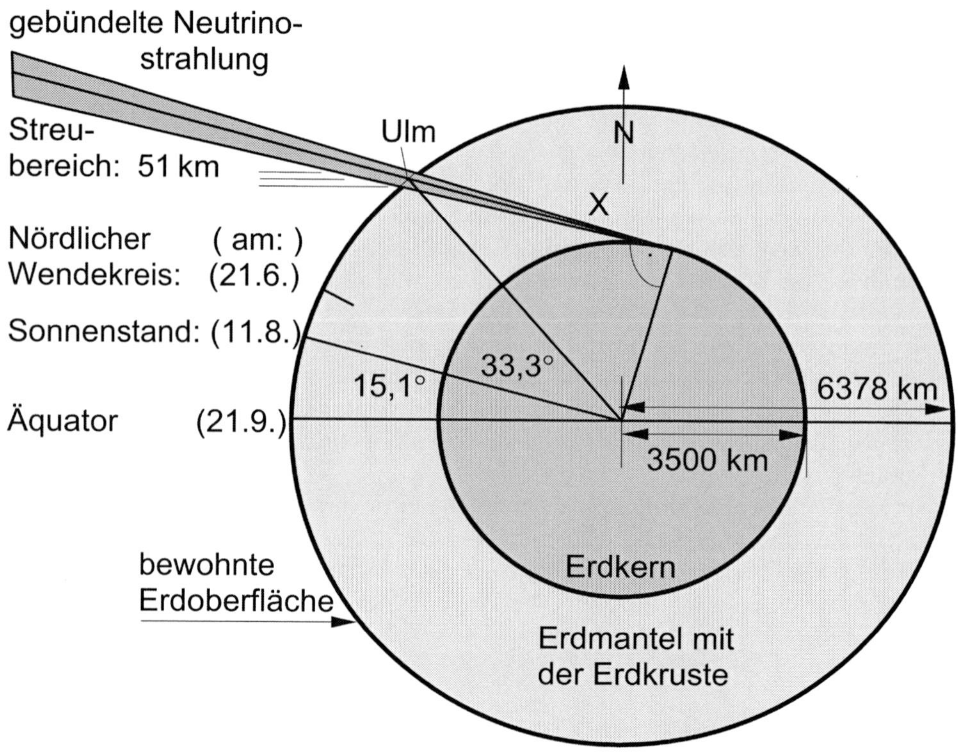

Tafel 20.2: Der Strahlengang der gebündelten Neutrinostrahlung am 11.08.1999 bei 48,4° nördl. Breite.
(dies entspricht der Linie Ulm-Augsburg-Freising)

Berechnung des kritischen Breitengrades:

$\sin \alpha = \frac{3500 \text{ km}}{6378 \text{ km}} = 0{,}5488$ ergibt den Winkel $\alpha = 33{,}3°$

$+ 15{,}1°$

Die Neutrinostrahlen tangieren den Erdkern bei: 48,4° nördl. Br.

Mindestabstand zum Mond: $r_m^* = 358000$ km

Mondradius: $R_m = 1738$ km

Erdradius: $R = 6378$ km (am Äquator)

Länge der Tangente: $X = 3500 \text{ km} / \tan 33° = 5332$ km

Streuradius: $r_x = X \cdot \frac{R_m}{r_m^* + X}$ = 25,5 km um die Zentrumslinie herum.

Bündelung ohne Streuung auf der Erdoberfläche auf das

$R_m / r_x = 68$ fache, bzw. mit Streuung auf das

$68 \cdot 0{,}5 \cdot 0{,}8 = 27$ fache der natürlichen Neutrino-Strahlung!

Dazu halten wir uns nochmals vor Augen, daß sich Neutrinos als Teilchenstrahlung im Sinne einer Plasmawelle im Raum ausbreiten. Da die Schwingung einer solchen Längs- oder Longitudinalwelle in Ausbreitungsrichtung erfolgt, kennt sie weder eine ausgeprägte Ausbreitungsgeschwindigkeit noch ein oberes Limit.

Das Neutrinomeer, in dem wir schwimmen, ist eine Mischung unterschiedlich schneller Teilchen. Die Langsamen werden durch den Mond mit der Eigenschaft einer konvexen Sammellinse stärker gebeugt, so daß der Brennpunkt in Mondnähe zu suchen ist, während die Schnellen kaum abgelenkt werden. Ihr Brennpunkt liegt vom Mond weiter entfernt als die Erde, bis hin zu den extrem schnellen kosmischen Neutrinos, die nahezu keine Ablenkung mehr erfahren, weil sie als Folge der Lorentzkontraktion klein genug sind, um durch jede Art von Materie zu tunneln.
Wenn Neutrinos in Abhängigkeit von ihrer Ausbreitungsgeschwindigkeit bei einer Sonnenfinsternis ihren Brennpunkt zum Teil vor und zum Teil hinter der Erde haben, entspricht es einer zwingenden Logik, daß es tatsächlich auch solche geben wird, deren Brennpunkt exakt im Zentrum des Kernschattens auf der Erdoberfläche liegt. Es stellt sich dabei allerdings die Frage, welche biologische Wirksamkeit diese haben oder welchen Schaden sie anrichten.

20.2 Berechnungsmodell zum kosmischen Experiment

Vor über einem Jahr sind die Ergebnisse eines internationalen Neutrinoexperiments bekannt gegeben worden. Dabei wurde zum ersten Mal die Größenordnung der natürlichen Strahlungsdichte erfaßt, nachdem der Detektor zuvor an einer künstlichen Neutrinoquelle geeicht worden war. Als vielleicht wichtigstes Resultat ließen sich an dem riesigen Super-Kamiokande-Detektor in einer japanischen Mine nachts nur halb so viele Sonnen-Neutrinos nachweisen wie am Tage. Damit ist die hier vertretene Auffassung mittlerweile auch experimentell bewiesen, daß der Erdkern Neutrinos einsammelt! Dazu muß er mit den Teilchen wechselwirken und das heißt, er muß eine Anziehungskraft auf sie ausüben. Also wird der Erdkern bei einer Sonnenfinsternis den Effekt der Bündelung weiter verstärken, wenn der konzentrierte Neutrinostrahl auf den Erdkern gerichtet ist. Diesen kritischen Punkt müssen wir uns berechnen (Tafel 20.2).

Das Verhältnis der Radien vom Erdkern (3500 km) zur gesamten Erde (6378 km) ergibt den Sinus des gesuchten Winkels und der beträgt 33,3 Grad nördliche Breite. Am 11. August kommt außerdem hinzu, daß zur Mittagszeit die Sonne gegenüber dem Äquator bei 15,1 Grad steht, so daß mit einer ersten extremen Bündelung zu rechnen war, wenn das Zentrum des Kernschattens den 48,4. Breitengrad schneidet. Dies wäre auf der Höhe von Ulm in Richtung Augsburg und Freising der Fall.
Jetzt wollen wir gerne noch mehr über die Amplitude der gebündelten Strahlung, über die räumliche Ausdehnung und die Zeitspanne wissen. Ohne konkretes Datenmaterial müssen wir von einigen vereinfachenden Annahmen ausgehen. Nehmen wir also an, 50% der auf der Erde eintreffenden und biologisch relevanten Neutrinostrahlung kommt von der Sonne, die bei einer Sonnenfinsternis vom Mond zu 80% gebündelt und zu 20% gestreut wird. Nehmen wir weiter an, der Brennpunkt berührt gerade den Erdkern, dann ist zwischen Ulm und Augsburg mit einem Wirkkreis von 50 km zu rechnen, innerhalb dessen die Neutrinostrahlung im Mittel den 28-fachen Wert der natürlichen Strahlung erreicht. Die Intensivbestrahlung wird unter diesen Annahmen eine Minute lang andauern.

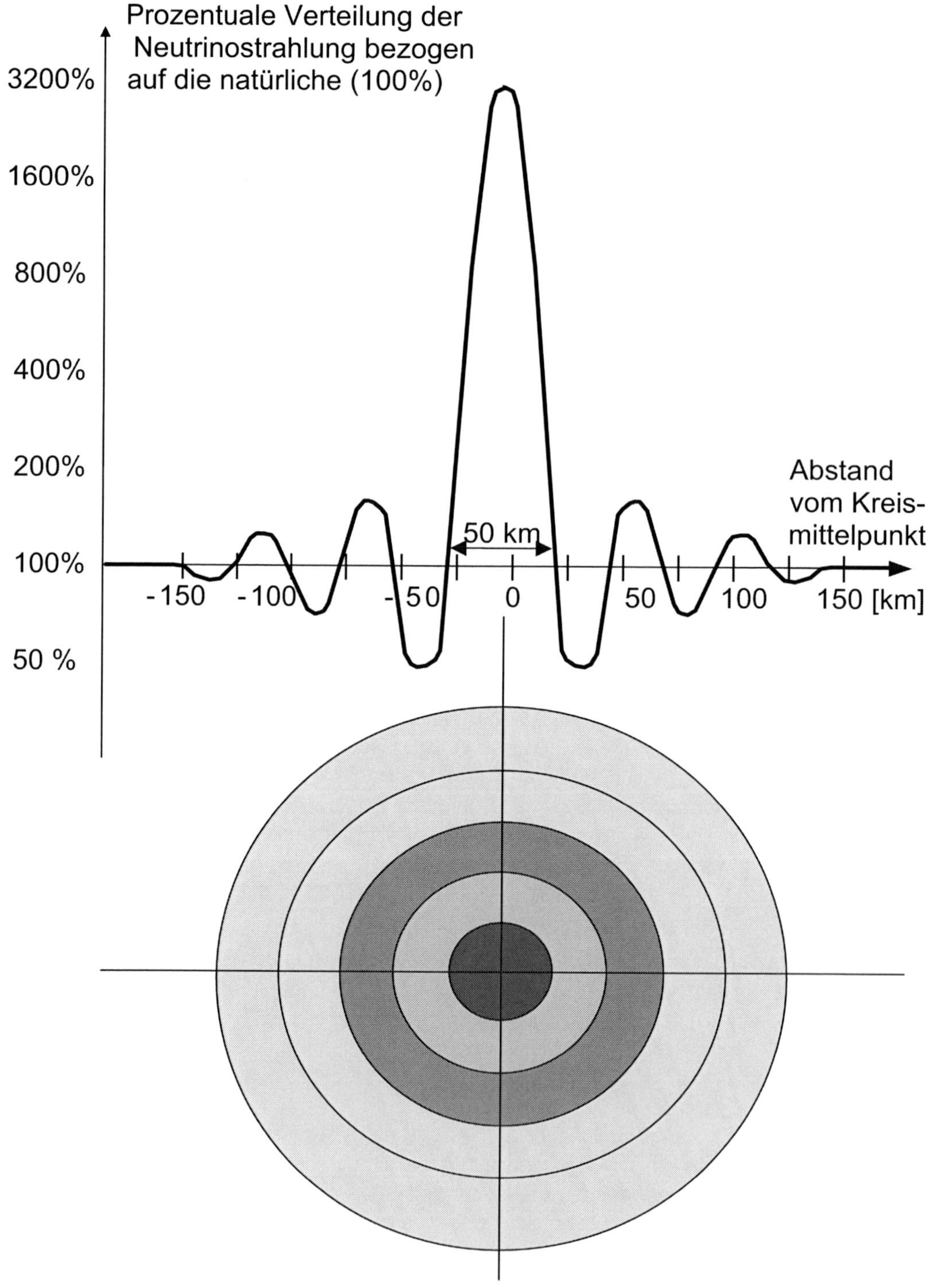

Tafel 20.3: Die räumliche Verteilung bei Bündelung der Neutrinostrahlung durch die Brennglaswirkung des Mondes auf der Erdoberfläche.

Natürlich gelten die berechneten Werte nur in dem Maße, wie auch die angenommenen Randwerte zutreffen. Nach dem 11. August wissen wir mehr über dieses kosmische Experiment, über die räumliche Verteilung und indirekt über die Wechselwirkung mit dem Erdkern, über die physikalischen Eigenschaften und die biologische Wirksamkeit der derzeit verfügbaren Neutrinostrahlung.

20.3 Physikalisch-technische Konsequenzen

Die Neutrinostrahlung ist eine Skalarwellenstrahlung, die, wie erwähnt, von sensiblen Menschen auch ohne Hilfsmittel wahrgenommen werden kann. Wer nicht über diese Sensitivität verfügt, dem sei ein einfacher Aufbau empfohlen.

Dazu hängt man eine Leuchtstofflampe auf, verbindet das eine Ende mit einem Stück Draht, sozusagen als Antenne, und das andere Ende wird geerdet. Bei einer stark ansteigenden Skalarwellenstrahlung sollte die Lampe von alleine anfangen zu leuchten. Unter großen Sendeanlagen ist diese Technik von vielen Schrebergärtnern schon tausendfach erfolgreich angewendet worden. Ich empfehle daher allen Eklipsen-Forschern, die mögliche Feldschwankung auf diesem einfachen Wege selber zu überprüfen.

Aus technischer Sicht werden von einer Schwankung der Neutrinostrahlung zunächst einmal die Atommeiler und ihr atomar verseuchter Abfall betroffen sein. Mit einem Unfall angesichts derzeitiger Sonnenfinsternisse ist weniger zu rechnen, da die Neutrinostrahlung zwar kurzfristig ein extremes Maximum erreicht, das sich über das ganze Ereignis zeitlich und räumlich gemittelt wieder etwas relativiert. Die Zusammenhänge seien an einem Beispiel verdeutlicht (Tafel 20.3).
Wer sich am 11. August in die Mittellinie des Kernschattens stellt, der wird zuerst eine Abnahme der Neutrinostrahlung auf 50 bis 60 Prozent feststellen, dann einen steilen Anstieg auf 2800 Prozent und vom Höhepunkt an das ganze wieder rückwärts, während er sich auf der Erde stehend unter dem wandernden Mondschatten hindurchdreht. Der Ring mit der halben Strahlung, der uns zuerst erreicht, stellt kein Problem dar, denn in jeder Nacht haben wir, wie gesagt, nur die halbe Strahlung. Einige Tiere und Pflanzen werden sich daraufhin irrtümlich zur Nachtruhe begeben.

Die Wellenverteilung hat man sich wie bei einem Tümpel vorzustellen, in den ein Stein geworfen wurde. Allerdings kennen wir noch nicht die Resonanzfrequenz, weshalb die in Tafel 20.3 eingezeichnete Periodendauer willkürlich gewählt ist. Die eigentliche Abweichung von der naturgegebenen Verteilung bildet die Spitze im gebündelten Strahlenzentrum. Die belebte Natur muß starke Schwankungen der solaren Strahlung aushalten, denn jede Supernova schickt uns einen relativ kurzen Schub frischer Neutrinos. Wo wir uns schwer tun, ist die Frage, wieviel Schwankung für den Menschen noch tolerabel ist.
Es steht die Frage nach möglichen biologischen Konsequenzen an, angesichts der Ankündigung eines besorgniserregenden Kernschattentourismus, wie er für den 11. August erwartet wird. Bei dem lückenhaften Kenntnisstand über die Eigenschaften von Neutrinos bleibt aber jeder Kernschatten-Ausflug eine Fahrt ins Ungewisse.

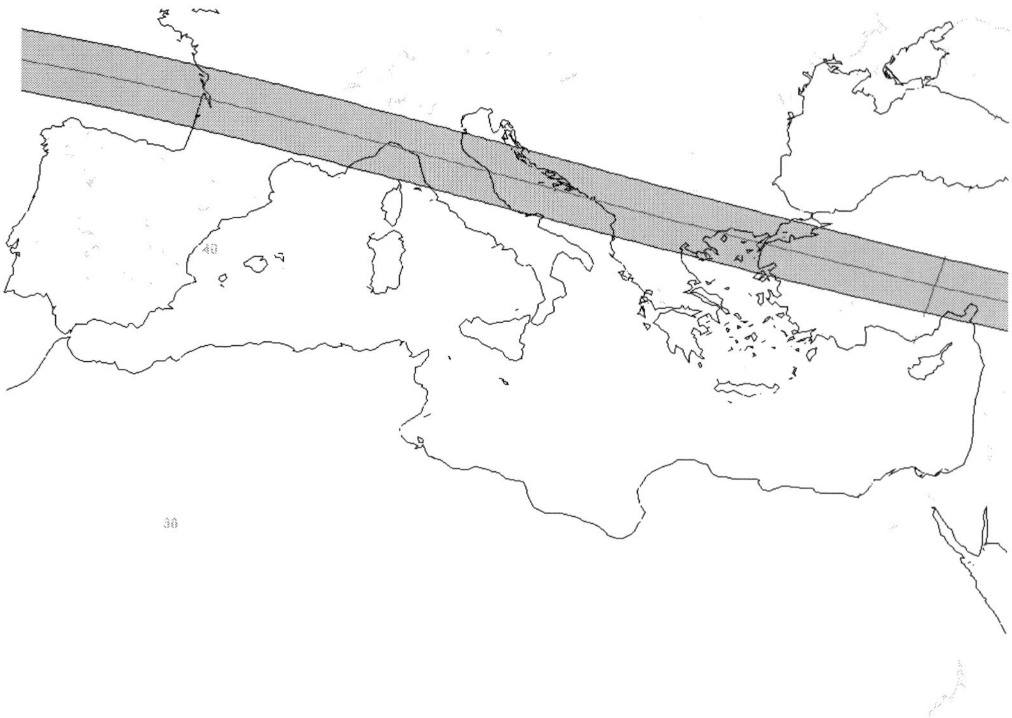

Tafel 20.4 A: Der Verlauf des Kernschattens bei der antiken Sonnenfinsternis am 28.5.585 v.Chr.

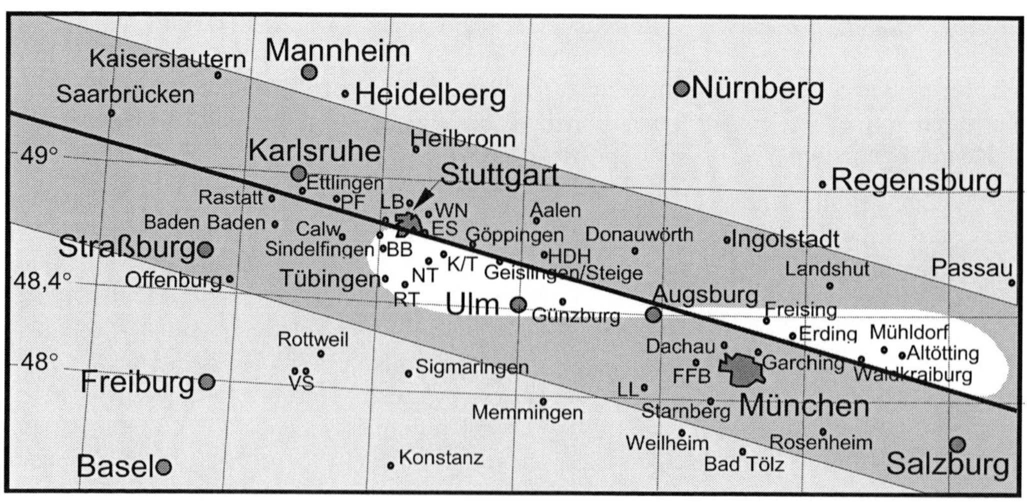

Tafel 20.4 B: Der Verlauf des Kernschattens über Süddeutschland am 11. August 1999 (grau) und der mögliche Verlauf der gebündelten Neutrinostrahlung (weiß).

20.4 Biologische Konsequenzen

Im Falle einer Sonnenfinsternis sind Einwirkungen auf die Biologie, wie Herzprobleme unter Betroffenen, zumindest nicht auszuschließen. Steigt die Skalarwellendichte über den Normalfall hinaus an, dann wirkt sich das auf den Energiehaushalt positiv aus, solange der Körper in der Lage ist, die Aufnahmemenge auszuregeln. Sollte der Regelvorgang allerdings versagen, dann besteht die Gefahr der Selbstentzündung. Auch Strohballen und andere organische und leicht entzündbare Stoffe könnten dabei in Flammen aufgehen.

Doch bevor es dazu kommt, wird sich zuerst der informationstechnische Einfluß der Skalarwellen zeigen. Hier muß mit einer psychotronischen Beeinflussung gerechnet werden, die sich in einer eingeschränkten Wahrnehmungsfähigkeit äußert. Die Geschichte lehrt uns als Beispiel<i>, daß eine von Thales von Milet vorhergesagte totale Sonnenfinsternis am 28.5.585 vor Chr. eine Schlacht in Kleinasien zwischen den Medern und den Lydern zwangsweise beendet hat, weil die Soldaten offenbar im wahrsten Sinne des Wortes ihren Verstand verloren hatten (Tafel 20.4 A).

Überhaupt sind alle in Zusammenhang mit der freien Energie angesprochenen Phänomene denkbar, von der "Neutrinolyse" bis zur Beschleunigung des radioaktiven Zerfalls. Es wäre nachvollziehbar, wenn in einem Wasserglas Blasen aufsteigen sollten, auch wenn im Wasser gar keine Kohlensäure enthalten ist. Nachdem der Mensch über kein Sinnesorgan für seine eigene Energiequelle verfügt, seien den Mutigen im Kernschatten einer Finsternis kleinere technische Experimente und Beobachtungen empfohlen. Die Vorsorglichen hingegen werden den Bereich von vornherein meiden.

Als Gegenbewegung zu den Kernschattentouristen wird es auch Flüchtlinge geben, die an die Wahrsagungen von Nostradamus glauben, der in seinen Versen für den 11.8.1999 einen Boten des Schreckens über Europa vorhergesagt hat. Er nennt Lyon, Ulm und Moskau, die tatsächlich auf einer Linie liegen<ii>.
Die Linie des Kernschattens wird allerdings unter einem anderen Winkel von Plymouth in Südengland über Ulm nach Bukarest und weiter in die Türkei verlaufen. Vielleicht war Nostradamus gar kein Hellseher, sondern lediglich ein guter Rechner, oder er kannte jemanden, der exzellent rechnen konnte, schließlich hat er den Zeitpunkt und sogar Ulm als Zentrum korrekt angegeben. Von dem kleinen Winkelfehler einmal abgesehen, stimmt zudem die Richtung (Tafel 20.4 B).

Beachtenswert ist auch, daß er entgegen seiner Gewohnheit hier eine konkrete Zeitangabe macht, die sich astronomisch eindeutig berechnen läßt, daß er die zahlreichen Sonnenfinsternisse der Vergangenheit einfach übergeht und nur auf die am 11.8.1999 hinweist, die quer durch Süddeutschland hinwegläuft. Überaus düster sind seine Prognosen, die nicht weiter kommentiert werden müssen, denn er spricht von "Mort et Tombe", von Tod und Grab<ii>.

<i>: Herodot: Historien, Króners Taschenausgabe 224, S. 33 (vgl. S. 586 und die moderne Fehlinterpretation Anmerkung 9 auf Seite 754); weitere Quellen: dtv-Atlas zur Weltgeschichte S. 45; bzw. Propyläen-Weltgeschichte I, S. 168.

<ii>: Michel de Notredame (1503 bis 1566), Mathematiker, Astrologe, Leibarzt von König Karl IX: Centuries (1558) X, Vers 72.

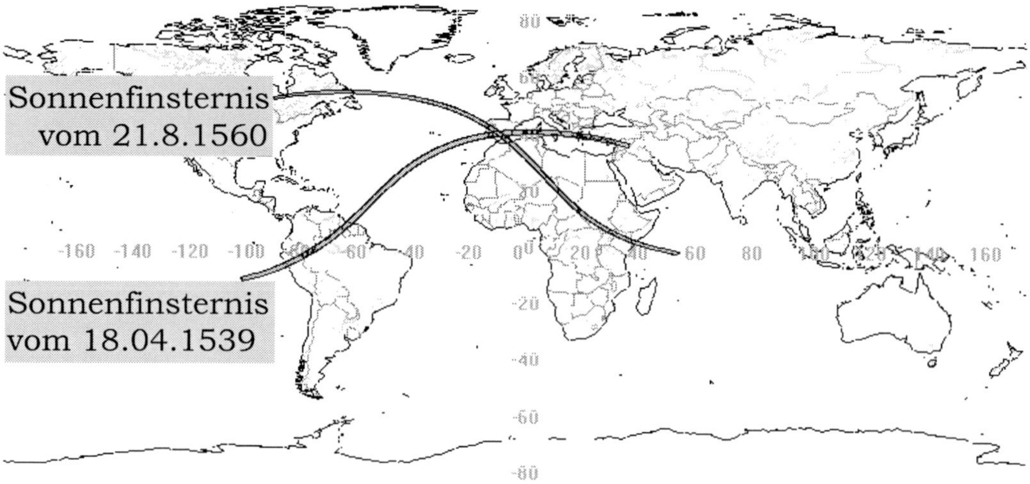

Tafel 20.5 A: Die totalen Sonnenfinsternisse vom 18.4.1539 und vom 21.8.1560

Tafel 20.5 B: Unter dem Eindruck der letzten beiden Finsternisse über Europa würfeln während der Sonnenfinsternis von 1562 Tod und Krieg um das Schicksal der Menschen.<i>

<i>: Werner Raffetseder: Sonnenfinsternis, Hugendubel Verlag, München 1999, ISBN 3-89631-302-9, Seite 156.

20.5 Nachlese zum 11.August 1999

Meine Hinweise sind zwei Wochen vor dem kosmischen Ereignis im NET-Jornal publiziert worden<i>. Das öffentliche Interesse war enorm. Jetzt, nachdem das Spektakel überstanden ist, ist es Zeit für eine Auswertung<ii>.

Neben zahlreichen, sehr subjektiven Schilderungen von Augenzeugen, die sich wissenschaftlich kaum auswerten lassen, ist an zahlreichen Hochschulen auf der Welt beobachtet worden, wie Foucault'sche Pendel plötzlich und völlig unerwartet von ihrer gewohnten Pendelrichtung abgewichen sind. Mit diesem Gerät war vor 150 Jahren in Paris die Erdrotation nachgewiesen worden.
Da nach geltender Lehrmeinung eine Sonnenfinsternis ein rein optisches Phänomen ist, stehen die Wissenschaftler weltweit vor einem handfesten Problem. Welche Kraft hat hier an unserer Erde gezerrt und derartige Relativbeschleunigungen bewirkt, daß sich die Pendel aus ihrer vorgeschriebenen Ebene herausdrehen konnten, und in eine elliptische Bahn übergingen, während der Mondschatten über uns hinweglief? Die Gravitationskraft ist dazu nicht annähernd in der Lage. Die hat lediglich eine 50 cm höhere Flut gebracht. Die enorme Kraftwirkung, die sogar die Gravitation in den Schatten stellt, kann tatsächlich nur von der Wechselwirkung der Neutrinos herrühren.

Über die Beeinflussung der Radioaktivität liegen unterschiedliche Berichte vor. In den Fällen, in denen Meßproben verwendet wurden, ist nahezu keine Änderung beobachtbar gewesen. Dies bestätigt ein Video, das nordöstlich von München direkt im Zentrum des Kernschattens einen Versuch dokumentiert, bei dem die Radioaktivität von 1 kg Rohgranit mit einem professionellen Dosimeter während der ganzen Zeit überwacht wird.
Der Hintergrund dürfte sein, daß Eichproben prinzipiell unter dem Aspekt einer minimalen Beeinflussbarkeit durch äußere Störquellen ausgewählt werden. Es wäre also besser gewesen, wir hätten stattdessen einen Salatkopf als biologische und breitbandige Probe vor das Gerät gelegt. Denn dort, wo man überhaupt nicht mit Abweichungen gerechnet, auch keine Eichproben vermessen und leider auch keine Aufzeichnungen angefertigt hat, soll angeblich eine erkennbare Erhöhung vorübergehend aufgetreten sein.
Selbst für den Fall, daß irgendwo Aufzeichnungen zufällig existieren sollten, ist die Zunahme zu gering, um Überlieferungen aus dem Mittelalter erklären zu helfen, nach denen von "stinkendem Nebel" und von "aggressiven Dämpfen, die vom Himmel fallen" die Rede ist. Andere Quellen sprechen von schädlichen Strahlen, die man als Auslöser von Seuchen ansah.
Es heißt: "Sie vergiften das Trinkwasser und die Feldfrüchte und machen den Menschen krank"<iii>. Feldfrüchte sollten nach einer Finsternis entweder gar nicht oder erst nach einem heftigen Regen geerntet werden. Die Warnungen vor einer Vergiftung "ohne Beigabe von Gift", die bis ins 19. Jahrhundert reichen, legen die Vermutung nahe, daß es sich um Folgeerscheinungen einer radioaktiven Verstrahlung handelt.

<i>: Konstantin Meyl: Zur Brennglaswirkung des Mondes bei einer Sonnenfinsternis, NET-Journal, Jg.4, Heft Juli/August 1999, Seite 13-17

<ii>: Ab der 3. und erweiterten Auflage dieses 2. Teils zur Elektromagnetischen Umweltverträglichkeit werden die nachfolgenden Kapitel ergänzt.

<iii>: Mark Littmann/Ken Willcox: Totality - Eclipses of the Sun, Honolulu 1991, Kapitel 4: Eclipses in Mythology; nachzulesen bei Werner Raffetseder: Sonnenfinsternis, Hugendubel Verlag, München 1999, Seite 130/131.

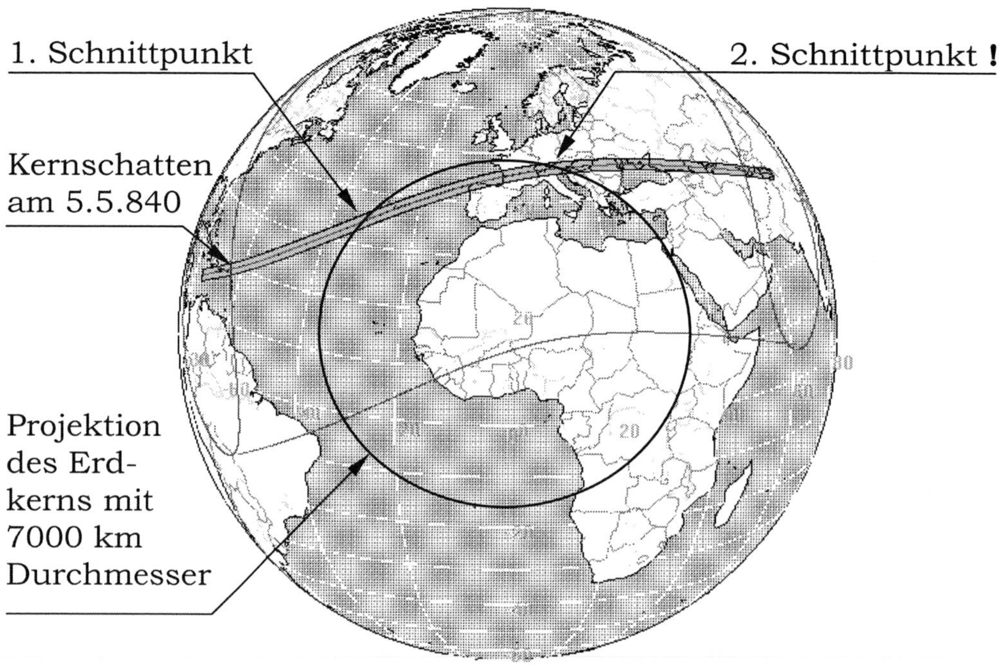

Tafel 20.6 A: Sonnenfinsternis vom 5. 5. 840 n.Chr.

Tafel 20.6 B: Nostradamus kündigt in den Centuries von 1558 Katastrophen für 1999 an.<i>

<i>: Bryan Brewer: Eclipse, Kapitel 1: Eclipses Throughout the Ages, Seattle WA 1991, S. 20, zitiert in Werner Raffetseder: Sonnenfinsternis, Hugendubel Verlag, München 1999, ISBN 3-89631-302-9, Seite 130, Bild Seite 159.

<ii>: vgl. Kapitel 17.2 Nikola Tesla, der Entdecker der Neutrinostrahlung, S. 133

20.6 Rückgang der Neutrinostrahlung

Derartige Seuchen, die noch im Mittelalter als Folge einer Sonnenfinsternis Menschenleben gefordert haben, sind kaum belegbar, es sei denn, ein prominentes Opfer war unter ihnen, wie z.B. der Sohn und Nachfolger Karls des Großen, Kaiser Ludwig I., der Fromme. Er wurde am 5.5.840 Zeuge einer Finsternis mit fünf minütiger Totalität. Weiter heißt es: „Der Schrecken, den ihm dieses Erlebnis einjagte, soll ihn wenig später dahingerafft haben“[i].

Es muß demnach Zeiten gegeben haben, in denen die in der Landschaft vorhandene und im Körper eines Menschen eingelagerte Radioaktivität bei einer Finsternis freigesetzt und den Betroffenen zum Verhängnis werden konnte. Gleichzeitig wirkt ein solches Entstrahlen reinigend für die Natur.
Eine Erklärung liefert uns in diesem Fall nur die Interpretation von Nikola Tesla, wonach die Neutrinostrahlung die Radioaktivität verursacht[ii]. Die Lehrbuchphysik hingegen kennt diese Kausalität nicht. Für sie sind die Urängste der Menschheit reiner Aberglaube. Die Prophetien des Nostradamus werden sogar als Gegenbeweis herangezogen.
Doch es bleibt die Frage offen, warum seine Vorhersagen zum 11. August nicht eingetroffen sind. Offenbar, so hat uns das kosmische Experiment gezeigt, ist die, für die Freisetzung radioaktiver Strahlung relevante Neutrinostrahlung seit dem Mittelalter drastisch zurückgegangen.

Nostradamus hatte sich persönlich mit der Übersetzung und Interpretation von Hieroglyphen beschäftigt und seine Erkenntnisse - sicherlich aus Angst vor der Inquisition - in Form verschlüsselter Verse niedergeschrieben. Demnach hat er wesentlich ältere Quellen seinen Überlegungen zu Grunde gelegt, die vermutlich aus einer Zeit stammten, in der noch eine wesentlich höhere Strahlung vorherrschte.

Wir müssen schon davon ausgehen, daß die Wissenschaftler des semitisch-aramäischen Volkes der Chaldäer, das ab 626 v.Chr. über Babylon herrschte, genauso in der Lage waren wie heutige Astronomen, eine Sonnenfinsternis auch auf Jahrhunderte und Jahrtausende im Voraus exakt zu berechnen. Schließlich ist der Saros-Zyklus zur Bestimmung von Sonnenfinsternissen eine Entdeckung der Chaldäer.
Was sie hingegen nicht wissen konnten und wir selbst heute noch nicht angeben können, ist die zu einem zukünftigen Zeitpunkt vorherrschende Dichte der kosmischen Strahlung. Die aber hat sich offensichtlich erheblich geändert.
Die natürliche magnetische Feldstärke beispielsweise wird beim Brennen von Tonkrügen und Vasen festgehalten, indem sich die magnetithaltigen Bestandteile mit verfestigen. Aus der Vermessung antiker Tonwaren wissen wir, daß im Altertum eine um 3 bis 4 Zehnerpotenzen größere Feldstärke vorgeherrscht haben muß.
Nach der vorliegenden Theorie verdankt die Erde ihren Magnetismus ihrem Kern und der wiederum zieht seine Energie aus dem Neutrinofeld. Demnach sollte auch die Neutrinostrahlung demselben Schwund unterliegen.
Wenn also die Babylonier aus ihrer damaligen Strahlungssituation heraus in der Interpretation des Nostradamus und anderer Wahrsager, die vermutlich alle mehr oder weniger voreinander abgeschrieben haben, für den 11.8.99 eine Katastrophe vorhergesagt haben, dann ist dies wissenschaftlich genauso unhaltbar, wie die heute weit verbreitete Hybris, mit der das Wissen und die Erfahrungsberichte aus alten Zeiten als Aberglaube abgetan werden.

(Anm.<i>, <ii>: s.links)

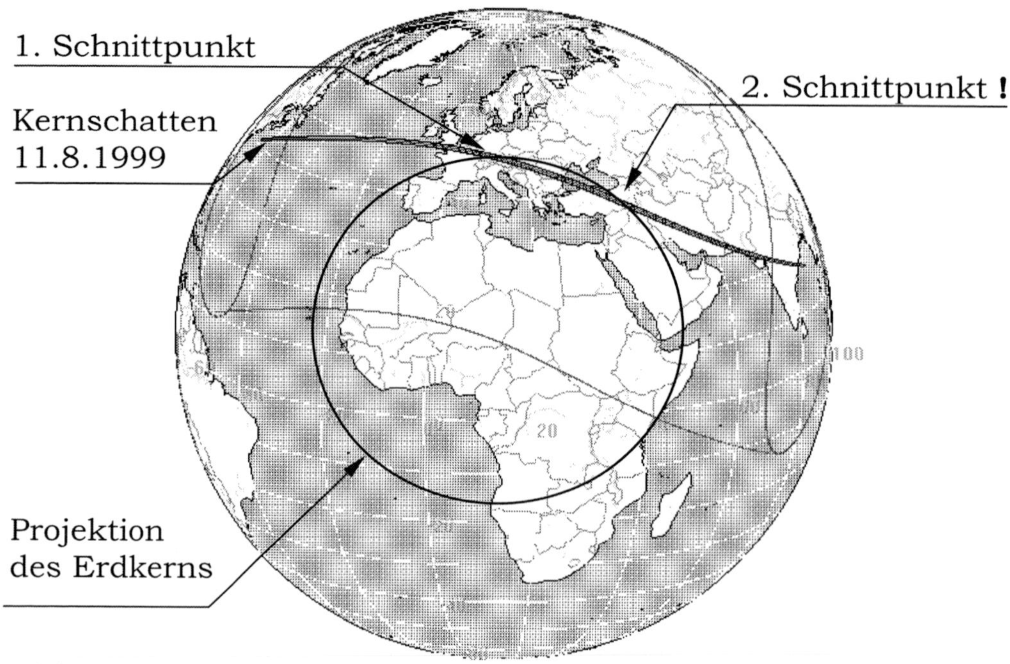

Tafel 20.7 A: Sonnenfinsternis vom 11.8.99 (Deklination: 15°)

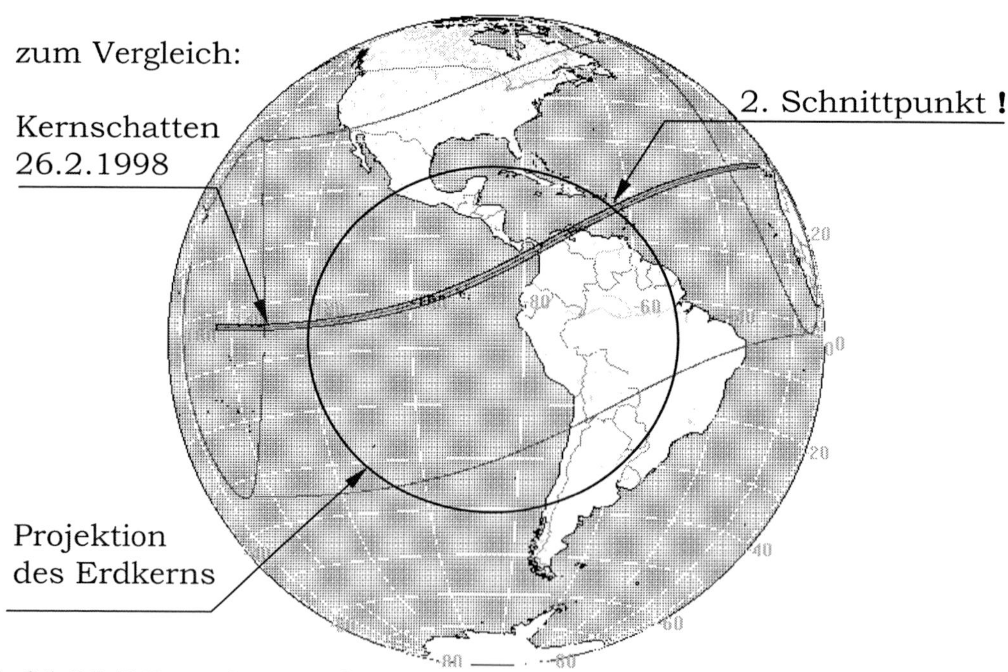

Tafel 20.7 B: Sonnenfinsternis vom 26.2.98 (Deklination: - 9°)

<ii>: Besonders heftige Erdbeben seit dem 11.8.1999 (Auszug): Türkei am 17.8. (Stärke 7,8) bis zum 19.8. (5,0), am 31.8. (5,2), Griechenland am 7.9. (5,8), Türkei am 13.09. (5,8) und schließlich Taiwan am 20.9.99 (Stärke 7,6) im Rythmus von 6 bis 7 Tagen! Vollständige Liste im Internet unter: http://www-seismo.hannover.bgr.de/ermos_listing.html

Dieser "Aberglaube" nennt gewaltige Naturkatastrophen wie sintflutartige Überschwemmungen oder zerstörerische Erdbeben oft als direkte Folge einer Sonnenfinsternis, und als schlimmste Konsequenz den Weltuntergang<i>.
Fast alle Reporter und Nachrichtensprecher wiesen voller Ironie am Abend des 11. August auf das Ausbleiben des Weltuntergangs hin und verbreiteten die Überzeugung, daß nach geltenden physikalischen Vorstellungen so etwas auch gar nicht möglich ist. Sie konnten zu dem Zeitpunkt noch nicht wissen, daß die anatolische Platte, die der Kernschatten überquert hatte, in Bewegung geraten war. Die relativ schwachen Erdbeben, die am 11.8. Zypern und gleichzeitig den Iran erschütterten, waren nur spontane Vorboten.
In den darauffolgenden Wochen machte der taumelnde Erdkern uns deutlich, daß ihm Gewalt angetan worden war. Schwere Erdbeben mit Tausenden von Nachbeben folgten aufeinander und eine Schreckensmeldung jagte die nächste<ii>. Öffentliche Stellen jedoch hüten sich oder lehnen es ab, einen Bezug zu der Sonnenfinsternis herzustellen.

20.7 Auswertung und Vergleich der Ereignisse

Ziehen wir zum Vergleich die totale Sonnenfinsternis vom 26.2.1998 hinzu, bei der vom Pazifik kommend der Kernschatten des Mondes über die Karibik in den Atlantik gelaufen war. Genau in dem Augenblick, als er die Karibikinsel Montserrat überquerte, brach der Vulkan Soufrière aus.
Reiner Zufall, sagt die Wissenschaft, die für einen Zusammenhang mit dem als rein optisch angenommenen Phänomen auch keinerlei Erklärungsmodell besitzt. Doch diese Argumentation relativiert sich, wenn nach Tafel 20.2 das tangentiale Einsammeln solarer Neutrinos durch den Erdkern Berücksichtigung findet. Dieser Vorgang läßt sich am besten mit einer Photonenstrahlung vergleichen, die von einem Schwarzen Loch innerhalb des Schwarzschild-Radius tangential eingesammelt und in eine Kreisbahn umgelenkt wird.
Da der Mondschatten immer eine gerade Linie auf der Erde zieht, sind zwei Schnittpunkte mit der Kreislinie des auf die Erdoberfläche projizierten Erdkerns vorhanden, bei der die vom Mond gebündelte Strahlung gerade den Erdkern berührt und dadurch eine zusätzliche Konzentration erfährt. Der erste Schnittpunkt lag damals im Pazifischen Ozean; aber der zweite lag exakt auf der Karibikinsel Montserrat (Tafel 20.7 B).

Diesmal, am 11.August 99 lag der erste Schnittpunkt in Süddeutschland, der zweite im Iran, und wieder hat die Bündelung am zweiten Schnittpunkt eine verheerende Wirkung gezeigt. Die ganze Kontinentalplatte ist in Bewegung geraten (Tafel 20.7 A).

Ein anderes seltsames Phänomen ist zeitgleich mit der Sonnenfinsternis in den USA aufgetreten. Ein Wirbelsturm fegte mit seiner zerstörerischen Kraft mitten durch Salt-Lake-City. Bemerkenswert ist schon, daß sich keine meteorlogischen Anzeichen vorher zeigten und daher auch keine Warnung vor dem Tornado durch offizielle Überwachungsstellen möglich war. War hier ein Teil der gebündelten Neutrinostrahlung am Erdkern umgelenkt und in eine Drehung versetzt worden, um sich auf der anderen Seite der Erde bei Salt-Lake-City wieder in den Himmel hinaus zu schrauben?

<i>: Werner Raffetseder: Sonnenfinsternis, Hugendubel Verlag, München 1999, ISBN 3-89631-302-9, Seite 120.

<ii>: Sammlung besonders heftiger Erdbeben seit dem 11.8.1999: s. Tafel 20.7.

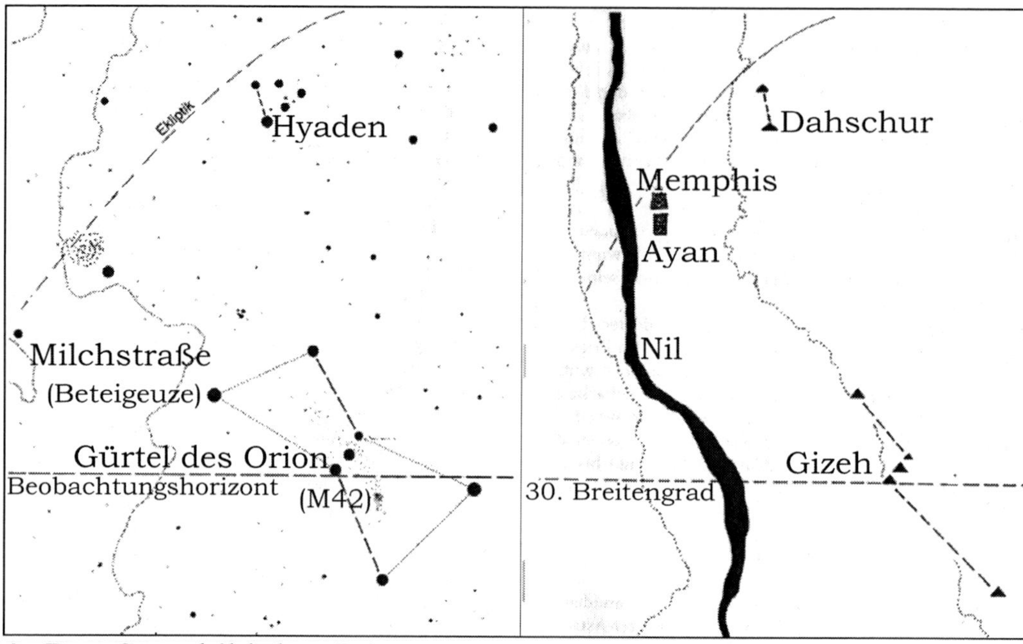

A: Das Sternbild des Orion B: Das Heiligtum des Osiris

Tafel 20.8 A und B: Die altägyptischen Pyramiden, ein irdisches Modell und Abbild des Sternenhimmels<i>?

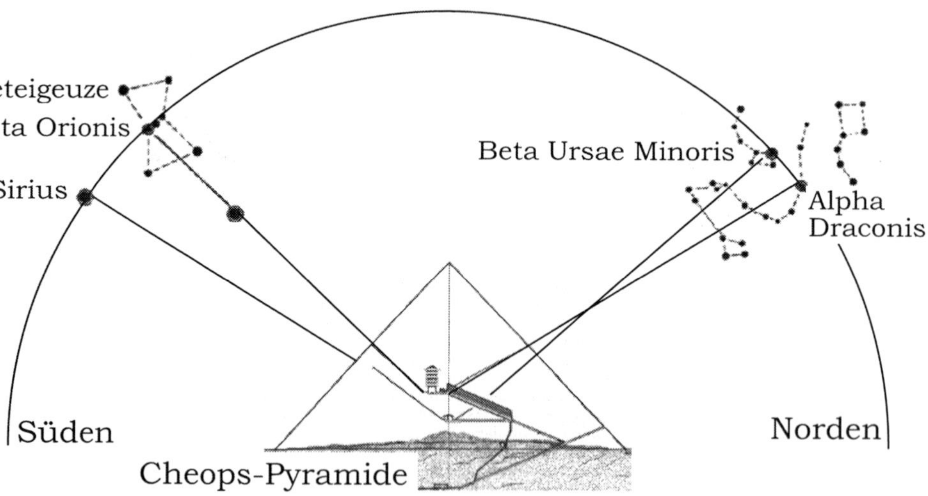

Tafel 20.8 C: Die Ausrichtung der vier Schächte der Cheops-Pyramide um das Jahr 2500 v.Chr. auf vier verschiedene Sterne.<ii>

<i>: Robert Bauval, Graham Hancock: Der Schlüssel zur Sphinx (Keeper of Genesis), List Verlag München 1996, ISBN 3-471-77188-3, S. 286 und 287.

<ii>: dito Seite 86.

20.8 Radioaktive Entstrahlung mit Hilfe einer Supernova

Eine mächtige Neutrinoquelle bildet das schwarze Loch im Zentrum der Milchstraße. Für uns, auf einem äußeren Spiralarm der Galaxie, ist die Entfernung zum Zentrum ebenfalls enorm, so daß bei uns ein relativ gleich verteiltes Spektrum unterschiedlich schneller Neutrinos ankommt, das für das Sonnensystem und unsere Welt eine Art energietechnische Grundversorgung darstellt. Für die Schwankungen zwischen Tag und Nacht, oder die Bündelung durch den Mond oder andere Planeten sind die "Teilnehmer" im Sonnensystem selber verantwortlich.

Demgegenüber ist eine Supernova, die Explosion eines Sterns, eine wesentlich kleinere Neutrinoquelle, die allerdings auch in geringerer Distanz zur Erde möglich ist. Zudem ist es ein singuläres Ereignis, bei dem alle Neutrinos gleichzeitig innerhalb von Bruchteilen einer Sekunde freigesetzt werden. Bei uns kommen sie der Reihe nach an. Erst erreicht uns die schnelle und harte Strahlung sozusagen als Vorbote. Im Laufe der Zeit werden die ankommenden Neutrinos dann immer langsamer, bis sie irgendwann biologisch relevant werden. Wenn zum guten Schluß alles überstanden ist, dann erst sehen wir die Ursache, erst jetzt zeigt sich die Supernova im Fernrohr.

Nehmen wir einmal an, in spürbarer Mächtigkeit und in einer Entfernung von 500 Lichtjahren findet so ein Ereignis statt, dann überlagert sich die Neutrinostrahlung der allgemeinen Grundstrahlung und es kommt zu einer charakteristischen Überhöhung von Neutrinos einer bestimmten Ausbreitungsgeschwindigkeit. Dieses Problem beschäftigt uns dann 500 Jahre lang, wobei die jeweilige Strahlungssituation sich ständig ändert in Abhängigkeit von der Zeitdauer nach der Explosion.

Wagen wir in dieser Sichtweise eine Bewertung der kosmischen Ereignisse aus historischer Zeit, so spricht vieles für die Annahme, daß diese in den letzten hundert Jahren komplett abgeklungen sind. Edgar Cayce behandelt in dem Buch "Unsere Vorfahren" verschiedene Kulturkreise von dem altindischen bis zu dem der Hopi, bei denen noch von einer energietechnischen Nutzung von Quarzen und anderen Stoffen die Rede ist<i>.

Wir können zwar theoretisch nachvollziehen, daß die Neutrinostrahlung einen Schwingquarz zum Leuchten bringen kann, wenn er in seiner Resonanzfrequenz angeregt wird, aber technisch realisieren läßt sich die Technik heute nicht mehr. Möglicherweise bestand die Chance zur technologischen Nutzung auch nur wenige Jahre oder Jahrzehnte.

Vermutlich sind auch die Pyramiden ursprünglich als Resonatoren gebaut worden, um schnelle Neutrinos auf eine technisch nutzbare Geschwindigkeit abzubremsen. Im Laufe der Zeit aber war die ursprüngliche Funktion entbehrlich und waren die Neutrinos so langsam geworden, daß im Altertum ersatzweise eine Nutzung als elektrostatischer Blitzgenerator oder als Nekropole erfolgte. Heute stehen sie nur noch als unbrauchbar gewordene Denkmäler einer vergangenen Epoche in der Landschaft.

Viele antike Techniken, auf die ich noch im dritten Teil zu sprechen komme, werden auf diesem Wege genauso unerwartet plausibel, wie die aus dem Mittelalter geschilderte radioaktive Entstrahlung.

<i>: Hermann Wild: Technologien von gestern, Chancen für morgen; Jupiter-Verlag Bern 1996, ISBN 3-906571-13-0, (z.B. S. 77 und 145 bis 163).

Sternbild am 23.9. um 10500 v.Chr. bei Sonnenaufgang:

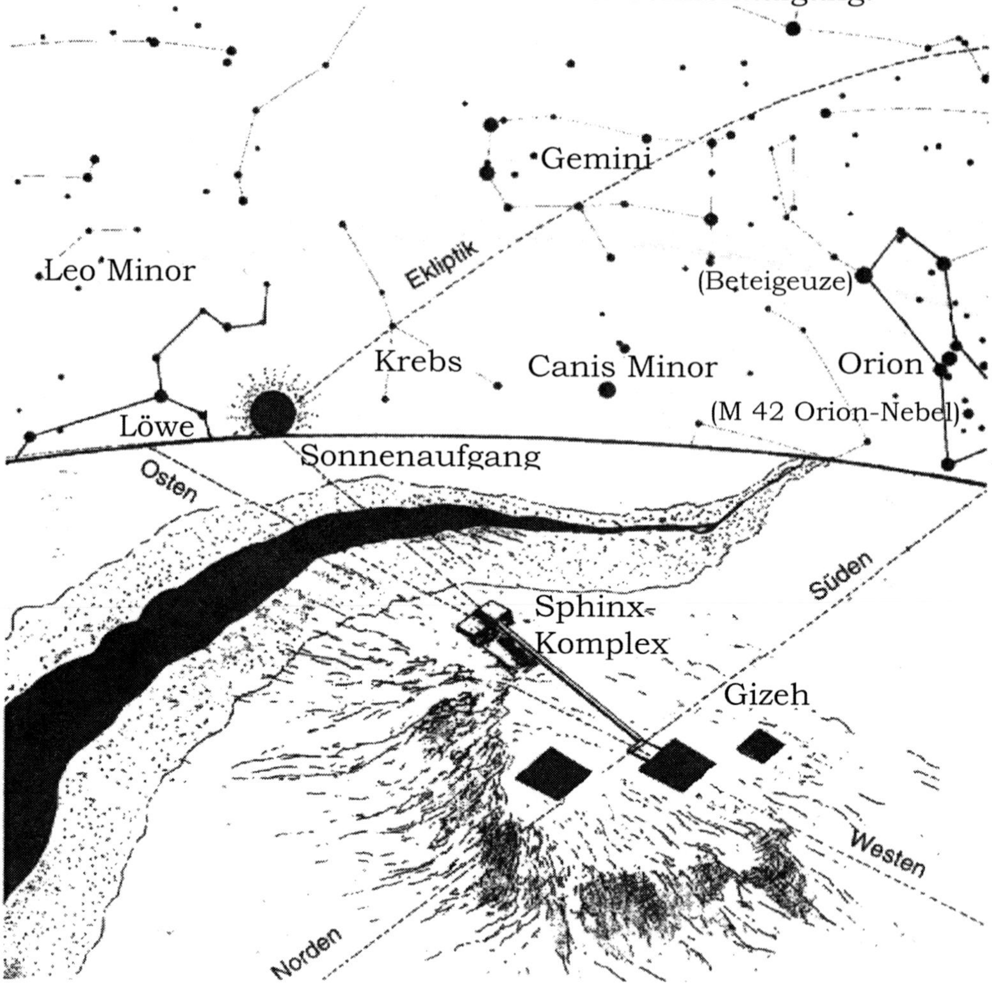

Tafel 20.9: <u>Die Ausrichtung der Pyramiden von Gizeh spricht für einen Betrieb der Anlage um 10500 v.Chr.</u>[i]

<i>: Robert Bauval, Graham Hancock: Der Schlüssel zur Sphinx (Keeper of Genesis), List Verlag München 1996, ISBN 3-471-77188-3, S. 324.

Die beiden Forscher vertreten die Hypothese von einer Orientierung der altägyptischen Pyramiden nach dem Sternenhimmel um 10500 v.Chr. Dies verträgt sich allerdings nicht mit ihrer These vom Ausrichten der Schächte auf einzelne Sterne um 2500 v.Chr. (Tafel 20.8 C). Wie sollen die präzise gearbeiteten Schächte nachträglich eingebracht worden sein?
Es entspräche einer gewissen Logik, wenn eine Ausrichtung der Gebäude auf die damalige Energiequelle erfolgt wäre; dabei ist aber zu bedenken, daß die Sterne als Supernova explodiert und heute kaum noch beobachtbar sein dürften.
Trotz einiger guter Ideen wirft das Buch mehr Fragen auf, als es beantwortet.
Haben die Techniker 2500 v.Chr. nach erfolgter Restaurierung mit den Gebäuden experimentiert und nach Alternativen einer Nutzung gesucht?

20.9 Freie Energie aus dem Sternbild des Orion

Vor hundert Jahren schließlich standen Tesla, Moray, Keely und anderen Erfindern noch die letzten unzuverlässigen Reste der abklingenden Neutrinostrahlung für den experimentellen Nachweis zur freien Energie zur Verfügung, von denen wir nicht ein einziges Modell heute noch nachbauen und in Funktion zeigen können. Und das, obwohl die technischen Hilfsmittel um ein Vielfaches besser geworden sind.
Dies ist aber kein Grund für die Freie-Energie-Erfinder, ihre Bemühungen gleich einzustellen, denn die nächste Supernova kündigt sich durch die aktuellen Ausschläge der Foucault-Pendel bereits an. Es könnte sich um die Explosion des roten Riesensterns Beteigeuze im Sternbild des Orion in einer Entfernung von 500 Lichtjahren handeln<i>. Es ist gut möglich, daß er vor kurzem bereits explodiert ist, daß er die nächsten knapp 500 Jahre uns mit frischer und freier Energie versorgen und zugleich die Erde kräftig durchschütteln wird, dank seiner Mächtigkeit bei einer nicht allzu großen Entfernung.

Die nach dem 11. August aufgetretene heftige Reaktion des Erdkerns, der als erster mit den schnellen Teilchen wechselwirkt, sollte jedem Astrophysiker klar machen, daß hier etwas auf uns zukommt!
Es wäre naheliegend, wenn die Reaktionen des Erdkerns noch zunehmen. Abweichungen sind jedes Jahr besonders um den 21.6. herum zu erwarten, wenn die Sonne im Sternzeichen des Orion steht. Allerdings bilden dann die vermutete Neutrinoquelle Beteigeuze, die Sonne und die Erde nicht exakt eine Linie, da der rote Riesenstern 7,4° unterhalb der Ekliptik liegt. Dadurch laufen die von der Sonne gebremsten und gebündelten Strahlen über die Erde hinweg. Auf der Erde wäre dann eher mit einem Absinken der Strahlung zu rechnen.
Wenn die Phase der Erderschütterungen irgendwann überstanden sein sollte, ist mit einer Entstrahlung durch einen erhöhten radioaktiven Zerfall und mit diversen biologischen Einwirkungen zu rechnen. Dann, in vielleicht 200 Jahren, werden auch viele, heute noch als hoffnungslos verworfene Konzepte zur freien Energie, plötzlich von ganz alleine funktionieren.
Die relativ freie Entwicklungsmöglichkeit des menschlichen Geistes und der gegenwärtigen Wissenschaften verdanken wir möglicherweise dem besonderen Umstand, in einer Zeit minimierter Feldstärken leben zu dürfen. Starke Felder hingegen können zu psychotronischen Beeinflussungen des Bewußtseins und zu einer Fremdbestimmung des Menschen führen. Dieser Umstand scheint Tesla veranlaßt zu haben, den Menschen mit einem Roboter zu vergleichen, und ihn als einen von außen gesteuerten selbständigen Automaten zu bezeichnen<ii>.

<i>: Freek Reijmerink: Sternenatlas Deutschland, Weltbild Verlag 1990, S.12 (ein sterbender Riese) und Illustrierte Wissenschaft, Nr. 9, 1999, S. 7, Brennen die großen Sterne in den Sternbildern je aus? Die Entfernungsangaben schwanken zwischen 270 Lichtjahren (Meyers Lexikon), 310 (Sternenatlas), 500 (Ill.Wiss.) und 652 Lichtjahren (Cambridge Enzyklopädie d. Astronomie).

Im beobachtbaren Bereich des Sternenhimmels hat man statistisch gesehen die Chance, jede Sekunde eine Supernova zu erleben.

<ii>: Nikola Tesla: Wie kosmische Kräfte unser Schicksal bestimmen, New York American, 7.2.1917, und Edition Tesla (1997), Bd. 6, ISBN 3-89539-245-6 der Mensch als Maschine, S. 65.

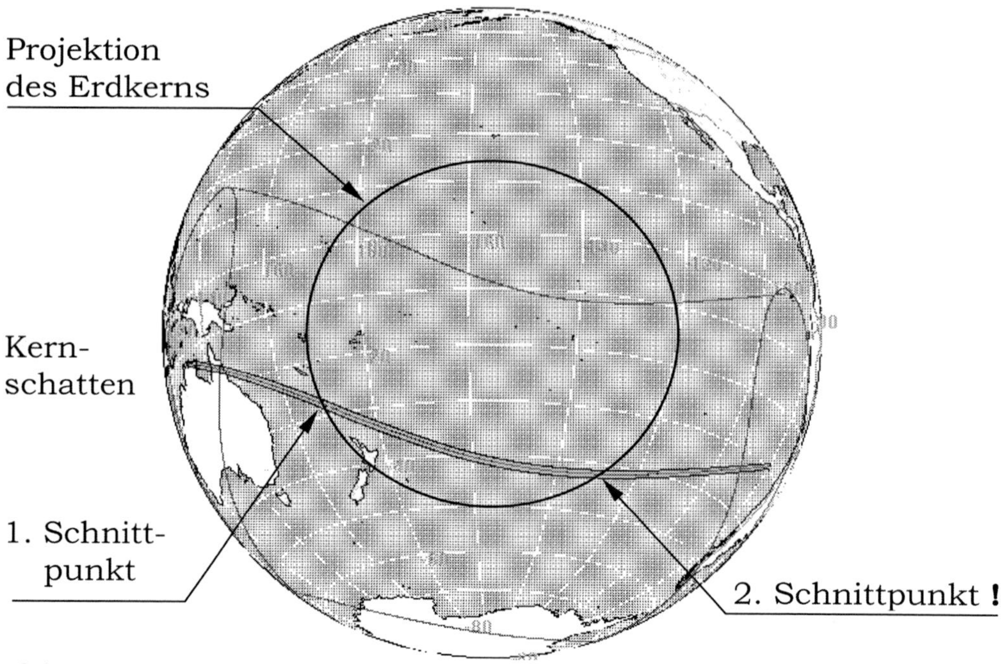

Tafel 20.10 A: Sonnenfinsternis vom 13.11.2012 (Dekl.: 18,1°)

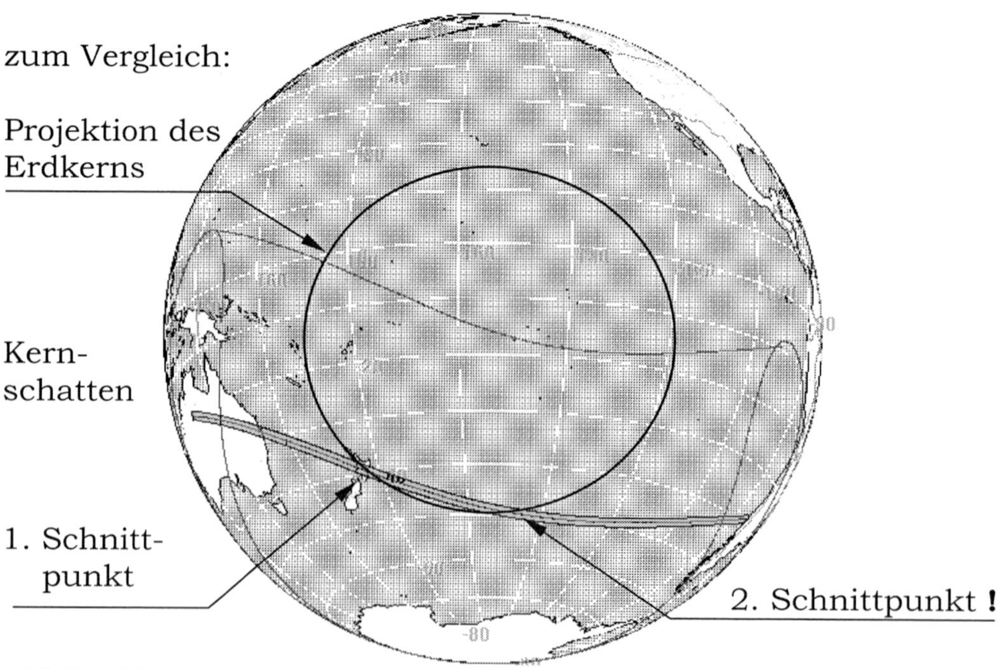

Tafel 20.10 B: Sonnenfinsternis vom 11.11.3799<i> (Dekl.: -17,3°)

<i>: Die Finsternis vom 7.7.3797 ist harmlos im Vergleich zu der vom 11.11.3799. Sind sie verwechselt worden oder liegt ein Rechenfehler vor?

20.10 Wechselwirkung der Neutrinos mit dem Erdkern

Ein hohes Neutrinofeld macht noch keine Katastrophe. Erst in Verbindung mit einer der regelmäßig auftretenden Sonnenfinsternissen ist unter bestimmten Umständen damit zu rechnen. Nur, welche Finsternisse können gefährlich werden, müssen wir uns fragen, und warum warnt z.B. Nostradamus nur vor ganz bestimmten Terminen?
Die Überprüfung der jeweiligen Finsternisse ergibt eine kritische Konstellation immer für die Fälle, bei denen sich die Kernschattenlinie mit der Kreislinie des Erdkerns unter einem sehr flachen Winkel schneiden und beide Schnittpunkte sehr nahe beieinander liegen. Im Extremfall schließlich berühren sich die Linien nur noch und die Schnittpunkte verschmelzen zu einer Schnittlinie.
Eine entsprechende Konstellation wird das nächste Mal am 13.11.2012 erwartet. Für den 7.7.3797, bei vergleichbaren Verhältnissen prophezeit Nostradamus den Weltuntergang; aber wieso?

Von der Wechselwirkung der Neutrinos geht wie von jeder anderen Wechselwirkung eine Kraftwirkung aus. Liegen die Schnittpunkte weit auseinander, dann wird der Erdkern von der gebündelten Neutrinostrahlung einmal nach Osten und kurze Zeit später wieder nach Westen gezogen. Im Mittel wird dies wegen des immensen Trägheitsmoments den Erdmantel und die Erdkruste kaum beeinträchtigen. Die möglichen Erdbeben werden regional auf die Gegend um die beiden Schnittpunkte begrenzt bleiben.
Bildet sich aber eine Schnittlinie aus, dann findet keine Kompensation der Kraftwirkungen mehr statt, dann wird während der ganzen Zeit einseitig am Erdkern gezogen und das kann fatale Folgen haben. Es ist das gleiche wie bei einem Kreisel, dem seitlich ein Schlag verpaßt wird: Er taumelt einige Male, bis die Kreiselkräfte ihn wieder stabilisiert haben.

Taumelt aber die Erdachse, dann beschreibt die Sonne sonderbare Bahnen am Himmel, sie läuft wieder rückwärts, geht längere Zeit nicht unter oder sie läßt sich für die, auf der anderen Seite der Erdkugel lebenden Menschen für denselben Zeitraum nicht blicken.
Ein solcher Vorgang wird schon in der Bibel beschrieben[<i>]. Für die zwanzig Stunden, in denen in Europa die Sonne einen Tag lang nicht unterging, schildern wiederum die Chronisten der Bewohner in den südamerikanischen Anden, wie sich bei ihnen die Sonne zwanzig Stunden nicht blicken ließ[<ii>].

Als ein weiteres Beispiel aus der griechischen Mythologie sei die Schilderung des Dichters Apollodoros erwähnt, wonach Herakles den Sonnenwagen zur Lösung seiner 10. Aufgabe zum Stehen bringen ließ. "Er wendete sein Gefährt und raste, die Pleiaden und alle Gestirne mit sich reißend, den Weg zurück, so daß die Sonne im Osten unterging"[<iii>]. Wenn aber alle Sterne dieselbe Rückwärtsbewegung mitmachen, dann beweist dieses Beispiel die Annahme der taumelnden Erdachse.

<i>: Josua 10.13-14 und die im Kapitel 11.8 zitierten Textstellen.

<ii>: nach Montesinos, zitiert in Zecharia Sitchin: The Lost Realms (Versunkene Reiche), Knaur Verlag München 1992, ISBN 3-426-04827-2, S. 203

<iii>: Werner Raffetseder: Sonnenfinsternis, Hugendubel Verlag, München 1999, ISBN 3-89631-302-9, Seite 18.

A: Weltkarte

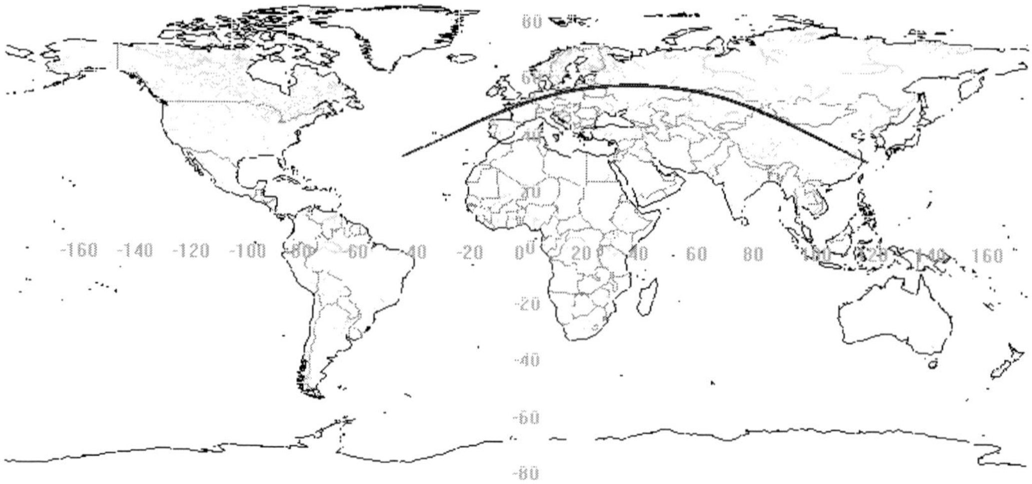

B: Globus

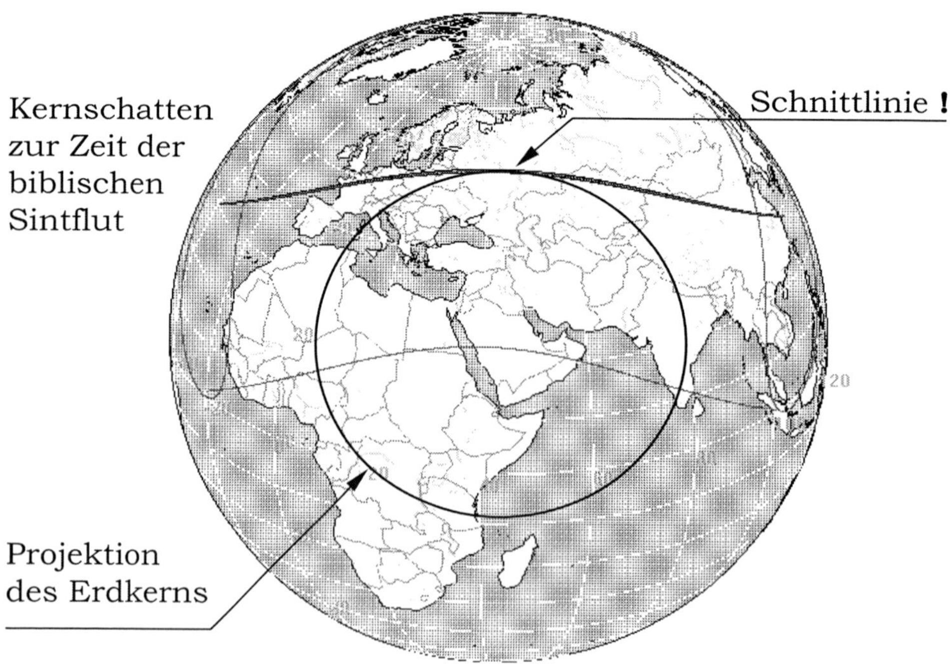

Tafel 20.11: Sonnenfinsternis vom 27.07.2281 v. Chr.
(Sonnenwinkel = Deklination: 19,3°)
Auslöser der biblischen Sintflut?

20.11 Umpolung und Apokalypse

Das Zerren am Erdkern, das sich als Wackeln der Magnetachse zeigt und in gedämpfter Form ein Abkippen der Drehachse der Erde nach sich ziehen kann, macht noch keine Apokalypse, keinen Weltuntergang. Dies ist erst zu erwarten, wenn es nach einem Kippen der Drehachse des Erdkerns zu einer Umpolung auf der Erdoberfläche kommt. Dabei richten sich die neuen Magnetpole wie eine Kompaßnadel im Feld des Sonnenwindes wieder so aus, daß der Nordpol in der Ekliptik "oben" zu liegen kommt. Da die Erdoberfläche ihre Drehrichtung beibehält, wird, nachdem sich der Vorgang stabilisiert hat, die Sonne wie gewohnt wieder im Osten aufgehen und im Westen untergehen. Die Erdbewohner aber, die vorher noch Hochsommer hatten, finden sich mitten im tiefsten Winter wieder und umgekehrt.

Wahrhaft apokalyptische Vorgänge sind während der Phase einer Umpolung der Erde zu erwarten. Dabei treten ungewohnte Relativbeschleunigungen und heftige Erdbeben auf. Das größte Zerstörungspotential aber steckt in den Wassermassen der Weltmeere, die in Bewegung gesetzt werden.
Bekanntlich mißt die Erde am Äquator einen um 21 Kilometer größeren Radius als an ihren Polen. Wenn nur ein Teil der Wassermassen vorübergehend in Richtung der Erdpole fließt, dann versinkt der größte Teil der bewohnbaren Landmasse in Mittel- und Nordeuropa in den Fluten; dann macht auch die Aussage von Noah tatsächlich Sinn, der als erstes den Berg Ararat aus den Fluten aufsteigen sah, nachdem das Wasser wieder in seine gewohnten Meeresbecken zurückfloß. Der Berg Ararat mißt eine Höhe von immerhin 5137 Metern über NN!

Beim Vergleich geschichtlicher Ereignisse mit Angaben aus der Bibel sollte die Sintflut im Jahr 2245 v.Chr. stattgefunden haben[<i>]. Nach der Beschreibung des Sternenstandes errechnet Dr.Wild als Zeitpunkt für die Sintflut den Juli 2281 v.Chr. Der arabische Geschichtsschreiber al-Makrizi verlegt das Ereignis wiederum in das Jahr 3094 v.Chr[<i>].
Wer hat recht?
Wir müssen die Sonnenfinsternisse in dieser Zeit prüfen, und die Lage der Schnittpunkte ermitteln, dann finden wir vielleicht die richtige Antwort. Möglicherweise hat die Erdachse mehr als einmal gewackelt, hat es in unterschiedlichen Regionen mehrere Katastrophen gegeben. Am 27.7.2281 v.Chr. jedenfalls hat es tatsächlich eine äußerst kritische Konstellation gegeben, während die beiden anderen Jahresangaben ausscheiden. Hier fand keine totale Finsternis statt (Tafel 20.11).

Nach dem Kalender der Ugha Mongulala soll es 6110 Jahre vor dieser Sintflut eine noch viel verheerendere gegeben haben. Das wäre also 8391 v.Chr. gewesen, während Scott-Elliot die Katastrophe auf das Jahr 9564 v.Chr. datiert[<ii>]. Nach Platon wäre es etwa 9500 v.Chr. gewesen. Bei derart langen Zeiträumen fällt eine Überprüfung allerdings nicht mehr ganz leicht, da die zwischenzeitlichen Veränderungen der Erde sich erheblich aufsummieren.

<i>: Hermann Wild: Technologien von gestern, Chancen für morgen; Jupiter-Verlag Bern 1996, ISBN 3-906571-13-0, Seiten 231, 229 und 225.

<ii>: Wild S. 219, 218 und 210, u.a. zitiert aus Scott-Elliot: Atlantis und das untergegangene Lemuria, Bauer Verlag Freiburg 1977.

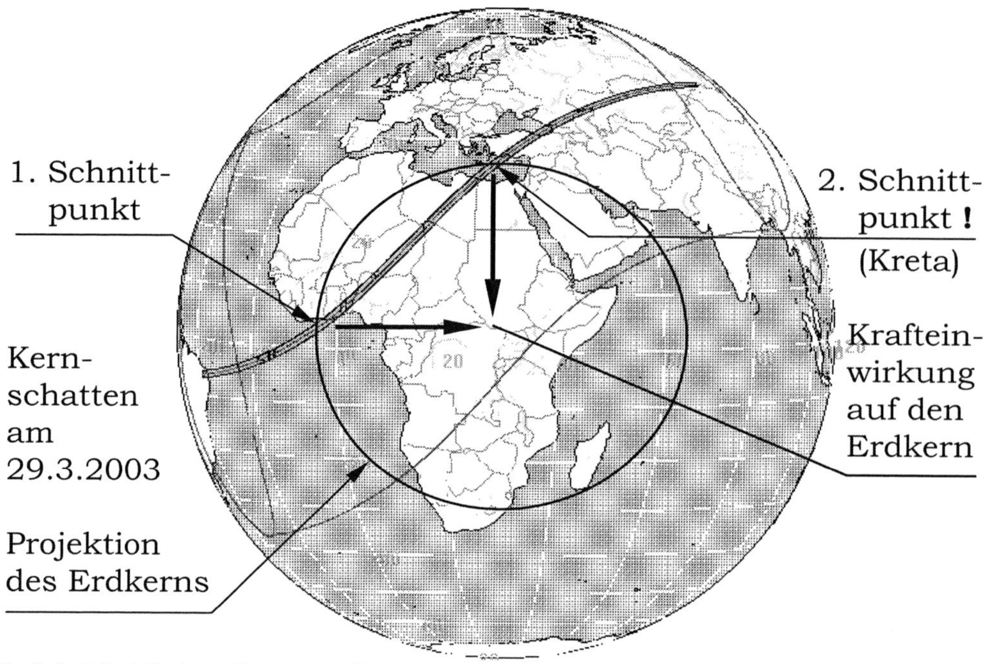

Tafel 20.12 A: Sonnenfinsternis vom 29.03.2006 (Dekl.: 3,2°)

Tafel 20.12 B: Höhlenmalerei aus Minateda (Spanien).<i>

<i>: Laviosa-Zambotti: Origini e Diffusione della Civiltà, Marzorati, Milano 1950, Dt. Ausgabe im Verlag für Kunst und Wissenschaft Baden-Baden, S. 123

Entscheidend ist neben der Konstellation von Sonne und Mond, das Auftreten einer relevanten Neutrinostrahlung und die Frage ob beides ausreicht, die Erde zu kippen und umzupolen. Einige Experten erwarten eine Umpolung für die kommende Zeit, denn sie erfolgt mit einer gewissen Regelmäßigkeit und in erdgeschichtlichen Zeiträumen gemessen zudem ziemlich häufig!
Diesem Umstand verdankt die Erde vermutlich die tief in die Landschaft eingeschnittenen Flußtäler und andere topographische Phänomene. Überleben kann man eine solche Katastrophe vermutlich nur in einer Arche (Noah), in den Luftblasen großer Höhlen (deren Wände Kinder und Künstler aus lauter Langeweile bemalten, s. Tafel 20.12 B) oder im Hochland, vorzugsweise im Bereich des Äquators (Zentralafrika, Hochland von Mexiko, Anden, Himalaja).

20.12 Skalarwellenmessgeräte zur Erdbebenvorhersage

Wir brauchen dringend Meßgeräte, um die Neutrinosituation beurteilen zu können. Zunächst verfolgen wir damit dasselbe Ziel, wie mit dem Bau eines Freie-Energie-Konverters, allerdings mit dem Unterschied, daß der Konverter die gesammelte Energiemenge maximieren soll, während das Meßgerät die aufgenommene Energie minimieren soll, um die Quelle nicht zu sehr zu belasten und die lokale Strahlungssituation nicht zu verändern.
Zudem ist die Neutrinostrahlung in ihrer Ausbreitungsgeschwindigkeit unterscheidbar zu erfassen, was sagen will, daß der Bau eines Meßgeräts sehr viel aufwendiger sein wird als der eines Energiesammlers. Es ist daher zu erwarten, daß ein brauchbares Meßinstrument erst viele Jahre später verfügbar sein dürfte, und wir uns solange nur auf unsere eigene Beobachtungsgabe stützen können.

Beispielsweise können wir statistisch auswerten, wie die Erde nach einer Sonnenfinsternis auf die vom Mond gebündelte Neutrinostrahlung reagiert. Am 11. August lag der zweite Bündelungspunkt im Osten, und daraus läßt sich eine Beschleunigung der Rotation des Erdkerns voraussagen. Entsprechendes ist tatsächlich auf der Erdoberfläche mit Hilfe der Foucault'schen Pendel beobachtet worden.
Der Zusammenhang läßt sich das nächste Mal bei der Sonnenfinsternis am 29.3.2006 überprüfen. Diesmal liegt der umgekehrte Fall vor. Eine erste Bündelung erfolgt im Westen, so daß Pendelausschläge in die umgekehrte Richtung zu erwarten wären, die ein Bremsen der Rotation anzeigen (Tafel 20.12 A).

Sollte sich aber die Erdrotation ändern, dann stimmt die Drehimpulsbilanz von Mond, Erdmantel und Erdkern nicht mehr. Als Folge tritt eine Differenzkraft auf, die den Kreisel taumeln läßt. Taumelt aber der Erdkern innerhalb des Erdmantels, dann rührt er das flüssige Magma kräftig um, und gibt seine überschüssige Energie auf diese Weise wieder ab. Als Folge erwärmt sich der Erdmantel etwas. Wir auf unserer hauchdünnen Erdkruste bekommen das Taumeln des Kerns dann zeitverzögert als Erdbeben zu spüren. Die Periodendauer scheint bei cirka 6,5 Tagen zu liegen, soweit sich dies aus den Reaktionen auf die letzten zwei Finsternisse ablesen läßt.

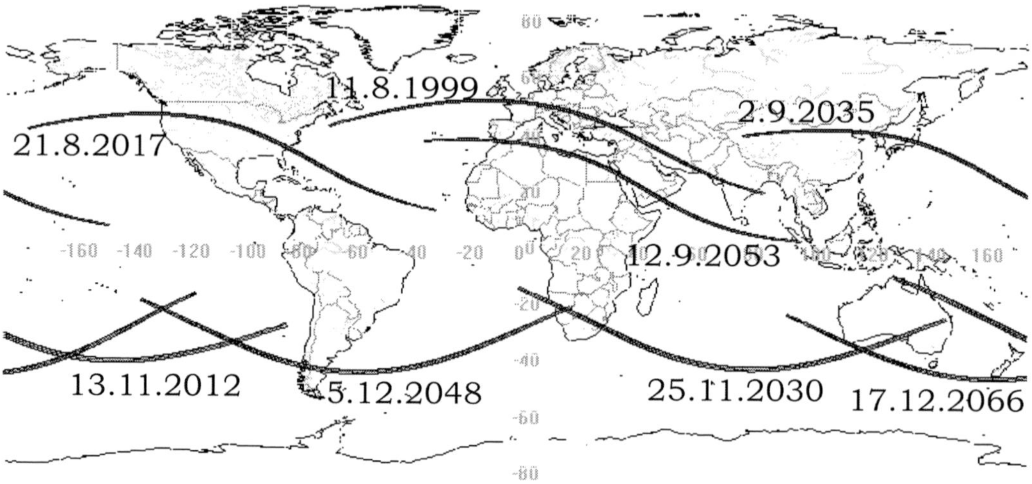

Tafel 20.13 A: Sonnenfinsternisse von 2 Saros-Zyklen.

Tafel 20.13 B: Das „Astronomicum Caesareum“ um 1540 diente zur Bestimmung der Mondknotenpositionen.<i>

<i>: Werner Raffetseder: Sonnenfinsternis, Hugendubel Verlag, München 1999, ISBN 3-89631-302-9, Seite 134.

20.13 Berechnung zukünftiger Ereignisse

Aus der Analyse vergangener und gegenwärtiger kosmischer Ereignisse läßt sich bei streng wissenschaftlicher Vorgehensweise in gewissem Maße auch Zukünftiges vorhersagen. Es handelt sich dabei keinesfalls um Wahrsagung, sondern ausschließlich um das Ergebnis einer Analyse.

Im Anschluß an die erwähnte Sonnenfinsternis am 29.03.2006 besteht für die Insel Kreta und Kleinasien einmal mehr Erdbebengefahr (ca. 4.4.2006).
Die Finsternis am 13.11.2012 läßt ebenfalls nichts Gutes erwarten, auch wenn die nahe beieinanderliegenden Schnittpunkte weitab von besiedelter Landmasse im südwestpazifischen Becken liegen. Zu diesem Zeitpunkt endet im übrigen der Maya-Kalender.
Am 21.8.2017, 18 Jahre oder ein Saros-Zyklus nach der Finsternis am 11.8.1999 und dementsprechend 120° weiter westlich läuft der entsprechende Kernschatten quer durch die USA. Die undankbare Rolle der Türkei am zweiten Schnittpunkt übernimmt diesmal South Carolina. Bleibt zu hoffen, daß die Häuser in Columbia stabiler gebaut sind als in Izmit.
In Tafel 20.13 A sind die beiden Sonnenfinsternisse vom 11.8.1999 und vom 13.11.2012 mit ihren jeweiligen Saros-Zyklen bis 2066 gezeigt. Erkennbar ist die kritisch zu bewertende Tendenz des Kernschattenverlaufs, sich an die Kreislinie des Erdkerns anschmiegen zu wollen, zur Ausbildung einer Schnittlinie.

Ich breche hier ab, da jeder mit meinen Hinweisen und einer Finsternis-CD bei sich zu Hause alle weiteren Ereignisse persönlich auswerten kann. Ich lege Wert darauf, daß möglichst viele Analysen erstellt und kontrovers diskutiert werden, denn mögliche kosmische Katastrophen gehen uns alle etwas an.
Gerade für derartige Grundlagenforschung leistet sich der Staat unzählige Physiker und bezahlt sie mit Steuergeldern. Die aber kochen ihr eigenes Süppchen mit Quarks und Klebstoff als Bindemittel und wagen es, dieses unverdaubare Machwerk auch noch der Öffentlichkeit vorzusetzen.

Was soll der Bau riesiger Fusionsöfen, wenn die Betreiber den Vorgang der Fusion selber noch gar nicht verstanden haben? Wozu milliardenschwere Ringbeschleuniger, wenn sich Elementarteilchen am Schreibtisch berechnen lassen? Wie rechtfertigt sich der Aufwand für Gravitationswellendetektoren, wenn die eigentliche Musik bei ganz anderen Ausbreitungsgeschwindigkeiten spielt? Wieso wird die halbe Jahres-Weltproduktion an Gallium für einen indirekten Neutrinonachweis gebraucht, wenn jede selbstgewickelte Teslaspule mehr Neutrinos einzusammeln vermag?
Unsere Wissenschaftler, für die ich mich als Kollege des öfteren schämen muß, haben die vorrangige Aufgabe, auf kosmische und andere Gefahren aufmerksam zu machen und sie voraus zu berechnen. Jedenfalls ist es äußerst sträflich, diese Kernverpflichtung irgendwelchen Wahrsagern und selbsternannten Propheten zu überlassen.
Man sollte sie häufiger daran erinnern, daß der chinesische Kaiser Tschung-Khang seine Hofastronomen Hi und Ho zum Tode verurteilen ließ, nachdem die beiden eine Sonnenfinsternis nicht vorausgesagt hatten. Dabei ging es bestimmt nicht um ein verpaßtes Spektakel oder ein entgangenes Tourismusgeschäft, sondern vermutlich um das Sicherheitsbedürfnis des Kaisers und seiner Untergebenen, für das die beiden Astrophysiker im alten China Verantwortung zu tragen hatten!

* * *

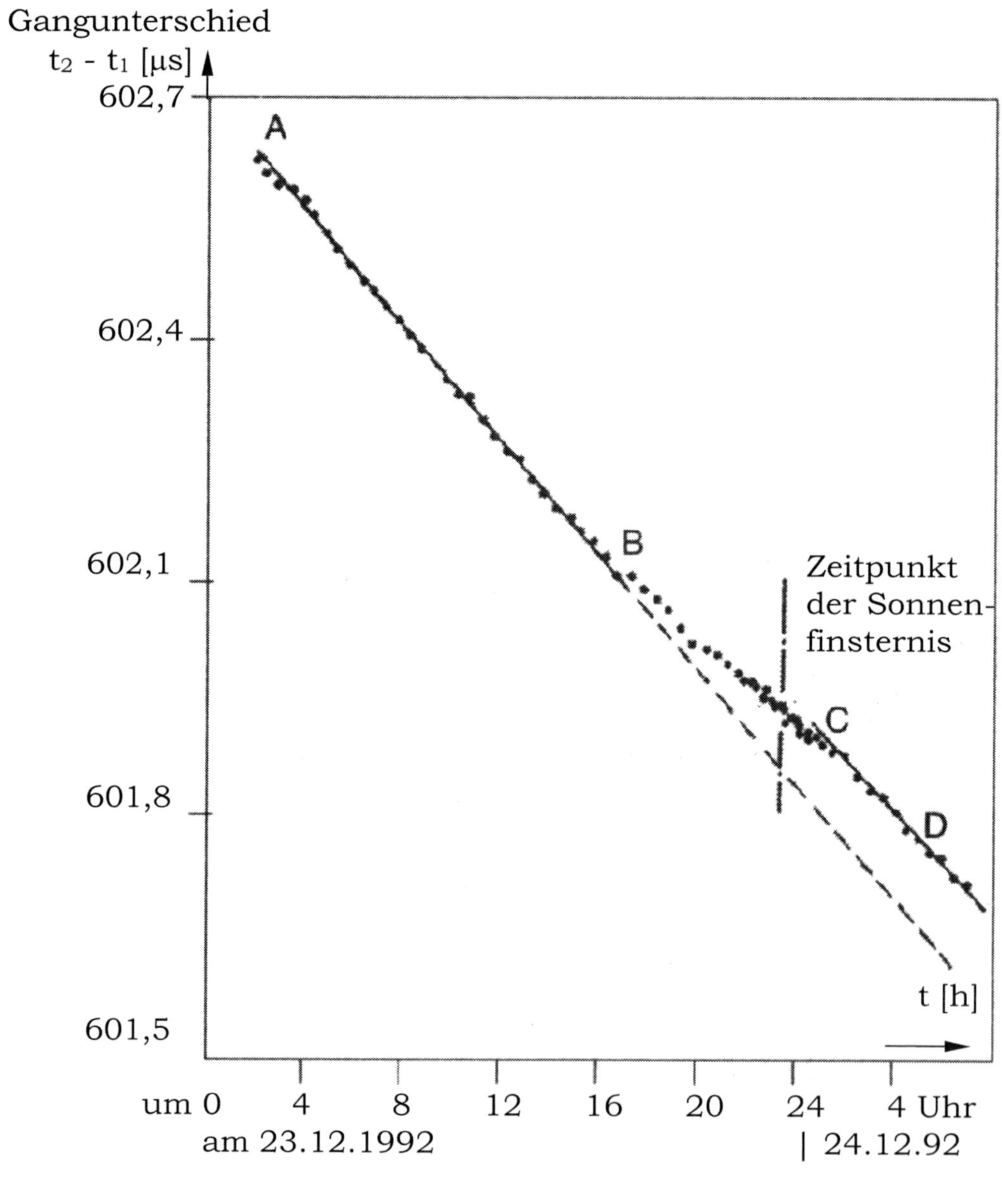

Tafel 20.14: Der Gangunterschied zweier Cäsium-Atomuhren in unterschiedlicher Richtung positioniert, aber im gleichen Labor in Harbin, China, während der partiellen Sonnenfinsternis am 24.12.1992.<i>

<i>: Shu-wen Zhou: Abnormal Physical Phenomena Observed When the Sun, Moon, and Earth are Aligned, 21st Century Science & Technology, Fall 1999, Vol. 12, No. 3, pp. 54 - 61. Kommentar zu Figure 9:
Straight lines AB and CD show that the rate of change of the time difference between the two clocks is constant in non-eclipse period, but becomes irregular around the time of the eclipse.

Nachwort zum energietechnischen Seminar

Ganz langsam spricht es sich herum, daß die Energiequelle der Zukunft einen Namen hat: *„Neutrinopower"*. Bedauerlicherweise weiß die mit öffentlichen Geldern finanzierte Grundlagenphysik noch so gut wie nichts über das Wesen der Neutrinostrahlung. Zudem behindern unbrauchbare Modellvorstellungen jeden Fortschritt in dieser Richtung und so tritt die zuständige Grundlagenforschung auf der Stelle.

Wesentlich umfangreicher waren bereits vor 100 Jahren die Kenntnisse des Experimentalphysikers Nikola Tesla, dem Entdecker der Neutrinostrahlung und Vater der freien Energie. Am deutlichsten zeigt sich die Raumenergie jedoch in der Natur, die nur diese vorteilhafte Energieform nutzt. Insbesondere bei Sonnenfinsternissen und anderen kosmischen Experimenten tritt sie offen zu Tage und wird für uns kurzfristig nachweisbar.

Der Physiker Prof. Shu-wen Zhou von der Huazhong Universität in Wuhan, China, ist den Auswirkungen systematisch nachgegangen, wenn Sonne, Mond und Erde auf einer Linie liegen<i>. Er hat dabei unerklärbare physikalische Anomalien in Experimenten nachgewiesen. Angeregt durch die Entdeckungen von Maurice Allais mit dem Foucault´schen Pendel baute er eine Anordnung speziell zum Nachweis horizontaler Beschleunigungskräfte, und tatsächlich konnte er damit Kraftwirkungen während der totalen Sonnenfinsternis vom 24.10.1995 messen. Er spricht sogar von einer ***oszillierenden Kraft***!

Weiter konnte er Änderungen in der spektralen Wellenlänge diverser Elemente ermitteln, die unter normalen Umständen als konstant und sogar als charakterisierend für das jeweilige Element gelten. Die relative Größenänderung der Wellenlänge ergab während der ringförmigen Sonnenfinsternis vom 23.9.1987 über China den 100-fachen Wert im Vergleich zu dem Unterschied in der Spektralanalyse zwischen Erdoberfläche und Sonnenoberfläche! Eine ungeheure Diskrepanz zwischen Theorie und Praxis offenbart dieser Vergleich und stellt uns vor ein handfestes Problem.
Dazu wurden sechs unterschiedliche Modelle von Spektrometern in mehreren Labors verschiedener Hochschulen aufgestellt und die Emissionsspektren von H, D, Ca, CN, Ni, Ti, usw. photographiert. Auch konnten andere Ursachen als die einer Sonnenfinsternis eindeutig ausgeschlossen werden. Im Ergebnis dieser, bei künstlichem Licht durchgeführten konventionellen Messungen, tun sich jedenfalls Abgründe auf. Die aus Spektralanalysen gewonnenen "Erkenntnisse" über die Zusammensetzung fremder Himmelskörper lassen sich ohne Wissen über die jeweilig vorherrschende Neutrinostrahlung jetzt getrost "in der Pfeife rauchen".

Spektakulär ist auch der Nachweis von ***Gangunterschieden bei Atomuhren*** unterschiedlichster Bauart. Während der partiellen Sonnenfinsternis vom 24.12.1992 wurden sieben Cäsiumuhren in vier Städten Chinas und in drei Flugzeugen eingesetzt. Die Auswertung der Gangunterschiede ergab, wie in Tafel 20.14 beispielhaft gezeigt, Änderungen des Gradienten während der Eklipse. Ähnlich deutlich fielen die Ergebnisse bei den Atomuhren in den Flugzeugen und bei zwei weiteren Zeitmessungen aus<i>.

<i>: Shu-wen Zhou: Abnormal Physical Phenomena Observed When the Sun, Moon, and Earth are Aligned,
21st Century Science & Technology, Fall 1999, Vol. 12, No. 3, pp. 54 - 61.

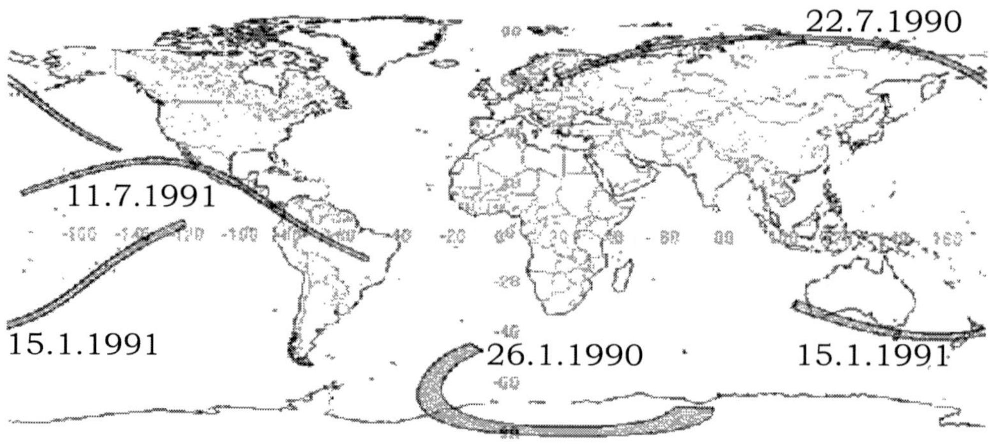

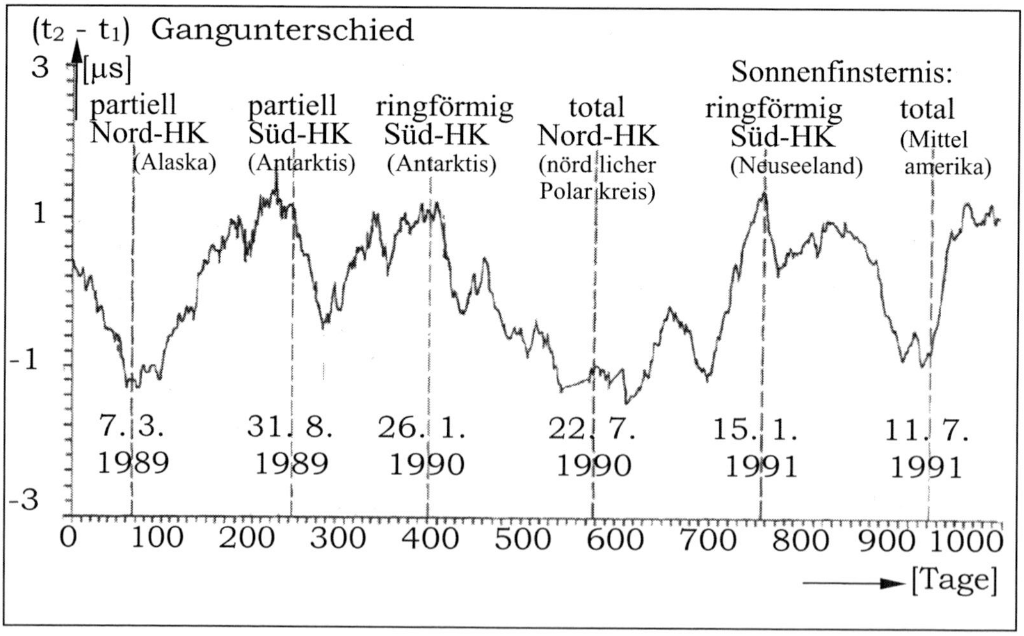

Tafel 20.15: Langzeitmessung zwischen 1989 und 1991 des Gangunterschieds zweier Atomuhren durch das U.S. Naval Astronomical Observatory.<i>

Die in den 1000 Tagen aufgetretenen Sonnenfinsternisse sind nachträglich eingetragen worden. Vermerkt ist zudem, ob davon die Nordhalbkugel (Nord-HK) oder die Südhalbkugel (Süd-HK) der Erde betroffen war.

<i>: Shu-wen Zhou: Abnormal Physical Phenomena Observed When the Sun, Moon, and Earth are Aligned, 21st Century Science & Technology, Fall 1999, Vol. 12, No. 3, pp. 54 - 61. Figure 8.

Eine Verbindung zur Neutrinostrahlung zieht Prof. Zhon nicht, aber sie liegt förmlich auf der Hand.

Von der U.S. Naval Astronomical Observatory (LC/7970) liegen uns Langzeitmessungen über 1000 Tage zwischen 1989 und 1991 vor (Tafel 20.15). Der Gangunterschied zwischen den zwei an unterschiedlichen Plätzen postierten Atomuhren zeigt ein ständiges auf und ab. Die Ursache gilt als völlig unbekannt.
Werden aber die Eklipsen eingetragen, die in dieser Zeit stattfanden, dann erkennt man sofort die Zuordnung zu einem Maximal- oder zu einem Minimalwert. Betraf eine Sonnenfinsternis nämlich die Südhalbkugel der Erde, dann erreichte der Gangunterschied jeweils ein Maximum, lief der Mondschatten aber über die Nordhalbkugel, dann trat jeweils ein Minimum auf. Von Zufall kann hier wohl keine Rede mehr sein!

Halten wir fest: Die Wirkung einer Sonnenfinsternis, auf die beispielsweise ein Foucault'sches Pendel reagiert, läßt sich wie die freie Energie gleichermaßen auf die Wechselwirkung der Neutrinos zurückführen. Daher trägt das vorliegende Buch den Titel "Freie Energie und die Wechselwirkung der Neutrinos". Es ist in der Reihe zur "Elektromagnetischen Umweltverträglichkeit" erschienen, und auch dafür gibt es gute Gründe. Unsere Energietechnik muß umweltverträglicher werden und wir kommen dem Ziel näher, wenn wir der Natur nacheifern, sie kapieren und kopieren.

Daß es ferner um Elektromagnetismus geht, erklärt sich ebenfalls aus der Wechselwirkung der Neutrinos, bei der es sich um den schwingenden und resonanten Fall der elektromagnetischen Wechselwirkung handelt. Insoweit wäre also der Bezug zur Buchreihe gegeben.

Mit "Elektrosmog", oder was im Allgemeinen sonst noch unter Umweltverträglichkeit verstanden wird, hat es nur indirekt zu tun. Es konnte aber gezeigt werden, daß auch die Erdstrahlung eine Form von Neutrinostrahlung ist, und daß von ihr eine biologische Wirksamkeit ausgeht, nachdem sich herausgestellt hat, daß sie der Natur als Energiequelle dient. Damit ist der Konflikt mit Raumenergiegeräten bereits vorprogrammiert, wenn dieselbe Skalarwellenstrahlung genutzt werden soll. Dann entzieht das eine System dem anderen die Energie- und die Existenzgrundlage.
Lösen läßt sich dies Umweltverträglichkeitsproblem, indem Sorge getragen wird, daß sich beide in Hinblick auf die Frequenz und die Wellenlänge nicht in die Quere kommen. Wir benötigen dazu ein tiefes Verständnis zur Thematik der Raumquanten und der Neutrinos, ihrer physikalischen Eigenschaften und der entsprechenden Gerätetechnik. Dazu soll das Buch einen Beitrag leisten.

Die andere Seite der Medaille ist der informationstechnische Aspekt der Skalarwellenstrahlung und das damit verbundene Umweltverträglichkeitsproblem. Diesem Thema ist der 3. und letzte Teil aus der Buchreihe gewidmet.

Wenn Sie mit mir korrespondieren möchten oder sich eines meiner Bücher aus dem Schriftenverzeichnis zulegen möchten, wenden Sie sich bitte an mein Transferzentrum im Technologiezentrum St. Georgen:

Anschrift: 1.TZS, Prof. Dr. Konstantin Meyl
Leopoldstraße 1
D-78112 St. Georgen/Schwarzwald

Fax.: +49-/0- 7721-51870

email: meyl @ k-meyl.de

Internet: http://www.k-meyl.de

Liste lieferbarer Bücher aus der ***INDEL*** Verlagsabteilung Villingen-Schwenningen (Für Buchbestellungen über die oben angegebene Anschrift):

* Wirbelströme, Dissertation an der Universität Stuttgart 1984, ISBN 3-9802 542-0-8, 14 Euro
* Potentialwirbel Band 1, 1990, Diskussionsbeiträge zur Entdeckung der Potentialwirbel, ISBN 3-9802542-1-6, 14 Euro
* Potentialwirbel Band 2, 1992, nicht mehr lieferbar.
* Elektromagnetische Umweltverträglichkeit, Teil 2 16 Euro
  Umdruck zum energietechnischen Seminar,
  ISBN 3-9802 542-9-1, 1. Aufl. 1998, derzeit 4. Aufl. 2003
* Elektromagnetische Umweltverträglichkeit, Teil 3 16 Euro
  Umdruck zum informationstechnischen Seminar,
  ISBN 3-9802 542-7-5, 1. Aufl. 2000, derzeit 3. Aufl. 2003
* Skalarwellentechnik, 2000, ISBN 3-9802 542-6-7, 16 Euro
  Die 5 Kapitel zu EMUV aus der 2. Auflage werden in der 3. Aufl. ab 2004 ersetzt durch eine umfangreiche Sammlung von Versuchsprotokollen und Erfahrungsberichten.
* Sendetechnik der Götter, historischer Sciencefictionroman, 1.Aufl. 2004, ISBN 3-9802 542-5-9, voraussichtl. 12 Euro

zus.: Neutrinopower, Johannes von Buttlar im Gespräch mit Prof. Dr. Konstantin Meyl, Argo-Verlag 2000, 22,50 Euro

(Im Buch-/ Ladenpreis sind Porto und Verpackung innerhalb von Deutschland enthalten. Der Lieferung liegt eine Rechnung bei.)

Tafel 20.16: Kontaktadresse und Liste lieferbarer Bücher

Formelzeichentabelle

Elektrisches Feld

E	V/m	elektrische Feldstärke
D	As/m^2	elektrische Verschiebung
u	V	Spannung
ε	As/Vm	Dielektrizität
Q	As	Ladung
e	As	Elementarladung

Magnetisches Feld

H	A/m	magnetische Feldstärke
B	Vs/m^2	magnetische Induktion
i	A	Strom
μ	Vs/Am	Permeabilität
ϕ	Vs	magnetischer Fluß
m	kg	Masse

sonstige Zeichen:

a	m	Abstand
b	m	Breite
c	m/s	Lichtgeschwindigkeit
C_p	J/K	Wärmekapazität
d	m	Dicke
E,W	Nm	Energie
f	1/s	Frequenz
F	N	Kraft
G	$m^3/kg{\cdot}s^2$	Gravitationskonstante
g	m/s^2	Erdbeschleunigung
h	m	Höhe
j	A/m^2	Stromdichte
J	$kg{\cdot}m^2$	Trägheitsmoment
$J{\cdot}\omega^2$	$kg{\cdot}m^2/s$	Drehimpuls
l	m	Länge
M	kg	Erdmasse
n,ν =	1,2,3..	Laufparameter
N	-	Konstante
O	m^2	Oberfläche
q	-	„Zinsfaktor“
Q	Nm = J	Wärmeenergie
r, R	m	Radius, Erdradius
t	s	Zeit, Umlaufzeit
T	K	Temperatur
v	m/s	Geschwindigkeit
V	m^3	Volumen
W	Nm	Energie
λ	m	Wellenlänge
ω	s^{-1}	Kreisfrequenz, Winkelgeschwindigkeit
ρ	kg/m^3	Dichte

Definitionen:

Dielektrizität	$\varepsilon = \varepsilon_r \cdot \varepsilon_o$	As/Vm
Permeabilität	$\mu = \mu_r \cdot \mu_o$	Vs/Am
Lichtgeschwindigkeit	$c = 1/\sqrt{\varepsilon \cdot \mu}$	m/s
Trägheitsmoment (Kreisbahn)	$J = m{\cdot}r^2$	$kg{\cdot}m^2$
Trägheitsm. (homogene Kugel)	$J = (2/5)m{\cdot}r^2$	$kg{\cdot}m^2$
Winkelgeschwindigkeit	$\omega = v/r = 2{\cdot}\pi/t$	1/s
Oberfläche einer Kugel	$O = 4{\cdot}\pi{\cdot}r^2$	m^2
Volumen einer Kugel	$V = (4/3){\cdot}\pi{\cdot}r^3$	m^3
Dichte	$\rho = m/V$	kg/m^3

Zur Vektoranalysis:

Fettdruck = Feldzeiger (Vektor); weitere Angaben auf Tafel 5.0 im Teil 1

Teil 1: Umdruck zur Vorlesung von Prof. Dr.-Ing. Konstantin Meyl

Elektromagnetische Umweltverträglichkeit

Ursachen, Phänomene und naturwissenschaftliche Konsequenzen

Kurzfassung: 4. Auflage, mit 109 Tafeln und 229 Seiten

Sowohl technische als auch biologische Systeme sind durch elektromagnetische Felder beeinflußbar, wobei noch zahlreiche Fragen, wie z.B. nach Grenzwerten und Beschaffenheit physikalischer Störfelder offen sind. Das Buch soll dem Umstand gerecht werden, daß eine sachbezogene Diskussion um „Elektrosmog" eine Analyse möglicher Ursachen, eine mathematische Herleitung und eine physikalische Beweisführung voraussetzt.

Es wird davon ausgegangen, daß nur der Teil der elektromagnetischen Welle für Funktionsstörungen in Betracht kommt, der absorbiert wurde und der sich zu einem Feldwirbel aufgerollt hat. Die Wirksamkeit hängt von der Menge der erzeugten Wirbel und von der Lebensdauer, dem Wirbelzerfall ab.

In Analogie zur Schallwelle breiten sich Wirbel im Raum als Longitudinalwelle aus. In diesem Zusammenhang wird auf zahlreiche Auswirkungen hingewiesen. Beispiele für die technische und biologische Nutzung dieser Stehwellen sind die Energieübertragung von Nikola Tesla genauso wie die in entsprechender Weise funktionierende Nervenleitung. Wenn dieselben Wirbel, die der Mensch zur Informationsleitung nutzt, von technischen Geräten abgestrahlt werden, dann sind biologische Reaktionen nicht mehr auszuschließen und müssen Sorgen hinsichtlich des „Elektrosmog" berechtigt erscheinen.

CIP-Titelaufnahme der deutschen Bibliothek

Meyl, Konstantin: Elektromagnetische Umweltverträglichkeit, Teil 1, Ursachen, Phänomene und naturwissenschaftliche Konsequenzen.
- von Konstantin Meyl.-Villingen-Schwenningen: INDEL GmbH, Verl.-Abt.
3. Aufl. – 1998; 4. Aufl. – 2003;

ISBN 3-9802542-8-3 16,00 €

INDEL GmbH, Verlagsabteilung, Fax: 07721/51870
Postanschrift und Besteladresse:
1.**TZ**S, Prof. Dr. K. Meyl,
Leopoldstr. 1, D-78112 St. Georgen,
per Internet: www.k-meyl.de
/Mail: meyl.k-meyl.de

Literaturverzeichnis

A. Veröffentlichungen zur Objektivitätstheorie (Primärliteratur 1997-1999):

[1] K. Meyl: Elektromagnetische Umweltverträglichkeit, Teil 1, Vorlesungsumdruck, INDEL Verlagsabt. Villingen-Schwenningen 1996, 3. Auflage 1998, ISBN 3-98O2542-8-3

[2] K. Meyl: Wirbel des elektrischen Feldes, ein Beitrag zum Thema Überlichtgeschwindigkeit; Wetter-Boden-Mensch 1/1997, ISSN 0940-5984, Seite: 79-89.

[3] K. Meyl: Physikalische Grundlagen einer Frequenztherapie, W.-B.-M. 6/1997, Seite: 8-15

[4] K. Meyl: Die Wechselwirkung der Neutrinos, über Maßnahmen, die Halbwertszeit beim radioaktiven Zerfall herabzusetzen; intern.Tagung „Neue Energietechnologien aus USA", Zürich am 6.12.97, abgedruckt im NET-Journal (Neue Energietechniken), ISSN 1420-9292, Heft 1/2-1998, S. 14-20

[5] K. Meyl: Objektivitätstheorie, Ein Weg aus der quantenphysikalischen Sackgasse, 1. Beitrag: Der Äther und die Einsteinsche Fehlinterpretation, W.-B.-M. 3/1998, ISSN 0940-5984, S. 39-44

[6] K. Meyl: Objektivitätstheorie, Ein Weg aus der quantenphysikalischen Sackgasse, 2. Beitrag: Die Vereinigungstheorie, Wetter-Boden-Mensch 4/1998, ISSN 0940-5984, Seite: 31-38

[7] K. Meyl: Longitudinale elektrische Wellen und Wirbel, Vortrag der „Internationalen Gesellschaft für interdisziplinäre Wissenschaften" in Frankfurt am 21.3.1998, veröffentlicht im Vortragsband des „Bundesverbands gegen Elektrosmog e.V." ISBN 3-00-003124-3, Hohenstein, S.79-91

[8] K. Meyl: Biologische Wirksamkeit elektromagnetischer Wellen, Fluch (Elektrosmog) oder Segen (Frequenztherapie)?, CO`MED, Fachmagazin für Complementär-Medizin Nr.10, Dez.1998, S. 51-55

[9] K. Meyl: Elektrosmog, die physikalischen Grundlagen, Magazin 2000 *plus* Nr.134, 12/1998, S. 32-37

[10] K. Meyl: Freie Energie und die Wechselwirkung der Neutrinos, W.-B.-M. 3+4/1999, Seite: 21-29

[11] K. Meyl: Zur Brennglaswirkung des Mondes bei einer Sonnenfinsternis, NET-Journal (Neue Energietechniken), ISSN 1420-9292, Heft 7/8-1999, S. 13-17, sowie INET-Kongress-Vortrag dazu: Freie Energie im nächsten Jahrtausend, am 9.10.1999, Holiday Inn Heidelberg (Walldorf)

[12] K. Meyl: Raum-Energie-Technologie, Wechselwirkung der Neutrinos und energietechnische Nutzung der Teslastrahlung, Teil 1, Magazin 2000 *plus* Nr.144, Dezember 1999, S. 62-67
Teil 2, Magazin 2000 *plus* Nr.145, Januar/Februar 2000, S. 60-65

B. Veröffentlichungen über die Objektivitätstheorie (Sekundärliteratur 1997-1999):

[1] H. Lumpe: Potentialwirbel, neues Weltbild; Raum & Zeit Nr. 86, März/April 1997, S. 102-103

[2] Schneider: Buchbesprechung zu K. Meyl: Elektromagnetische Umweltverträglichkeit, Teil 1, NET-Journal, ISSN 1420-9292, Jg. Nr.2, Heft 3, März 1997, Seite 23

[3] W. Martin: Buchbesprechung zu Teil 1, Wetter-Boden-Mensch 2/1997, ISSN 0940-5984, S. 62-63.

[4] RTL: Prof.Dr.-Ing.Meyl zu Gast bei der RTL-Talkshow von Ilona Christen am 30.5.97, abgedruckt im NET-Journal, ISSN 1420-9292, Jg. Nr.2, Heft 6/7 1997, Seite 30-31

[5] I. Schneider: zu „Prof. Dr.-Ing. Konstantin Meyls Buch Elektromagnetische Umweltverträglichkeit", NET-Journal, ISSN 1420-9292, Jg. Nr.2, Heft 6/7 1997, Seite 32-33

[6] W. Heidrich: Geht die Expertentagung 1997 in die Geschichte ein? W.-B.-M. 6/1997, S. 3-4

[7] J. Heinzerling: Die Technik des dritten Jahrtausends, Magazin 2000 *plus* Nr.125, März 1998, S. 57/58

[8] I. Schneider: Buchbesprechung zu K. Meyl: Elektromagnetische Umweltverträglichkeit, Teil 2, NET-Journal, ISSN 1420-9292, Jg. Nr.4, Heft 3, März 1999, Seite 35

[9] W. Martin: Buchbesprechung zu Teil 2, Wetter-Boden-Mensch 2/1999, ISSN 0940-5984, S. 46+59.

[10] I. Schlotterbeck: Bücher, die wir empfehlen, Magazin 2000 *plus* Nr.142, Sept./Oktober 1999, S. 96

[11] H.-J. Ehlers: Freie Energie, Meyls Neutrino-These; Raum & Zeit Nr. 101, Sept./Oktober 1999, S. 94

[12] Sabine Krümmer: Weltpremiere, Magazin 2000 *plus* Nr.145, 1+2/2000, S. 59 und im Schwarzwälder Bote vom 19.11.99: TP-Forum eröffnet mit Weltpremiere, Prof. Meyl berichtet über Teslawellen.

[13] Schneider: Neutrino-Power - Energie aus dem Kosmos, Bericht zu Vortrag und Demo von Prof. Dr.-Ing. K. Meyl am 25.11.1999 in Villingen, NET-Journal, ISSN 1420-9292, Jg. Nr.4, Heft 12/1999, Seite 4-6

[14] Schneider: Durchbruch in der Freien-Energie-Forschung; Interview mit Prof. Dr.-Ing. Konstantin Meyl, NET-Journal, ISSN 1420-9292, Jg. Nr.4, Heft 12, Dezember 1999, Seite 7-9.

[15] Ulrich Arndt: Das Phänomen der Wirbel, Esotera 1/2000, Verlag Hermann Bauer, S. 50,51

[16] Rainer Borgmann: Energie aus dem Kosmos, Magazin 2000 *plus* Nr.145, Januar/Feb. 2000, S. 58-59

C. Literatur zur allgemeinen Physik, zur Energietechnik und zur Chemie

[1] H.-J. Lugt: Wirbelströmung in Natur und Technik. G. Braun Verlag Karlsruhe 1979
[2] J. C. Maxwell: A Treatise on Electricity & Magnetism, Dover Publ. New York
[3] U. Lüttge, M. Kluge, G. Bauer: Botanik, 2. Aufl.- Weinheim, VCH (1994) ISBN 3-527-30031-7
[4] K. Küpfmüller: Einführung in die theoretische Elektrotechnik, Springer-Verlag Berlin, 12. Aufl.1988
[5] G. Galeczki, P. Marquardt: Requiem für die Spezielle Relativität, Verlag Haag+Herchen (1997)
[6] Kleine Enzyklopädie Atom, Verlag Chemie GmbH, Weinheim 1970
[7] W. Bauer: Klassische Physik, Graphia Druck, Salzburg (1975), Eigenverlag.
[8] Shu-wen Zhou: Abnormal Physical Phenomena Observed When the Sun, Moon, and Earth are Aligned, 21st Century Science & Technology, Fall 1999, Vol. 12, No. 3, pp. 54 - 61.

D. Literatur zur Geophysik, zur Geologie, zur Geographie und zur Astronomie

[1]: Kendrick Frazier: Das Sonnensystem, Time-Life Bücher, Amsterdam (1991).
[2] Carey, S. W.: Theories of the Earth and Universe. University Press: 1-413, Stanford, California.
[3] Oesterle, O.: Goldene Mitte: Unser einziger Ausweg, Universal Experten Verlag, Rapperswil (1997)
[4] Hilgenberg, O. C.: Vom wachsenden Erdball, Berlin 1933, Eigenverlag. und Neues Jahrb. Geol. Paläont. Abh. 116, 1, Berlin (1962).
[5] Jordan, P.: Die Expansion der Erde. Vieweg 1-180, Braunschweig (1966).
[6] Robert Bauval und Graham Hancock: Das Geheimnis der Pyramiden, Der Schlüssel zur Sphinx, List Verlag (1996) und in S3 (Die großen Rätsel VII) am 25.5.97
[7] Mitton, S. (Herausg.): Cambridge Enzyklopädie der Astronomie (The Cambridge Encyclopaedia of Astronomy), Orbis Verlag (1989).
[8] Miller, R.: Driftende Kontinente, Time-Life Bücher, Amsterdam (1991).
[9] Hermann Wild: Technologien von gestern, Chancen für morgen, Jupiter-Verlag Bern 1996
[10] Zecharia Sitchin: The Lost Realms, Knaur Verlag München 1992, ISBN 3-426-04827-2
[11] Werner Raffetseder: Sonnenfinsternis, Hugendubel Verlag, München 1999, ISBN 3-89631-302-9

E. Literatur zur freien Energie

[1] R. L. Clark: Tesla Scalar Wave Systems, The Earth as a Capacitor, The Fantastic Inventions of Nikola Tesla, ISBN 0-932813-19-4
[2] H.-P. Thietz: Tatort Erde, VAP (1996), ISBN 3-922367-62-3
[3] Louis Kervran: Biological Transmutations, s.a.:
[4] J. Heinzerling: Energie aus dem Nichts, Bettendorf'sche Verlagsanstalt, 1. Aufl. 1996
[5] J. Manning: The Coming Energy Revolution - The Search For Free Energy, Avery Publishing Group, New York, USA, 1996 und Omega-Verlag, Düsseldorf 1997.
[6] G. Hilscher: Energie für das 3. Jahrtausend, VAP-Verlag Wiesbaden 1996
[7] A. Schneider: Energien aus dem Kosmos, Jupiter-Verlag 1989
[8] I. Schneider: Neue Technologien zur Freien Energie, Jupiter-Verl. 1994, S.14
[9] H. A. Nieper: Revolution in Technik, Medizin, Gesellschaft; MIT Verlag Oldenburg (1982)
[10] Seike, Shinchi: The Principles of Ultra Relativity, Space Research Institute, 1990, ISBN 915517-1
[11] M. Cheney: Nikola Tesla, Man out of Time, Barnes & Noble Books, New York, 1993, ISBN O-88O29-419-1 und Omega-Verlag (1996) ISBN 3-93O243-O1-6
[12] Tesla Said (J.T.Ratzlaff), Tesla Book Company, ISBN 0-914119-00-1
[13] J. Gruber: Kalte Fusion und Raumenergie, Bericht zur 7. Internationalen Konferenz über "kalte Fusion" vom 19.-24.4.1998 in Vanvouver, B.C., Kanada (Infinite Energy, Issue 19, 1998) und Bericht zum "International Symposium on New Energy" vom 23.-26.5.1997 in Denver, Colorado, USA (Denver-Bericht der Fern Universität Hagen)
[14] H.-J. Ehlers: Special 7, Raum & Zeit Dokumentation, EHLERS Verlag, Sauerlach, 1. Aufl. (1994)
[15] N. Tesla: Experiments with Alternate Currents of High Potential and High Frequency, Lindsay Publications Inc, ISBN 0-917914-39-2
[16] O. Alexandersson: Lebendes Wasser; W.Ennsthaler Verlag Steyr, 1993
[17] V. Schauberger: Die Entdeckung der Levitationskraft, Implosion 1995 Nr. 112
[18] A. Waser (Herausg.): Die rätselhafte Natur - The Puzzling Nature, AW Verlag, Luzern (1996), ISBN 3-9521O59-O-2
[19] N. Tesla: Complete Patents, Tesla Book Company (1983) ISBN O-96O356-8-2